Python 快乐编程

人工智能——深度学习基础

千锋教育高教产品研发部　编著

清华大学出版社
北　京

内容简介

本书共14章，由浅入深，涵盖了深度学习基础知识、数学基础、感知机、反向传播算法、自编码器、玻尔兹曼机、循环神经网络、递归神经网络和卷积神经网络的相关知识。每章均附有课后练习及解析，相应课件等配套资源。力求讲解简单易懂，努力营造相对轻松愉快的学习氛围，帮助读者快速入门深度学习领域。

图书在版编目(CIP)数据

Python快乐编程. 人工智能：深度学习基础/千锋教育高教产品研发部编著. —北京：清华大学出版社，2020.10（2021.4重印）
（"好程序员成长"丛书）
ISBN 978-7-302-52913-2

Ⅰ. ①P… Ⅱ. ①千… Ⅲ. ①软件工具－程序设计－高等学校－教材 Ⅳ. ①TP311.561

中国版本图书馆CIP数据核字(2019)第083535号

责任编辑：贾 斌 李 晔
封面设计：胡耀文
责任校对：梁 毅
责任印制：丛怀宇

出版发行：清华大学出版社
网 址：http://www.tup.com.cn，http://www.wqbook.com
地 址：北京清华大学学研大厦A座 **邮 编**：100084
社 总 机：010-62770175 **邮 购**：010-83470235
投稿与读者服务：010-62776969，c-service@tup.tsinghua.edu.cn
质量反馈：010-62772015，zhiliang@tup.tsinghua.edu.cn
课件下载：http://www.tup.com.cn，010-83470236
印 装 者：北京国马印刷厂
经 销：全国新华书店
开 本：185mm×260mm **印 张**：13.5 **字 数**：329千字
版 次：2020年11月第1版 **印 次**：2021年4月第2次印刷
印 数：2001～4000
定 价：49.00元

产品编号：078662-01

本书编委会

（排名不论先后）

主　任：胡耀文　杨　生　李　寰

副主任：徐子惠　徐占鹏

委　员：南玉林　彭晓宁　印　东

邵　斌　王琦晖　贾世祥

唐新亭　慈艳柯　朱丽娟

叶培顺　杨　斐　任条娟

舒振宇

序

为什么要写这样一本书

当今世界是知识爆炸的世界，科学技术尤其是信息技术飞速发展，新技术层出不穷。但教科书却不能将这些知识内容随时编入，致使教科书的知识内容瞬息便会陈旧不实用，以致教材的陈旧性与滞后性尤为突出。讲授计算机编程语言时，如果在初学者还不会编写一行代码的情况下，就开始讲解算法，这样只会吓跑初学者，让初学者难以入门。

IT 这个行业，不仅仅需要理论知识，更需要的是实用型、技术过硬、综合能力强的人才。所以，高校毕业生求职面临的第一道门槛就是技能与经验的考验。学校又往往注重学生的素质教育和理论知识，而忽略了对学生的实践能力培养。

如何解决这一现象

为了杜绝这一现象，本书倡导的是快乐学习，实战就业。在语言描述上力求准确、通俗、易懂，在章节编排上力求循序渐进，在语法阐述时尽量避免术语和公式，从项目开发的实际需求入手，将理论知识与实际应用相结合。目标就是让初学者能够快速成长为初级程序员，并拥有一定的项目开发经验，从而在职场中拥有一个高起点。

千锋教育

前　言

在瞬息万变的IT时代，一群怀揣梦想的人创办了千锋教育，投身到IT培训行业。八年来，一批批有志青年加入千锋教育，为了梦想笃定前行。千锋教育秉承用良心做教育的理念，为培养“顶级IT精英”而付出一切努力，为什么会有这样的梦想，我们先来听一听用人企业和求职者的心声：

“现在符合企业需求的IT技术人才非常紧缺，对这方面的优秀人才我们会像珍宝一样对待，可为什么至今没有合格的人才出现呢?”

“面试的时候，用人企业问能做什么，这个项目如何来实现，需要多长的时间，我们当时都懵了回答不上来。”

“这已经是面试过的第十家公司了，如果再不行的话，是不是要考虑转行了，难道大学里的四年都白学了?”

“这已经是参加面试的N个求职者了，为什么都是计算机专业，当问到项目如何实现，怎么连思路都没有呢?”

这些心声并不是个别现象，而是社会反映出的一种普遍现象。高校的IT教育与企业的真实需求存在脱节，如果高校的相关课程仍然不进行更新，毕业生将面临难以就业的困境，很多用人单位表示，高校毕业生表象上知识丰富，但绝大多数在实际工作中用之甚少，甚至完全用不上高校学习阶段所学知识。针对上述存在的问题，国务院也作出了关于加快发展现代职业教育的决定。很庆幸，千锋所做的事情就是配合高校达成产学合作。

千锋教育致力于打造IT职业教育全产业链人才服务平台，全国数十家分校，数百名讲师团坚持以教学为本的方针，全国采用面对面教学，传授企业实用技能，教学大纲实时紧跟企业需求，拥有全国一体化就业体系。千锋的价值观是“做真实的自己，用良心做教育”。

针对高校教师的服务：

(1) 千锋教育基于近七年来的教育培训经验，精心设计了包含“教材＋授课资源＋考试系统＋测试题＋辅助案例”的教学资源包，节约教师的备课时间，缓解教师的教学压力，显著提高教学质量。

(2) 本书配套代码视频，索取网址：http://www.codingke.com/。

(3) 本书配备了千锋教育优秀讲师录制的教学视频，按本书知识结构体系部署到了教学辅助平台(扣丁学堂)上，可以作为教学资源使用，也可以作为备课参考。

高校教师如需索要配套教学资源，请关注(扣丁学堂)师资服务平台，扫描右方二维码关注微信公众平台索取。

扣丁学堂

针对高校学生的服务：

(1) 学 IT 有疑问，就找千问千知，它是一个有问必答的 IT 社区，平台上的专业答疑辅导老师承诺工作时间 3 小时内答复您学习 IT 中遇到的专业问题。读者也可以通过扫描下方的二维码，关注千问千知微信公众平台，浏览其他学习者在学习中分享的问题和收获。

(2) 学习太枯燥，想了解其他学校的伙伴都是怎样学习的？你可以加入扣丁俱乐部。“扣丁俱乐部”是千锋教育联合各大校园发起的公益计划，专门面向对 IT 有兴趣的大学生提供免费的学习资源和问答服务，已有超过 30 多万名学习者获益。

千问千知

就业难，难就业，千锋教育让就业不再难！

抢红包

本书配套源代码、习题答案的获取方法：添加小千 QQ 号或微信号 2133320438。

注意！小千会随时发放“助学金红包”。

致谢

本教材由千锋教育高教产品研发部组织编写，将千锋 Python 学科多年积累的实战案例进行整合，通过反复精雕细琢最终完成了这本著作。另外，多名院校老师参与了教材的部分编写与指导工作，除此之外，千锋教育 500 多名学员也参与到了教材的试读工作中，他们站在初学者的角度对教材提供了许多宝贵的修改意见，在此一并表示衷心的感谢。

意见反馈

在本书的编写过程中，虽然力求完美，但难免有一些不足之处，欢迎各界专家和读者朋友们给予宝贵意见，联系方式：huyaowen@1000phone.com。

千锋教育　高教产品研发部

2018-7-25 于北京

目　　录

第 1 章 深度学习简介

本章学习目标

- 了解深度学习的历史与现状；
- 掌握深度学习的基本概念；
- 了解深度学习未来的发展趋势。

在构思可编程的计算机时，人类便开始思考计算机是否能够变得更加智能。1950 年，被誉为“计算机科学之父”及“人工智能之父”的英国数学家阿兰·图灵提出一个设想：把一个人和一台计算机分放在两间房间，然后让房间外的一个提问者对两者进行问答测试，如果提问者无法判断提问对象（人或机器人），则证明计算机已具备人的智能。上述设想就是著名的图灵测试，这是最早对人工智能的设想。

从图灵机的概念提出到现在，计算机科学经过半个多世纪的发展，远未达到图灵所设想的标准，因此有人会把人工智能归为和永动机一样的“伪科学”。不过，近年来出现的深度学习（Deep Learning）在人工智能中的突出表现，让人类在实现图灵测试的道路上又前进了一大步。2013 年，《麻省理工学院技术评论》杂志将深度学习列为当年度十大突破性技术之首。

在即将到来的人工智能时代，深度学习已成为人工智能领域的重要技术支撑。本书将带领大家一起从零开始逐步探索人工智能。

1.1 什么是机器学习

著名学者赫伯特·西蒙教授（Herbert Simon）曾对“学习”下了一个定义：“如果一个系统能够通过执行某个过程来改进其性能，那么这个过程就是学习。”从西蒙教授的定义中可以看出，学习的核心目的是改善。对于计算机系统而言，它通过运用数据及某种特定的方法（例如统计的方法或推理的方法）来提升机器系统的性能，就是机器学习。

有关机器学习的定义，卡内基梅隆大学的汤姆·米切尔（Tom Mitchell）教授给出的解释是：“对于某类任务（Task，简称 T）和某项性能度量准则（Performance，简称 P），如果一个计算机程序在 T 上，以 P 作为性能的度量，随着很多经验（Experience，简称 E）不断自我完善，则说明该计算机程序在从 E 中学习了。”

如果觉得米切尔教授的定义比较抽象，可以参考台湾大学李宏毅博士的说法：机器学习在形式上，近似于在数据对象中通过统计或推理的方法寻找一个适用特定输入和预期输出功能的函数。如图 1.1 所示。

所谓机器学习，在形式上，可以看作一个函数，通过对特定的输入进行处理，得到一个预期的结果。例如，f(一段音频)＝“你好”、f(含有猫的图片)＝“cat”等。但是如何才能让计算机在接收一串语音后知道这句话是“你好”而不是其他的内容呢？这就需要构建一个评估体系来判断计算机通过学习是否能够输出理想的结果，如此便可以通过训练数据(training data)来“培养”机器学习算法的能力，如图 1.2 所示。

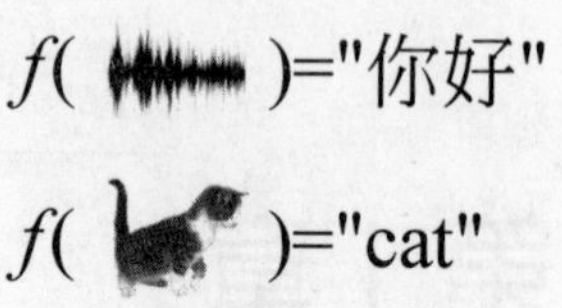

图 1.1　机器学习可以看作一个函数

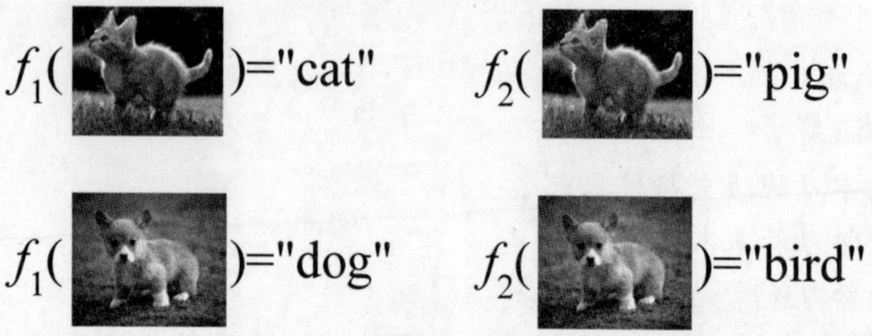

图 1.2　机器学习的过程

从图 1.2 可以看出，f_2 对图像的识别是错误的，学习效果并不理想，经过训练数据的“培养”，将输出结果不理想的 f_2 改善为输出结果较为理想的 f_1，判定的准确度提高了，这种改善的过程便可以被称为学习！如果这个学习过程是由机器完成的，那就是“机器学习”了。

1.2　什么是深度学习

深度学习是机器学习的一个重要分支，通过构建具有多个隐藏层的机器学习模型和海量的训练数据来学习更有用的特征，从而最终提升分类或预测的准确性。简单来讲，机器学习是实现人工智能的一种方法，而深度学习则是实现机器学习的一种技术。

在涉及语音、图像等复杂对象的应用中，深度学习技术证明了其优越的性能。与通过人工规则构造特征的方法相比，利用大数据来学习特征，更能够刻画数据的丰富内在信息。在大数据时代，更加复杂且更加强大的深度模型能深刻揭示海量数据中所承载的复杂而丰富的信息，并对未来或未知事件做更精准的预测。与以往的机器学习相比，深度学习对使用者的要求有所降低，使用者只需调节相关参数，学习的效果一般都较为理想，这促进了机器学习从实验技术走向工程实践。以上只是对深度学习的一个简单概括，并不能全面地解释什么是深度学习。因为神经网络中的深层构架差异巨大，对不同任务或目标的优化会有不同的操作。通过机器学习的发展历程来理解深度学习可能是一种更好的方法。

在人工智能的发展初期，计算机主要表现出了善于处理形式化的数学规则的特性，能够比人类更加快速高效地完成形式化的任务。这让人工智能在初期相对朴素和形式化的环境中取得了成功，这种环境对计算机所需具备的关于世界的知识的要求很低。例如，在形式和规则十分固定的国际象棋领域，人工智能取得了巨大成就。1997 年，IBM 公司研制的“深蓝”(Deep Blue)击败了当时的国际象棋世界冠军。事实上，一台计算机理解国际象棋中固定的 64 格棋盘、严格按照规则进行移动的 32 个棋子以及胜利条件并不难，相关概念完全可以由一个非常简短、完全形式化的规则列表进行描述并输入计算机中。

然而，在处理抽象的非形式化任务时，人工智能却显得比人类“笨拙”得多，人工智能的处理水平往往难以达到人类的平均水平。例如，对于人类而言可以很轻松地通过直觉识别出静物油画中的一串香蕉，但是机器却难以识别出被油画抽象出的“香蕉”。如今随着人工智能相关领域的飞速发展，计算机对于非形式化任务的处理能力取得了巨大进步，计算机完成识别对象和语音的任务的能力已经达到了人类的一般水平。人类的大脑中存储了巨量的有关世界的知识来维持日常生活的需要，让计算机实现强人工智能就需要让其理解这些关于世界的巨量知识，然而，许多相关知识具有主观性，难以通过形式化的方法进行描述，让计算机理解这些非形式化的知识无疑是人工智能的一项巨大挑战。

此处有必要先了解一下人类大脑的工作机理。在1981年，Hubel、Wiesel和Sperry等人发现了一种可以有效地降低反馈神经网络复杂性的、独特的神经网络结构，进而提出了卷积神经网络。卷积神经网络的发现揭示了人类视觉的分级系统，在收到视觉刺激后，信息从视网膜出发，经过低级区提取目标的边缘特征，在高一级的区域提取目标的基本形状或目标的局部特征，再到下一层更高级的区域对整个目标进行识别，以及到更高层的前额叶皮层进行分类判断等，即高层的特征是低层特征的组合，信息的表达由低层到高层越来越抽象和概念化。这个发现激发了人们对于神经系统的进一步思考。大脑的工作过程是一个对接收信号不断迭代、不断抽象概念化的过程。以识别油画中的香蕉为例，首先摄入原始信号(瞳孔摄入像素)，然后进行初步处理(大脑皮层某些神经细胞发现香蕉的边缘和方向)，对处理后的信息进行抽象(大脑判定香蕉的形状，比如是长而略微弯曲的)，进一步抽象(大脑进一步判定该物体是香蕉)，最后识别出图中画的是一串香蕉。由此例可以看出，大脑是一个深度架构，认知的过程是通过大脑逐层分级处理表示的信息实现的。

无论在计算机科学领域还是人类的日常生活中，对各种事物的理解都要依赖信息的表示。例如大多数学生可能已经习惯了阅读国内英语考试中全部由小写字母组成的文章，可以很快地阅读并完成后面的题目，但是在有些国际性英语能力测试中会出现全部由大写英文字母组成的文章，这时考生可能就需要花更多的时间去适应大写字母组成的单词。同样的单词以不同的表示方式会对考生的阅读产生巨大的影响。相应地，不同的表示方式同样会对机器学习的算法性能产生影响。接下来通过图示的方法展示表示方式对算法性能的影响，如图1.3所示。

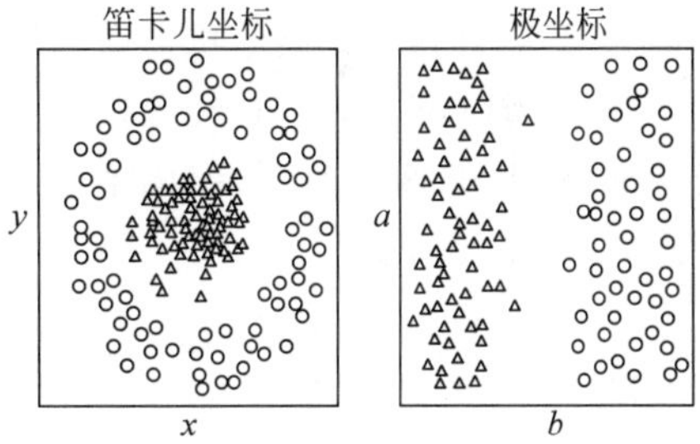

图1.3　两种不同的表示方式

在图1.3中，左图使用了笛卡儿坐标表示两种类型的数据，显然在这种表示方式下，无法用一条直线来分隔圆形和三角形两种类型的数据；而右图使用极坐标表示可以很容易用一条垂直的线将两种类型的数据分隔开。

一般情况下，处理人工智能问题的方法可以概括为：提取一个恰当的特征集，然后将这些特征提供给简单的机器学习算法。例如，在语音识别中，对声道大小这一特征的识别可以作为判断说话者的性别以及大致年龄的重要线索。

然而在大多数情况下，人类很难确定哪些是有效的信息特征。例如，希望让一个程序能够检测出油画中的水果——香蕉。香蕉的特征有黄色的果皮，长而略微弯曲的外形，但是仅以油画中的某一个像素值很难准确地描述香蕉看上去像什么，因为不同的场景下香蕉的摆放角度和光影效果都会不同，如图 1.4 所示。

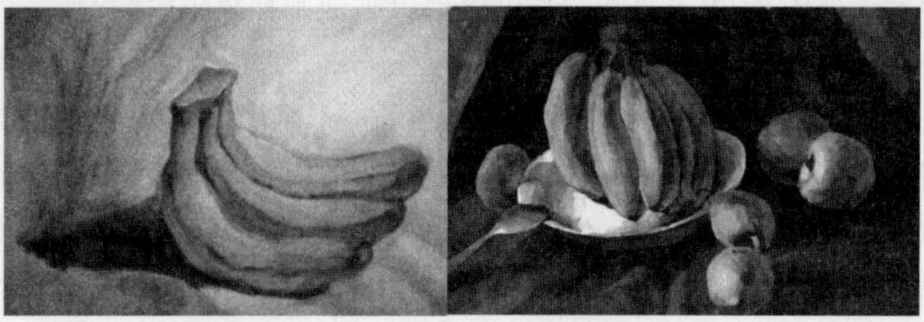

图 1.4　两种不同情景下的香蕉

为了解决识别图 1.4 中香蕉的问题，需要让计算机自身去发掘表示的特征。通过学习让程序去理解一个表示的特征往往比直接输入人为总结的特征更加准确。这就要求计算机学会从原始数据中提取高层次、抽象的特征。

深度学习让计算机可以通过组合低层次特征形成更加抽象的高层次特征（或属性类别）。深度学习可以从原始图像去学习一个低层次表达，例如，边缘检测器、小波滤波器等，然后在这些低层次表达的基础上，通过线性或者非线性组合，来获得一个高层次的表达。

1.2.1　深度学习的发展

围绕着人工智能如何理解关于世界的知识，科学家用不同的方法进行了不同的探索和尝试。在国际上，学者们对机器学习的发展阶段并没有非常明确的划分规则，本书将机器学习的发展划分为推理期、知识期、学习期、快速发展期和爆发期。

1. 推理期

从 20 世纪 50 年代到 70 年代初，人工智能发展尚处于推理期，这一时期的机器学习只能称为感知，即认为只要给机器赋予逻辑推理能力，机器就具有了智能。最早的人工智能实践起源于 1943 年的人工神经元模型，该模型的神经元主要包含了输入信号以及对信号进行线性加权、求和、非线性激活（阈值法）3 个过程，希望通过计算机来模拟人类神经元的活动方式，如图 1.5 所示。

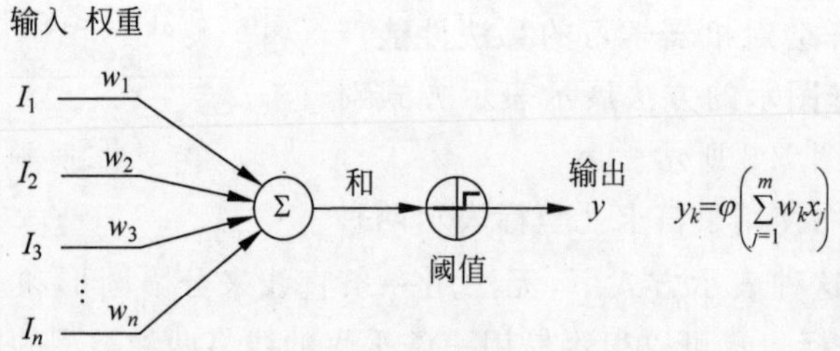

图 1.5　早期通过计算机来模拟人类的神经元活动的方式

1958 年，Frank Rosenblatt 第一次将人工神经元模型用于机器学习，发明了感知机(Perceptron)算法。该算法使用人工神经元模型对输入的多维数据进行二元线性分类，且能够使用梯度下降法从训练样本中自动学习更新权值。1962 年，该方法被证明为能够收敛，其理论与实践效果引发了第一次神经网络热潮。

然而机器学习的发展并不总是一帆风顺的。1969 年，美国数学家 Marvin Minsky 在其著作中证明了感知机本质上是一种线性模型，只能处理线性分类问题，例如，感知机在处理异或问题上的表现极差。仅让机器具有逻辑推理能力是远远无法实现人工智能的，还需要赋予机器理解世界知识的能力。

2. 知识期

20 世纪 70 年代中期开始，人工智能进入了知识期。在这一时期，人们将关于世界的知识用形式化的语言进行硬编码，使得计算机可以使用逻辑推理规则来自动地理解这些关于世界的知识。这种方法被称为人工智能的知识库方法，其中 Douglas Lenat 的 Cyc 项目最为著名。Cyc 由推断引擎和使用 CycL 语言（Cyc 项目的专有知识表示语言）描述的声明数据库组成，该项目最开始的目标是将上百万条知识编码成机器可用的形式。在当时，Lenat 预测完成 Cyc 这样庞大的常识知识系统（涉及的规则高达 25 万条）需要花费 350 人年才能完成。由人将世界知识用形式化的语言进行硬编码的工程显然过于庞大和低效，因此，AI 系统需要具备自己获取有关世界知识的能力，从而增强系统对未知事件的预测和理解能力。

3. 学习期

1986 年，加拿大多伦多大学的 Geoffrey Hinton 教授发明了适用于多层感知机的人工神经网络算法——反向传播算法（Back Propagation，BP）。它有效解决了神经网络在处理非线性分类和学习中的瓶颈，引起了神经网络的第二次热潮，这个热潮一直持续到今天。通过 BP 算法可以让一个人工神经网络模型从大量训练样本中学习样本中的规律，从而对未知事件进行预测和理解。在模型训练的准确性和高效性上，这种基于统计的机器学习方法比过去基于人工规则的系统有了极大改善。这个阶段的人工神经网络，虽然被称作多层感知机（Multi-layer Perceptron），但实际上是一种只含有一层隐藏层节点的浅层学习模型。由于神经网络存在过拟合、调参困难、训练效率较低，在层级小于等于 3 的情况下并不比其他方法更好。

20 世纪 90 年代，其他各种各样的浅层机器学习模型相继被提出，例如支持向量机、最大熵方法、逻辑回归等。这些模型的结构基本上可以看成带有一层隐藏层节点（如 SVM、Boosting）或没有隐藏层节点（如 LR）。多数分类、回归等学习方法均为浅层结构算法，主要局限性在于有限样本和计算单元无法满足对复杂函数的表示能力的需求，针对复杂分类问题的泛化能力受到制约。直到 1989 年，Hinton 和 LeCun 等人发明了卷积神经网络（Convolutional Neural Network，CNN），并将其用于识别数字，且取得了较好的成绩。

4. 快速发展期

2006 年，Hinton 教授和他的学生 Salakhutdinov 在《科学》上发表了一篇有关人工神经网络的论文，提出了无监督贪心逐层训练（Layerwise Pre-Training）算法，其主要思想是先通过自学习的方法学习到训练数据的结构（自动编码器），然后在该结构上进行有监督训练微调。这篇论文指出多隐藏层的人工神经网络具有优异的特征学习能力，学习得到的特征可以更准确地描绘出数据的本质，从而有利于可视化或分类。深度学习可通过学习一种深层非线性网络结构，实现复杂函数逼近，表征输入数据分布式表示，并展现了强大的从少数样本集中学习数据集本质特征的能力。Hinton 提出了深层网络训练中梯度消失问题的解决方案：无监督预训练对权值进行初始化，然后进行有监督训练微调。2011 年，激活函数的理念被提出，激活函数能够有效地抑制梯度消失问题。

深度学习是一系列在信息处理阶段利用无监督特征学习和模型分析分类功能的，具有多层分层体系结构的机器学习技术。深度学习的本质是对观察数据进行分层特征表示，实现将低层次特征进一步抽象成高层次特征表示。

5. 爆发期

在 2012 年，Hinton 带领的小组为了证明深度学习的潜力，使用通过 CNN 网络架构的 AlexNet 在 ImageNet 图像识别比赛中获得冠军，这场比赛之后 CNN 吸引了众多研究者的注意。AlexNet 采用使用了激活函数的纯粹有监督学习，激活函数的使用极大地提高了收敛速度且从根本上解决了梯度消失问题。

从目前的最新研究进展来看，只要数据足够大、隐藏层足够深，即便没有预热训练，深度学习也可以取得很好的结果。这凸显出大数据和深度学习的相辅相成。无监督学习曾是深度学习的一个优势，但有监督的卷积神经网络算法正逐渐成为主流。2015 年，Hinton、LeCun、Bengio 等人论证了 Loss 的局部极值问题对于深度学习的影响可以忽略，该论断消除了笼罩在神经网络上的局部极值问题的阴霾。

1.2.2 深度学习的 3 个层次

在《论语·阳货》中提到“性相近也，习相远也”，这句话同样适用于机器学习领域。机器学习的对象是数据，数据是否带有标签，会对机器学习最后习得的“习性”产生影响，“习染积久”的环境不一样，其表现出来的“习性”也有所不同，大致可分为 3 类。

1. 监督学习(Supervised Learning)

美国伊利诺伊大学香槟分校计算机系的韩家炜(Jiawei Han)教授认为监督学习可以被看作“分类”(classification)的代名词。计算机从有标签的训练数据中学习，然后给定某个新数据，预测这个新数据的标签，标签(label)是指某个事物所属的类别。可以参考图 1.6 中的内容辅助理解监督学习的过程。

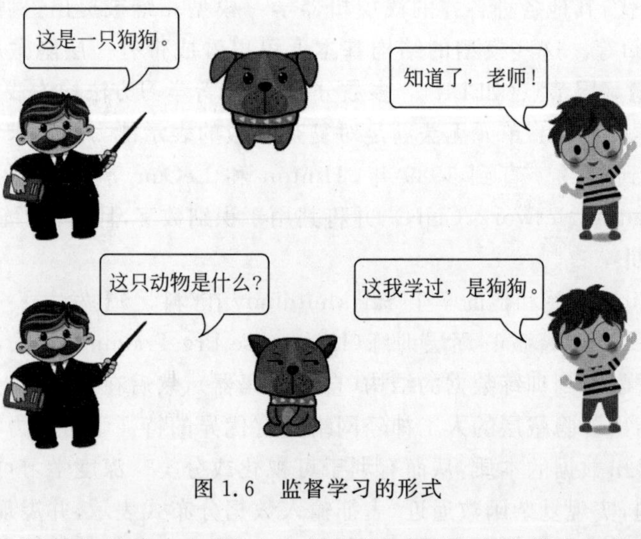

图 1.6　监督学习的形式

在监督学习下，计算机就像一个“学生”，根据“老师”给出的带有标签的数据进行学习。图 1.6 中，老师告诉学生，图片里是一只狗，计算机便会总结图中“狗”的特征，并将符合这些特征的事物定义为“狗”。如果换一张不同的“狗”，计算机能够识别出这是一只“狗”，那么便可以说这是一次成功的标签分类。但机器学习显然不可能仅从一张图中便习得准确辨识“狗”的技能。计算机可能无法识别新的“狗”或者识别成其他动物，这时“老师”就会纠正计算机的偏差，并告诉计算机这个也是“狗”。通过大量的反复训练让计算机习得不同的“狗”具有的共同特征，这样，再遇到新的“狗”时，计算机就更可能给出正确的答案。

简单来说，监督学习的工作，就是通过有标签的数据训练，构建一个模型，然后通过构建的模型，给新数据添加上特定的标签。

事实上，机器学习的目标可以概括为：让计算机通过学习不断完善构建的模型，让构建的模型更好地适用于“新样本”，而不是仅仅在训练样本上工作得更好。通过训练构建的模型适用于新样本的能力，称为泛化(generalization)能力。

2. 无监督学习(Unsupervised Learning)

无监督学习中模型所学习的数据都是无标签的，根据类别未知的训练样本解决模式识别中的各种问题。无监督学习可以被看作聚类(cluster)的近义词，可以结合图 1.7 理解无监督学习的过程。

(a) 在非标签数据集中做归纳

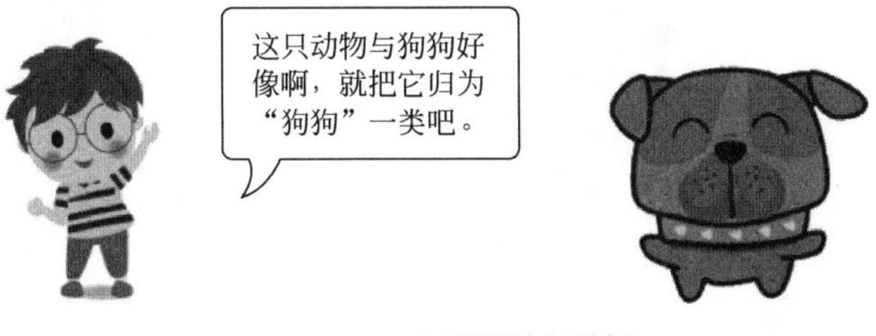

(b) 预测未知数据

图 1.7　无监督学习的形式

简单来说，给定一批数据，但不告诉计算机这批数据是什么，让计算机自己通过学习构建出这批数据的模型，至于能学到什么，取决于数据自身所具备的特性。俗话说“物以类聚，人以群分”，这可以看作是在“无监督学习”环境下构建模型的过程，一开始我们并不知道这些“类”和“群”中元素的标签，经过长期的归纳和总结，我们将具有共同特征的事物归为一个“类”或“群”。以后再遇到新的事物，就根据它的特征更接近哪个“类”或“群”，就“预测”它属于哪个“类”或“群”，从而完成对新数据的“分类”或“分群”，与此同时，通过学习构筑的模型也进一步完善。

3. 半监督学习(Semi-supervised Learning)

半监督学习方法同时使用了有标签数据和非标签数据。学生从小学到大学一直接受着来自学校和家庭的教育,老师和家长一直在教给学生明辨是非的方法,学生在此期间不断改善自身的性情,让自己成为一个品行优秀的人。这个过程可以被看作处于"监督学习"的环境中。当学生成年、毕业以后离开了家长和学校的"监督",没有人再对其行为对与错进行监督。此时只能靠自己之前积累的经验和知识来帮助自己判断是非,在社会中试错,磨炼自己,丰富自己对世界的认知,帮助自己恰当地应对新的事物。半监督环境是先在有监督的环境下初步构建好模型后再进行无监督学习。

形式化的定义比较抽象,下面通过一个现实生活中的例子,来辅助说明这个概念。假设图中的学生已经学习到以下两个标签数据。

(1) 图 1.8(a)中左边的动物(数据 1)是一只猫(标签:猫)。

(2) 图 1.8(a)中右边的动物(数据 2)是一只猫(标签:猫)。

此时,该学生并不知道图 1.8(b)的东西是什么,但这个东西和他之前学习到的有关猫的特征很接近,那么该学生便可以猜测图 1.8(b)中的东西是一只猫。

对图 1.8(b)中的猫进行识别后,该学生已知领域(标签数据)便进一步扩大(由两个扩大到 3 个),这个过程便是半监督学习。事实上,半监督学习就是先用带有标签的数据帮助计算机初步构建模型,然后让计算机根据已有的模型去学习无标签的数据。需要注意的是,这里隐含了一个基本假设——"聚类假设"(Cluster Assumption),即相似的样本拥有相似的输出。

(a) 少量签数据集(两个标签数据)

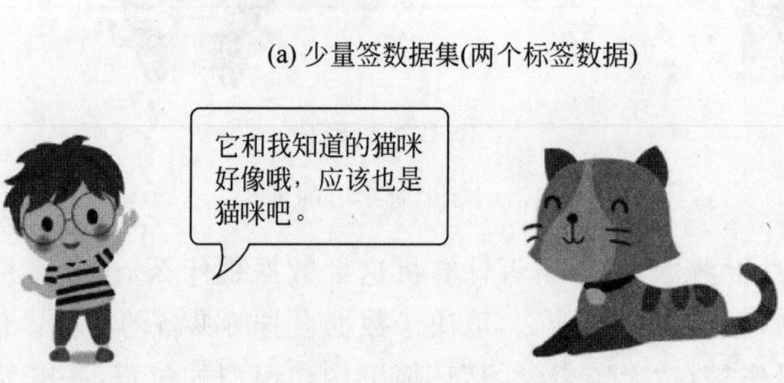

(b) 预测未知数据

图 1.8　半监督学习

在大数据时代,半监督学习的现实需求非常强烈。因为有标签数据的收集和标记需要消耗大量的人力物力,而海量的非标签数据却唾手可得,"半监督学习"将成为大数据时代的发展趋势。

1.2.3 深度学习的3种结构类型

深度学习从神经网络的结构和技术应用上可以划分为3类：生成型深度结构、判别型深度结构和混合型深度结构。

1. 生成型深度结构

生成型深度结构旨在模式分析过程中描述观测数据的高层次相关特征，或者描述观测数据与其相关类别的联合概率分布，这方便了先验概率和后验概率的估计，通常使用无监督学习处理该结构的学习。当应用生成模型时，需要大量含标签训练样本集，该模型的收敛速度较慢，容易陷入局部最优解中。生成型深度结构的深度学习模型主要有自编码器、受限玻尔兹曼机等。

2. 判别型深度结构

判别型深度结构旨在提供对模式分类的区分性能力，通常描述数据的后验分布。卷积神经网络是第一个真正成功训练多层网络结构的学习算法，它属于判别型训练算法。受视觉系统结构的启示，当具有相同参数的神经元应用于前一层的不同位置时，便可以捕获一种变换不变性特征。经过不断的发展，出现了利用BP算法设计训练的CNN。CNN作为深度学习框架是基于最小化预处理数据要求而产生的。受早期的时间延迟神经网络影响，CNN通过共享时域权值降低复杂度。CNN是利用空间关系减少参数数目以提高一般前向BP训练的一种拓扑结构，并在多个实验中获取了较好性能。在CNN中被称作局部感受区域的图像的一小部分作为分层结构的最底层输入。信息通过不同的网络层次进行传递，因此在每一层能够获取对平移、缩放和旋转不变的观测数据的显著特征。

3. 混合型深度结构

混合型深度结构的目的是对数据类型进行判别、分类。该学习过程包含两个部分：生成部分和区分部分。在应用生成型深度结构解决分类问题时，因为现有的生成型结构大多数都是用于对数据的判别，可以结合判别型模型在预训练阶段对网络的所有权值进行优化，例如，通过深度置信网络进行预训练后的深度神经网络。

1.3 深度学习的研究现状

深度学习极大地促进了机器学习的发展，受到了世界各国相关领域研究人员和高科技公司的重视，语音、图像和自然语言处理是深度学习算法应用最广泛的3个主要研究领域。

1. 深度学习在语音识别领域的研究现状

高斯混合模型(Gauss Mixture Model，GMM)估计简单、使用方便，适合训练大规模数据，具有良好的区分度训练算法，这奠定了GMM在语音识别应用领域的主导性地位。在语音识别任务中，通常采用GMM来对其中每个单元的概率模型进行描述。然而，GMM作为一种浅层学习网络模型，其无法充分描述特征的状态空间分布。此外，通过GMM建模数据的特征通常只有数十个维度，特征之间的相关性很可能无法被充分描述。最后，GMM建模实质上是一种似然概率建模方式，即使一些模式分类之间的区分性能够通过区分度训练模拟得到，但是效果有限。

从 2009 年开始，微软亚洲研究院的语音识别专家们和深度学习领军人物 Hinton 合作。2011 年，微软公司推出基于深度神经网络的语音识别系统，这一成果完全改变了语音识别领域已有的技术框架。采用深度神经网络后，样本数据特征间的相关性信息得以充分表示，将连续的特征信息结合构成高维特征，通过高维特征样本对深度神经网络模型进行训练。由于深度神经网络采用了模拟人脑神经的架构，通过逐层进行数据特征提取，最终得到适合进行模式分类处理的理想特征。

2. 深度学习在图像识别领域的研究现状

深度学习最早涉足的领域便是图像处理任务。1989 年，加拿大多伦多大学的教授 Yann LeCun 和他的同事便提出了卷积神经网络的相关理念，该网络是一种包含卷积层的深度神经网络模型。通常一个卷积神经网络架构包含两个可以通过训练产生的非线性卷积层，两个固定的子采样层和一个全连接层，隐藏层的数量一般为 5 个以上。CNN 的架构设计是受到生物学家 Hube 和 Wiesel 的动物视觉模型启发而发明的，尤其是模拟动物视觉皮层的 V1 层和 V2 层中简单细胞和复杂细胞在视觉系统的功能。起初卷积神经网络在小规模的问题上取得了当时世界上最好的成果，但是在很长一段时间里一直没有取得重大突破，主要原因是卷积神经网络应用在大尺寸图像上一直不能取得理想结果，比如对于像素数很大的自然图像内容的理解，这一瓶颈使得它没有引起计算机视觉研究领域足够的重视。

直到 2012 年，Hinton 教授构建深度神经网络在图像识别领域上的成就，带来了卷积神经网络在图像识别问题上的一次质的飞跃。Hinton 教授对卷积神经网络的算法进行了改进，在模型的训练中引入了权重衰减，这可以有效地减小权重幅度，防止网络过拟合。卷积神经网络方面的研究取得突破也受益于 GPU 加速技术的发展，强大的计算能力使网络能够更好地拟合训练数据。目前，卷积神经网络被应用于人脸识别领域，通过深度学习模型进行人脸识别，不仅大幅提高了识别精度，同时所花费的资源也比人工进行特征提取要少得多。

3. 深度学习在自然语言处理领域的研究现状

自然语言处理问题是深度学习在除了语音和图像处理之外的另一个重要的应用领域。数十年来，自然语言处理的主流方法是基于统计的模型，人工神经网络也是基于统计方法模型之一，但在自然语言处理领域却一直没有得到重视。语言建模时最早采用神经网络进行自然语言处理的问题。美国 NEC 研究院最早将深度学习引入到自然语言处理研究中，其研究院从 2008 年起采用将词汇映射到一维向量空间和多层一维卷积结构去解决词性标注、分词、命名实体识别和语义角色标注 4 个典型的自然语言处理问题。他们构建了一个网络模型用于解决 4 个不同问题，都取得了相当精确的结果。总体而言，深度学习在自然语言处理上所取得的成果和在图像语音识别方面相比相差甚远，所以深度学习仍有待深入研究。

深度学习是高度数据依赖型的算法，它的性能通常随着数据量的增加而不断增强，即它的可扩展性(Scalability)显著优于传统的机器学习算法。但如果训练数据比较少，深度学习的性能并不见得就比传统机器学习好。其潜在的原因在于，作为复杂系统代表的深度学习算法，只有数据量足够多，才能通过训练，在深度神经网络中，“恰如其分”地将把蕴含于数据之中的复杂模式表征出来。

1.4 本章小结

本章主要讲解了“机器学习”和“深度学习”的定义，并介绍了二者的区别。对深度学习的起源、发展以及主要的核心内容进行了初步的讲解，希望以此帮助大家建立对“深度学习”的初步认知。接下来本书将在后续章节中对深度学习的相关知识点进行详细的讲解。

1.5 习题

1. 填空题

(1) ________学习是机器学习的一个重要分支，________学习是实现人工智能的一种方法，而________学习则是实现机器学习的一种技术。

(2) 在人工智能发展的早期，与人类相比，计算机擅长处理________的任务，不擅长处理________任务。

(3) 从 20 世纪 50 年代到 70 年代初，人工智能发展尚处于“推理期”，科学家们认为只要给机器赋予________能力，机器就具有了智能。

(4) ________算法是先通过自学习的方法学习到训练数据的结构（自动编码器），然后在该结构上进行有监督训练微调。

(5) 深度学习的 3 种结构类型分别是________、________、________。

2. 选择题

(1) 在图像识别任务中，计算机自己去发掘和学习图形中的特征往往比直接输入人为总结的特征更加准确，这要求计算机学会从原始数据中提取(　　)特征。

A. 高层次、具体的　　B. 低层次、具体的

C. 高层次、抽象的　　D. 低层次、抽象的

(2) 最早的人工智能实践起源于 1943 年的人工神经元模型，该模型的神经元主要包含了输入信号以及对信号进行处理，该模型中信号的处理过程不包括(　　)。

A. 求和　　B. 非线性激活　　C. 加权　　D. 二分类

(3) 下列算法中，属于深层算法的是(　　)。

A. 知识库方法　　B. BP 算法

C. 最大熵方法　　D. 卷积神经网络算法

(4) 深度学习的 3 个层次不包括(　　)。

A. 有监督学习　　B. 半监督学习　　C. 无监督学习　　D. 交替监督学习

(5) 浅层机器学习模型不包括以下哪种？(　　)

A. SVM　　B. 最大熵方法　　C. Boosting　　D. 递归神经网络

3. 思考题

(1) 简述深度学习与机器学习的主要区别。

(2) 在实际任务中，什么情况下应该采用监督学习？什么情况下应该采用无监督学习？

第2章 Theano 基础

本章学习目标

- 掌握 Theano 方法；
- 了解 Theano 的基本概念；
- 掌握 Theano 的编程风格。

“工欲善其事，必先利其器。”初学者除了需要掌握深度学习的理论知识外，还应熟练运用相关的工具库来创建深度学习模型或包装库。Theano 是一个 Python 库，可以在 CPU 或 GPU 上进行快速数值计算，从而大大简化程序。本章将对 Theano 的相关基础知识进行讲解。

2.1 初识 Theano

Theano 是最早的深度学习开发工具之一，是在 BSD 许可证下发布的一个开源项目，它的开发始于 2007 年，由 Yoshua Bengio 领导的加拿大蒙特利尔理工学院 LISA 集团（现 MILA）开发，Theano 的名字源于一位著名的希腊数学家，它是为深度学习中处理大型神经网络算法所需的计算而专门设计的，擅长处理多维数组库，与其他深度学习库结合使用时十分适合用于数据探索。Theano 首次引入了“符号计算图”来描述模型表达式的开源结构，目前，这被看作深度学习研究和开发的行业标准。Theano 可以被理解成数学表达式的编译器：用符号式语言定义需要的结果，该框架会对程序进行编译，从而高效运行于 GPU 或 CPU。目前许多优秀的深度学习开源工具库对 Theano 的底层设计进行了借鉴，如 Tensorflow、Keras 等，因此，掌握 Theano 的使用方法可以作为学习其他类似开源工具的铺垫。

Theano 是一个基于 Python 和 Numpy 的数值计算工具包，它可以定义最优化以及估值高维度的数学表达式，也可以通过一系列代码优化从而获得更好的硬件性能。

theano.tensor 数据类型包含 double、int、uchar、float 等，最常用的类型是 int 和 float，具体如下所示：

- 数值——iscalar(int 类型的变量)、fscalar(float 类型的变量)；
- 一维向量——ivector(int 类型的向量)、fvector(float 类型的向量)；
- 二维矩阵——fmatrix(float 类型矩阵)、imatrix(int 类型的矩阵)；
- 三维 float 类型矩阵——ftensor3；
- 四维 float 类型矩阵——ftensor4。

Theano 与 Tensorflow 功能十分相似（前面提到，Tensorflow 借鉴了 Theano 的底层设计），因而两者常常被放在一起比较，这两者都偏向底层。Theano 更像一个研究平台，并没有专门用于深度学习的相关接口。例如，Theano 中没有现成的神经网络分级，因此，在实际应用中需要从最基本的网络层开始构建所需要的模型。

经过多年发展，目前有大量基于 Theano 的开源深度学习库被开发并得到实际应用，例如 Keras、Lasagne 和 Blocks。这些更高层级的 wrapper API 可以大幅减少开发时间以及开发过程中的麻烦。现在，大多数使用 Theano 的开发者都会借助辅助 API 进行开发，Theano 已经逐渐形成一套生态系统，可以在使用 Theano 时借助其他 API 来降低其使用难度。

在过去的很长一段时间内，Theano 都是深度学习开发与研究的行业标准。由于 Theano 是由高校的研究团队研发的，它的设计初衷是服务于学术研究，这导致深度学习领域的许多学者至今仍在使用 Theano。对于深度学习新手而言，使用 Theano 练手对于深入理解模型的原理有很大的好处，但对于开发者而言，还是建议使用 Tensorflow 等更高效的深度学习工具。

2.2 安装 Theano

Theano 提供了主要的操作系统详细的安装说明：Windows、OS X 和 Linux。Theano 需要一个 Python 2 或 Python 3 且包含 SciPy 的工作环境，Anaconda 中基本涵盖了运行 Theano 所需要的大部分工具包，可以用 Anaconda 在的机器上快速建立 Python 和 SciPy，以及实用 Docker 图像。

本书建议采用含有 Python 3.6 的 Anaconda 来安装 Theano，版本为 anaconda3-5.1.0-Windows-x86_64.exe，可以根据需要选择相应的版本，下载地址为 https://docs.anaconda.com/anaconda/packages/oldpkglists。下载完成后双击安装包，打开如图 2.1 所示的安装向导，单击 Next 按钮，进入下一步骤。

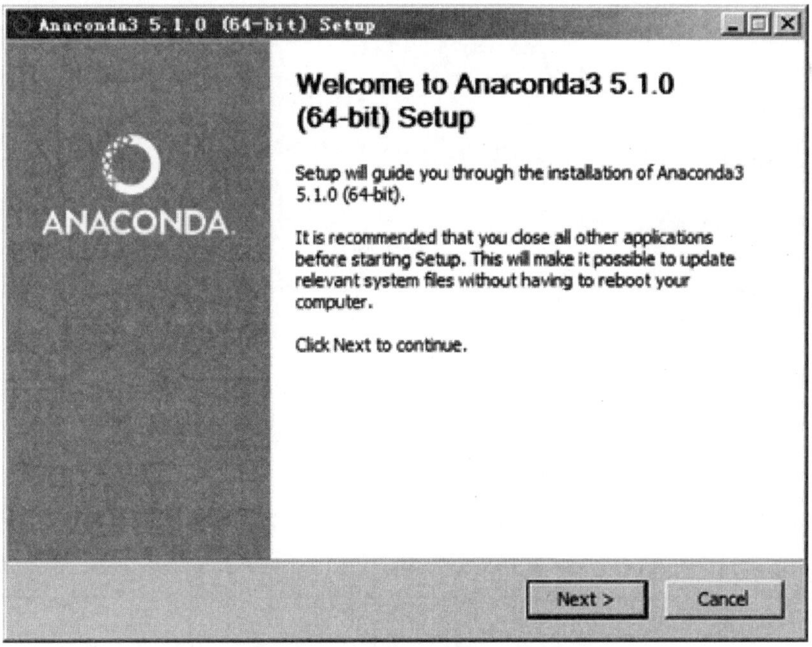

图 2.1　打开安装包并单击 Next 按钮

直接单击图 2.2 中的 I Agree 按钮，进入下一步骤。

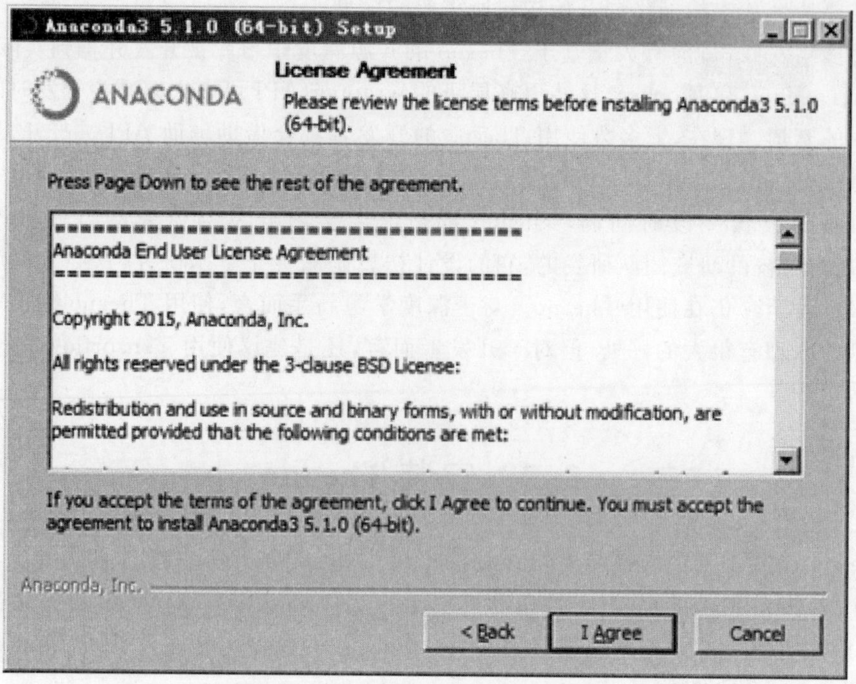

图 2.2　查看协议并单击 I Agree 按钮

如图 2.3 所示，保留默认选项状态，单击 Next 按钮进入下一步骤。

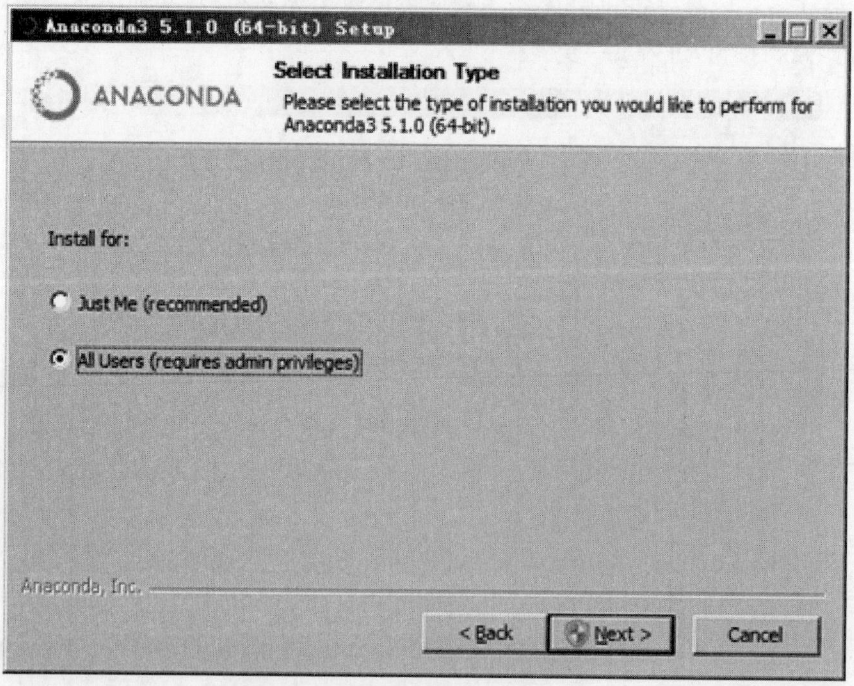

图 2.3　选择为所有人进行安装

本书选择在C盘进行文件的安装，如图2.4所示，可根据自身情况选择合适的安装路径，单击Next按钮进入下一步骤。

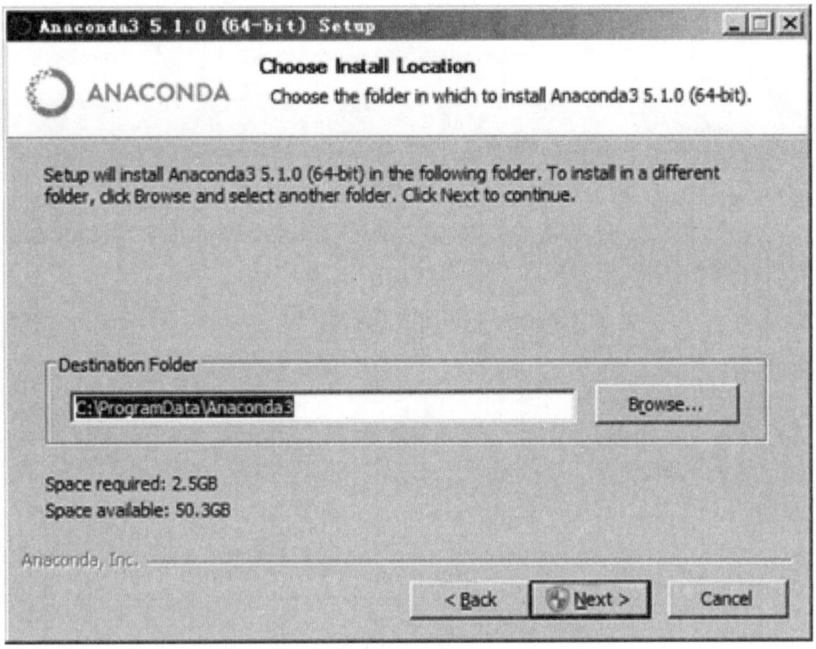

图2.4　选择安装路径

勾选如图2.5所示的两个选项，单击Next按钮开始安装Anaconda。

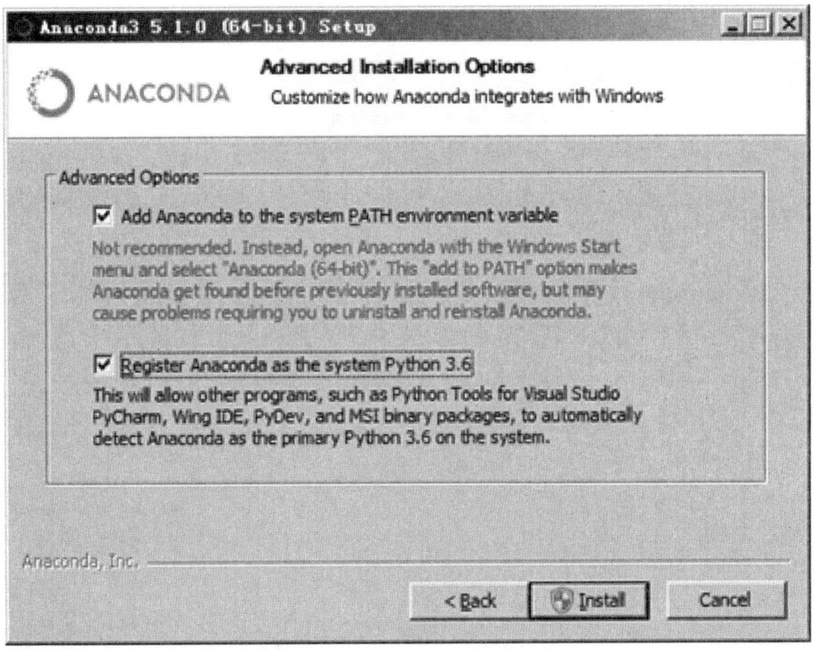

图2.5　勾选两个选项

Anaconda 安装完成如图 2.6 所示。

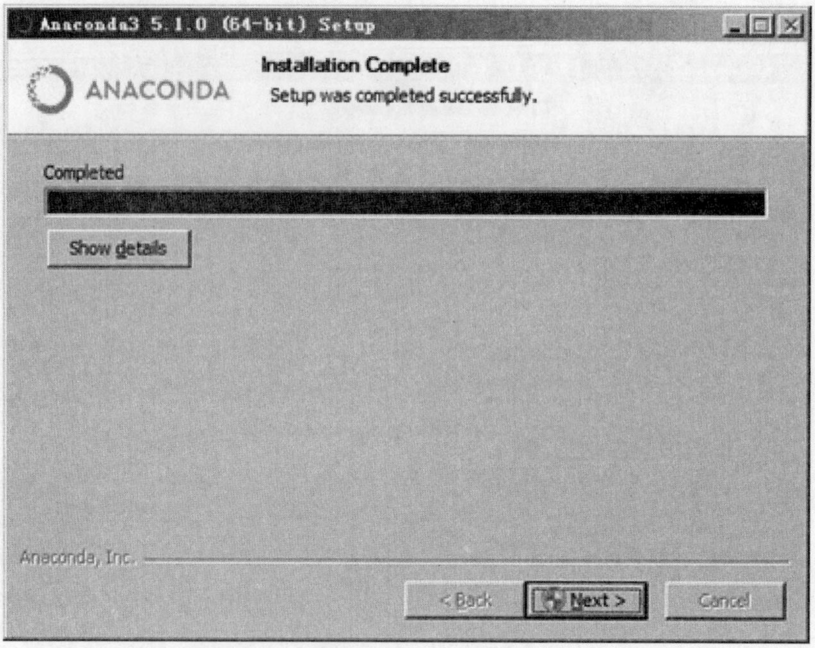

图 2.6 Anaconda 安装完成

在 Anaconda 安装完成后会提示安装 Microsoft VSCode(见图 2.7),如果已经安装了 Microsoft VSCode,则直接单击 Skip 按钮跳过该步骤,否则单击 Install Microsoft VSCode 按钮进行安装。

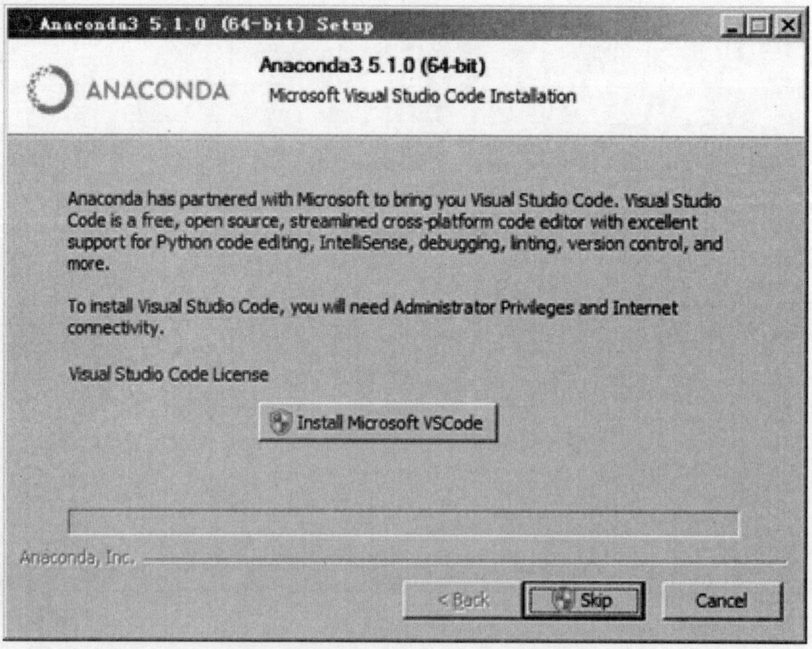

图 2.7 安装 Microsoft VSCode

然后进入如图 2.8 所示的界面，可直接单击 Finish 按钮完成本次安装。

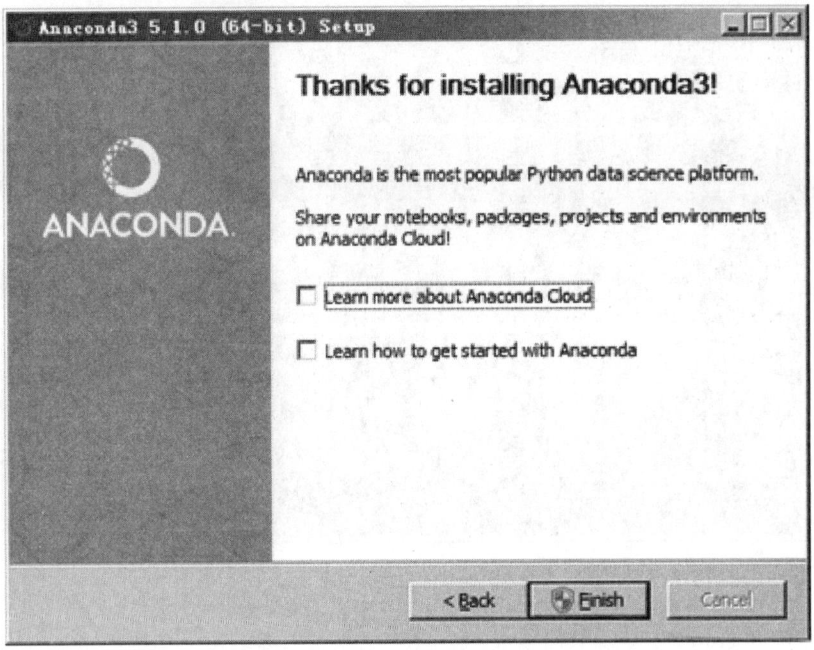

图 2.8　完成安装

如果所安装的该版 Anaconda 缺少 Theano 所必需的 MinGW 文件，可以在命令提示符下通过如下命令下载并安装 MinGW。

```
>>> conda install mingw libpython
```

输入上述指令后中间会提示"Proceed <[y]/n >?"，如图 2.9 所示，此时输入 y，按 Enter 键，继续自动安装。

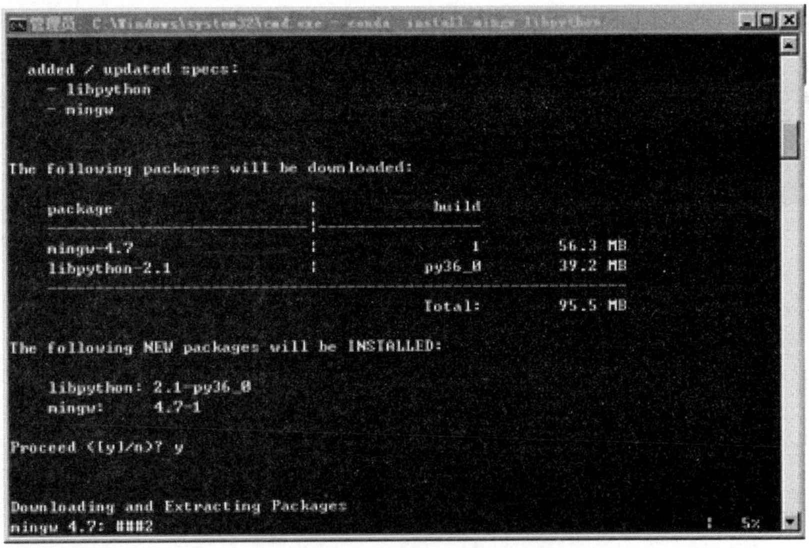

图 2.9　安装 MinGW 的中间环节

安装完成后的结果如图 2.10 所示。

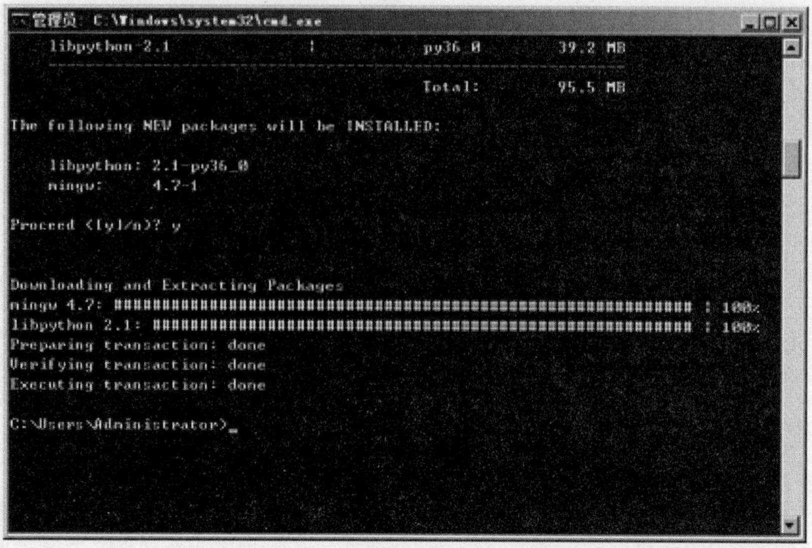

图 2.10　MinGW 安装完成

接下来打开 cmd，输入以下命令：

```
>>> conda install theano
```

上述命令执行完成后，会显示“Successfully installed theano-1.0.2”。至此，Theano 安装完成，接下来配置 Theano 的环境变量。

2.3　配置环境变量

如果在安装时没有勾选自动配置环境变量，则需要手动进行配置环境变量。以本书为例，在系统环境变量的 PATH 中添加“D:\Anaconda-QF\MinGW\bin;D:\Anaconda-QF\MinGW\x86_64-w64-mingw32\lib;”。上述路径为本书采用的安装路径，大家可以根据自己的实际安装目录进行修改。

在配置环境变量时请注意使用英文分号进行分隔，避免输入错误的路径。

在 cmd 的 home 目录中新建.theanorc.txt 文件(作为 Theano 的配置文件，注意名字中的第一个“.”，如果已经存在，则直接修改该文件)，设置如下内容：

```
[blas]
ldflags = - lblas
[gcc]
cxxflags = - ID:\Anaconda - QF\MinGW\x86_64 - w64 - mingw32\include
```

所谓 cmd 的 home 目录是指：打开 cmd 时，在“>”前面的默认路径，经过上述步骤后，便可完成对 Theano 的环境变量配置。

2.4 Theano 中的符号变量

使用编程语言进行编程时，需要用到各种变量来存储各种数据信息，Theano 虽然是基于 Python 和 Numpy 实现的数值计算工具库，但有自己独立的变量体系。Theano 的变量类型被称为符号变量（Tensor Variable），它是 Theano 表达式和运算操作的基本单元。Theano 中所有符号变量都来源于一个基类：Tensorvariable()，即这些符号变量都是这个类的实例化，而这些符号变量本身的数据类型，通过实例化给定，通过访问对象属性得到 object.type，它们在 Theano 的 tensor 模块中。

一般情况下，首先需要导入 Theano，否则会返回异常。Theano 目前支持 7 种变量类型：col、matrix、row、scalar、tensor3、tensor4、vector。接下来演示如何使用内置方法定义向量类型的变量，具体如下所示：

```
>>> import theano
>>> import theano.tensor as T
>>> x = T.vector(name = '变量名称',dtype = '该实例化的符号变量的数据类型')
```

其中，vector()函数需要指定以下两个参数：

- name——指定变量的名称。
- dtype——指定变量的数据类型。目前 Theano 变量支持的数据类型有 8 种：int8、int16、int32、int64、float32、float64、complex64、complex128。

在创建其他类型的变量时，将 vector 替换成对应的变量类型即可，比如通过将 vector 替换成 matrix 即可创建矩阵类型的变量：T.matrix。

表 2.1 列出了常见的符号类型以及符号变量的数据类型。

表 2.1　常见的符号类型

符号变量类型	数据类型	维度长度	矩阵维度	broadcastable 属性
bscalar	int8	0	()	()
bvector	int8	1	(n,)	(False,)
brow	int8	2	(1,n)	(True,False)
bcol	int8	2	(n,1)	(False,True)
bmatrix	int8	2	(n,n)	(False,False)
btensor3	int8	3	(n,n,n)	(False,False,False)
btensor4	int8	4	(n,n,n,n)	(False,False,False,False)
btensor5	int8	5	(n,n,n,n,n)	(False,False,False,False,False)
wscalar	int16	0	()	()
wvector	int16	1	(n,)	(False,)
wrow	int16	2	(1,n)	(True,False)
wcol	int16	2	(n,1)	(False,True)
wmatrix	int16	2	(n,n)	(False,False)
wtensor3	int16	3	(n,n,n)	(False,False,False)
wtensor4	int16	4	(n,n,n,n)	(False,False,False,False)
wtensor5	int16	5	(n,n,n,n,n)	(False,False,False,False,False)

续表

符号变量类型	数据类型	维度长度	矩阵维度	broadcastable 属性
iscalar	int32	0	()	()
ivector	int32	1	(n,)	(False,)
irow	int32	2	(1,n)	(True,False)
icol	int32	2	(n,1)	(False,True)
imatrix	int32	2	(n,n)	(False,False)
itensor3	int32	3	(n,n,n)	(False,False,False)
itensor4	int32	4	(n,n,n,n)	(False,False,False,False)
itensor5	int32	5	(n,n,n,n,n)	(False,False,False,False,False)
lscalar	int64	0	()	()
lvector	int64	1	(n,)	(False,)
lrow	int64	2	(1,n)	(True,False)
lcol	int64	2	(n,1)	(False,True)
lmatrix	int64	2	(n,n)	(False,False)
ltensor3	int64	3	(n,n,n)	(False,False,False)
ltensor4	int64	4	(n,n,n,n)	(False,False,False,False)
ltensor5	int64	5	(n,n,n,n,n)	(False,False,False,False,False)
dscalar	float64	0	()	()
dvector	float64	1	(n,)	(False,)
drow	float64	2	(1,n)	(True,False)
dcol	float64	2	(n,1)	(False,True)
dmatrix	float64	2	(n,n)	(False,False)
dtensor3	float64	3	(n,n,n)	(False,False,False)
dtensor4	float64	4	(n,n,n,n)	(False,False,False,False)
dtensor5	float64	5	(n,n,n,n,n)	(False,False,False,False,False)
fscalar	float32	0	()	()
fvector	float32	1	(n,)	(False,)
frow	float32	2	(1,n)	(True,False)
fcol	float32	2	(n,1)	(False,True)
fmatrix	float32	2	(n,n)	(False,False)
ftensor3	float32	3	(n,n,n)	(False,False,False)
ftensor4	float32	4	(n,n,n,n)	(False,False,False,False)
ftensor5	float32	5	(n,n,n,n,n)	(False,False,False,False,False)
cscalar	complex64	0	()	()
cvector	complex64	1	(n,)	(False,)
crow	complex64	2	(1,n)	(True,False)
ccol	complex64	2	(n,1)	(False,True)
cmatrix	complex64	2	(n,n)	(False,False)
ctensor3	complex64	3	(n,n,n)	(False,False,False)
ctensor4	complex64	4	(n,n,n,n)	(False,False,False,False)
ctensor5	complex64	5	(n,n,n,n,n)	(False,False,False,False,False)
zscalar	complex128	0	()	()
zvector	complex128	1	(n,)	(False,)

续表

符号变量类型	数据类型	维度长度	矩阵维度	broadcastable 属性
zrow	complex128	2	(1,n)	(True,False)
zcol	complex128	2	(n,1)	(False,True)
zmatrix	complex128	2	(n,n)	(False,False)
ztensor3	complex128	3	(n,n,n)	(False,False,False)
ztensor4	complex128	4	(n,n,n,n)	(False,False,False,False)
ztensor5	complex128	5	(n,n,n,n,n)	(False,False,False,False,False)

表 2.1 的第一列是符号变量的类型，第二列是符号变量的数据类型，最后一列 broadcastable 属性的作用是表示不同维度的矩阵之间是否可以广播。

上述使用 Theano 内置的变量定义方法，只适用于处理四维以下的变量，当需要处理更高维的数据时，需要采用自定义变量类型的方法进行定义，自定义变量的一般形式如下所示：

```
>>> import theano
>>> import theano.tensor as T
>>> mytype = T.TensorType(dtype, broadcastable
```

使用上述 TensorType 函数进行自定义变量操作时，dtype 和 broadcastable 是必须指定的参数。

- dtype：指定变量的数据类型。目前 Theano 变量支持的数据类型有 8 种：int8、int16、int32、int64、float32、float64、complex64、complex128。
- broadcastable：是一个由 True 或 False 值构成的布尔类型元组，元组的大小等于变量的维度大小，如果元组中的某一个值为 True，则表示变量在对应的维度上的数据可以进行广播(broadcast)，否则数据不能广播。

接下来分别演示几种常见的变量定义方法。

返回一个零维的 numpy.ndarray：

```
>>> theano.tensor.scalar(name = None, dtype = config.floatX)
```

返回一个一维的 numpy.ndarray：

```
>>> theano.tensor.vector(name = None, dtype = config.floatX)
```

返回一个二维的 numpy.ndarray，但是行数保证是 1：

```
>>> theano.tensor.row(name = None, dtype = config.floatX)
```

返回一个二维的 numpy.ndarray，但是列数保证是 1：

```
>>> theano.tensor.col(name = None, dtype = config.floatX)
```

返回一个二维的 numpy.ndarray：

```
>>> theano.tensor.matrix(name = None, dtype = config.floatX)
```

返回一个三维的 numpy.ndarray：

```
>>> theano.tensor.tensor3(name = None, dtype = config.floatX)
```

返回一个四维的 numpy.ndarray：

```
>>> theano.tensor.tensor4(name = None, dtype = config.floatX)
```

如果想要创建一个非标准的类型的变量，就需要用到自定义的 TensorType。这需要将 dtype 和 broadcasting pattern 传入声明函数中。

创建一个五维向量的代码如下所示。

```
dtensor5 = TensorType('float64', (False,) * 5)
x = dtensor5()
z = dtensor5('z')
```

可以通过以下代码对已存在的类型进行重构。

```
my_dmatrix = TensorType('float64', (False,) * 2)
x = my_dmatrix()                          # 定义一个矩阵变量
print my_dmatrix == dmatrix               # 输出为"True"
```

TensorType 函数有一个重要的参数 broadcastable，该参数对变量是否可以进行广播产生影响。广播机制使得不同维度的张量进行加法或者乘法运算成为可能，它可以让程序直接执行异构数据间的运算操作，避开异构数据间运算时维度转换的过程。例如，将一个向量数据与一个高维矩阵相加，如果没有广播的机制，则需要先将低维的数据转换成高维数据才能进行相应的操作符运算。通过广播机制，标量可以直接与矩阵相加，向量可以直接和矩阵相加，标量可以直接和向量相加，广播的运算机制如图 2.11 所示。

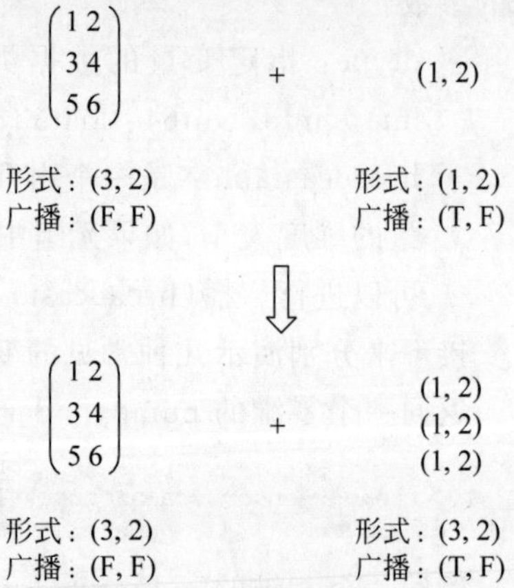

图 2.11　广播的运算机制

图 2.11 演示了广播一个行矩阵的过程，其中，T 和 F 分别表示 True 和 False，表示广播沿着哪个维度进行。如果第二个参数是向量，那么它的维度为(2,)，广播模式为(False,)。它将会自动向左展开，匹配矩阵的维度，最终得到维度为(1,2)和 Boradcastable 为(True, False)。

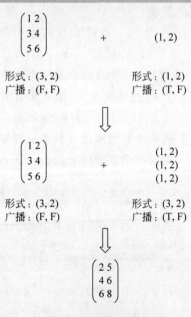

与 numpy 的广播机制不同，Theano 需要知道哪些维度需要进行广播。当维度可以广播时，广播信息将会以变量的类型给出。

下面的代码演示了在向量和矩阵的加法运算过程中，行和列是如何进行广播的：

```
import theano
import numpy
import theano.tensor as T
r = T.row()
r.broadcastable
# (True, False)
mtr = T.matrix()
mtr.broadcastable
# (False, False)
f_row = theano.function([r, mtr], [r + mtr])
R = numpy.arange(3).reshape(1,3)
# R
# array([[0, 1, 2]])
M = numpy.arange(9).reshape(3, 3)
# M
# array([[0, 1, 2],
#     [3, 4, 5],
#     [6, 7, 8]])
f_row(R, M)
# [array([ [ 0., 2., 4.],
#       [ 3., 5., 7.],
#       [ 6., 8., 10.]])]
c = T.col()
c.broadcastable
# (False, True)
f_col = theano.function([c, mtr], [c + mtr])
C = numpy.arange(3).reshape(3, 1)
# C
# array([[0],
#     [1],
#     [2]])
M = numpy.arange(9).reshape(3, 3)
f_col(C, M)
# [array([ [ 0., 1., 2.],
#          [ 4., 5., 6.],
#       [ 8., 9., 10.]])]
```

接下来通过 TensorType 方法创建一个五维张量类型，将其 broadcastable 设置成(False,) * 5。此时，通过自定义方法新使创建的变量在 5 个维度上都不再支持广播机制。

```
import theano
import theano.tensor as T
mytype = T.TensorType('float32',(False,) * 5)
data = mytype('x')
data.type()
```

结果如下所示：

```
<TensorType(float32,5D)>
```

从结果可以看出，已经成功修改了所创建变量的属性，使其在 5 个维度上不再支持广播。

2.5　Theano 编程风格

刚接触 Theano 时，可能不太适应它的编程风格，这与之前所接触到其他编程方法存在差异。例如，在 C++或者 Java 等语言中，一般先为自变量赋值，然后再把这个自变量作为函数的输入，进行因变量计算，比如要计算“m 的 n 次方”的时候，一般写成如下形式：

```
int x = m;
int y = power(m,n);
```

然而在 Theano 中，一般是先声明自变量（此时不需要为变量赋值），然后编写函数方程，最后再为自变量赋值，计算出函数的输出值，在 Theano 中一般通过如下表达式来计算“2 的 2 次方”：

```
import theano
x = theano.tensor.iscalar('x')            #声明一个 int 类型的变量 x
y = theano.tensor.pow(x,2)                #定义 y 等于 x 的平方
f = theano.function([x],y)                #定义函数的自变量为 x(输入),因变量为 y(输出)
print(f(2))                               #打印出当 x = 2 时,函数 f(x)的值
```

输出如下所示：

```
4
```

为了更好地理解 Theano 的编程风格，接下来通过一个函数的实现来讲解。函数的表达式如下所示：

$$f(x)=\frac{1}{1+\mathrm{e}^{-x}}$$

通过 Theano 实现 f 函数的代码如下：

```
import theano
x =  theano.tensor.fscalar('x')            #定义浮点型变量 x
y =  1 / (1 + theano.tensor.exp( - x))     #定义变量 y
f =  theano.function([x],y)                #定义函数 f,输入为 x,输出为 y
print(f(2))                                #打印出当 x = 2 的时候,y 的值
```

输出如下所示：

```
0.46831053
```

2.6　Theano 中的函数

函数是 Theano 的核心设计模块之一，提供了把符号计算图编译为可调用的函数对象的接口。本节将对其中较为常用的函数进行讲解。

2.6.1 函数的定义

事实上,前面已经引入了 Theano 中一个非常重要的函数: theano.function,该函数主要用于定义一个函数的自变量和返回值(因变量)。

函数的语法格式如下所示:

```
function(inputs, outputs, mode = None, updates = None, givens = None, no_default_u
         pdates = False, accept_inplace = False, name = None, rebuild_
         strict = True, allow_input_downcast = None, profile = None,
         on_unused_input = 'raise')
```

可以看出,函数具有很多参数,但通常只会用到 inputs、outputs、updates 这 3 个参数,分别表示函数的自变量、函数的返回值(因变量)、共享变量参数更新策略。

(1) inputs: 用于指定函数的自变量列表。python 以列表的形式来表示,列表的每一个元素都是一个 In 类型,In 类型的函数有很多参数设置,详细的参数定义建议参考 Theano 的官方文档,本书仅对其中较为常用的两个参数进行介绍。

- variable: 指定符号变量。
- value: 指定变量的默认值。

(2) outputs: 指定函数的返回值列表。outputs 的值如果为空,则说明没有输出结果;也可以是一个值或者以列表的形式表示多个返回值。如果 outputs 的值不为空,则每一个返回值都是一个 Out 类,Out 类的构造函数相对简单,一般只需要指定返回的符号变量即可。

(3) updates: 共享变量参数更新策略。通常以字典或元组列表的形式来指定。updates 应用最广泛的就是在最优化计算过程中,指定每一次迭代时参数的更新策略。通过 updates 来对梯度下降算法中的权重参数进行迭代更新。

当函数同时存在多个自变量和对应的因变量时定义格式如下:

```
import theano
x, y = theano.tensor.fscalars('x', 'y')
z1 = x + y
z2 = x * y
f = theano.function([x,y],[z1,z2])     #定义 x、y 为自变量,z1、z2 为函数返回值(因变量)
print(f(2,3))                          #返回当 x = 2,y = 3 的时候,函数 f 的因变量 z1,z2 的值
```

输出如下所示:

```
[array(5., dtype = float32), array(6., dtype = float32)]
```

2.6.2 函数的复制

在实际应用中可能会遇到多个函数之间功能相似,但是参数不同的情况,这时就可以用到 Theano 中的函数复制功能。例如,用同一个算法对不同的模型进行训练,不同的模型之间采用的训练参数是不同的,这时可以通过函数复制功能将一个函数复制给另一个函数。这两个函数之间具有独立的计算图结构,相互之间并不会有影响。在 Theano 中,通过 copy

函数实现函数的复制。

以累加器为例，下面的函数通过定义一个共享变量 state(2.6.3 节将会详细介绍共享变量)来累加变量，每一次调用函数 accumulator 时，state 的值都会发生变化。

```
import theano
import theano.tensor as T
state = theano.shared(0)
inc = T.iscalar('inc')
accumulator = theano.function([inc],state,updates = [(state,state + inc)])
```

接下来，通过调用 accumulator 函数来查看输出结果。

```
>>> accumulator(10)
array(0)
>>> state.get_value()
array(10)
```

新建另一个函数 new_accumulator，它实现的功能与 accumulator 函数完全相同，但累加的变量不同。new_accumulator 是定义在 new_state 上的累加函数，通过 copy 函数来实现这个功能，通过 swap 参数来交换两个共享变量。

```
>>> new_state = theano.shared(0)
>>> new_accumulator = accumulator.copy(swap = {state:new_state})
```

验证结果如下：

```
>>> new_accumulator(100)
array(0)
>>> new_state.get_value()
array(100)
>>> state.get_value()
array(10)
```

从上面的运行结果可以看出，new_accumulator 函数没有对原来的 state 进行修改。如果只想在原来函数的基础上去除共享变量的更新，同样可以通过 copy 函数来实现这个功能，通过 delete_updates 参数来实现该功能。

```
>>> null_accumulator = accumulator.copy(delete_updates = True)
```

验证结果如下：

```
>>> null_accumulator(9000)
[array(10)]
>>> state.get_value()
array(10)
```

从上述结果可以看出，调用 null_accumulato 函数并没有影响 state 变量，实际上无论何时调用该函数都会输出同样的结果。

2.6.3 Theano 中重要的函数

1. 求偏导数

求偏导数的函数 theano.grad()，比如前面提到的 S 函数，当 x=3 的时候，对 S 函数求偏导数的代码如下所示：

```
import theano
x = theano.tensor.fscalar('x')                #定义一个 float 类型的变量 x
y= 1 / (1 + theano.tensor.exp( - x))          #定义变量 y
dx = theano.grad(y,x)                         #偏导数函数
f = theano.function([x],dx)                   #定义函数 f,输入为 x,输出为 s 函数的偏导数
print(f(3))                                   #计算当 x = 3 的时候,函数 y 的偏导数
```

结果为 0.04517666。

2. 共享变量

共享变量是指各线程公共拥有的变量，它是为了多线程高效计算、访问而使用的变量。因为在深度学习中，整个计算过程基本上是多线程计算的，于是就需要用到共享变量。在程序中，一般把神经网络的参数 w(权重)、b(偏置项)等定义为共享变量，因为网络的参数，基本上是每个线程都需要访问的。共享变量的定义格式如下所示：

```
import theano
import numpy
A = numpy.random.randn(3,4)                   #随机生成一个矩阵 A
x = theano.shared(A)                          #创建共享变量 x
print(x.get_value())
```

通过 get_value()可以查看共享变量的数值，通过 set_value()可以设置共享变量的数值。

3. 共享变量参数更新

参数 updates 在 theano.function 函数中具有非常重要的作用，它是一个包含两个元素的列表或元组，一般表示形式为 updates=[old_w, new_w]。当函数被调用的时候，会将 old_w 替换成 new_w，具体示例如下所示：

```
import theano
w = theano.shared(1)                          #定义一个初始值为 1 的共享变量 w
x = theano.tensor.iscalar('x')
#对函数自变量 x,因变量 w 进行定义,并在函数执行完毕后更新参数 w = w + x
f = theano.function([x], w, updates = [[w, w + x]])
print(f(3))                                   #函数输出结果为当 x = 3 时,w 的值
print(w.get_value())                          #获取更新后的 w 的值 w = w + x = 4
```

输出结果如下所示：

```
1
4
```

共享变量参数更新主要用于梯度下降算法中。

2.7　Theano 中的符号计算图模型

前面章节中详细讲解了符号变量(tensorvariable)的定义方法,本节将对符号计算图的相关概念进行讲解。

Theano 处理符号表达式时是通过将符号表达式转换为计算图(graph)来处理的,因此,理解计算图的基本原理和底层的工作机制对于编写和调试 Theano 代码有着重要意义。

符号计算图的节点分为 4 种类型: variable 节点(variable nodes,符号变量节点)、type 节点(type nodes,类型节点)、apply 节点(apply nodes,应用节点)和 op 节点(op nodes,操作符节点)。接下来将对这 4 种节点分别进行讲解。

2.7.1　variable 节点

variable 节点是符号表达式中存放信息的数据结构,是 Theano 中最常用的数据结构,可以分为输入符号变量和输出符号变量。

一个符号变量通常具有下面 4 个重要的域。

- type: 定义可以在计算中使用的变量,指向 type 节点(本节后续内容将进行讲解)。
- owner: 可以为 None 或者一个变量的 apply 节点的一个输出(本节后续内容将进行讲解)。
- index: 一个索引值,当 owner 的值不为 None 时,如果变量是输入符号变量,则表示该变量在 owner 所指向的符号表达式中是第 index 个输入变量; 当 owner 的值为 None 时,如果变量是输出符号变量,则表示该变量在 owner 所指向的符号表达式中是第 index 个输出变量。
- name: 为变量定义名称,方便打印或调试。

例如,输入以下的命令定义一个符号表达式 y=－x:

```
import theano
x = theano.tensor.ivector('x')
y = -x
```

x 和 y 都是变量,即变量类的实例。x 和 y 的 type 都是 theano.tensor.ivector。y 是输出符号变量,而 x 是输入符号变量。计算的自身是通过 apply 节点和 y.owner 来进行访问的。更具体地说,Theano 中的每一个变量都是一个基本结构,用来表示在计算中某个具体的点上的基准。通常是符号变量类或者是它的一个子类的实例。

符号变量中有一个特殊的子类: Constant(常量)。常量就是有着一个额外域 data 的符号变量,它的值在初始化(initialize)后不能再改变。当在计算图中用作 Opapplication 的输入时,需要假设该输入总是常量的数据域部分,也就是说,需要假设 op 不会修改该输入。在一个函数的输入列表中,常量是无须指定的。

2.7.2　type 节点

type 节点定义了一种具体的变量类型以及变量类型的数据类型时,Theano 为其指定了数据存储的限制条件,以 irow 的约束为例,定义 type 节点的表达式如下所示。

```
w = theano.tensor.irow('w')
```

上述表达式中定义了一个变量 w。其中“irow”中的“i”是“int32”的缩写,表示变量 w 的数据类型为 int32;“irow”中的“row”代表变量 w 的变量类型为 row。在 Theano 中,type 用来表示潜在数据对象上的一组约束,这些约束允许 Theano 定制 C 代码来处理需要被约束的变量,并对计算图进行静态优化。例如上面的变量 w 被指定了以下限制条件:

- 底层必须以 numpy.ndarray 作为数据结构。
- 数据类型必须是 int32,即变量 w 必须是一个 int32 的整数数组。
- 变量的形态大小必须为(1,n),即第一维的大小必须为 1。

如果不满足上述约束,则会返回 TypeError 错误。在这些约束条件下,Theano 可以生成额外的 C 代码,用来声明正确的数据类型和在维度上进行有准确次数的循环。

Theano 的 type 不同于 Python 的 type 或者 class。在 Theano 中,irow 和 dmatrix 都是使用 numpy.ndarray 来作为潜在的类型进行计算和数据存储的,实际上,在 Theano 中这两者是不同的 type。使用 dmatrix 时的约束如下:

- 底层必须以 numpy.ndarray 作为数据结构。
- 数据类型必须是 64 位的浮点数数组。
- 变量的形态大小必须为(m,n),在 m 或 n 上都没有限制。

除非特殊声明,后续内容中提到的“type”特指 Theano 中的 type。

2.7.3 apply 节点

apply 节点是内部节点的类型,在 theano 中表示某一种类型的符号操作符应用到具体的符号变量中。不同于变量节点,apply 节点不需要直接被最终用户操作,它们可以通过变量的 onwer 域来访问,一个 apply 节点包括 3 个重要的域。

- op:指向符号表达式使用函数或转换的位置。
- inputs:表示函数的参数,即符号表达式的输入参数变量列表。
- outputs:表示函数的返回值,即符号表达式的输出结果变量列表。

apply 节点通常是 apply 类的一个实例。它表示 op 在一个或多个输入上的应用,这里每个输入都是一个变量。通常,每个 op 反映了如何从一个输入列表中构建一个 apply 节点。因此,apply 节点可以在 op 和输入列表的基础上,通过调用如下代码获得:

```
op.make_node( * inputs)
```

与 Python 语言相比,apply 节点是 Theano 中的函数调用,op 是 Theano 中的函数定义。

2.7.4 op 节点

op 节点是在某些类型的输入上定义一个具体的计算,并生成某些类型的输出。它等价于大部分编程语言中的函数定义,op 定义了一个符号变量间的运算,以某种类型的符号变量作为输入,输出另一种符号变量,如+、-、sum()、tanh()等。

理解 op 节点(函数的定义)和 apply 节点(函数的应用)之间的差别是十分重要的。下面通过示例来解释两者之间的差异。

通过 Python 的语法来理解 Theano 的计算图结构,假设定义了一个函数 f(x),将会对该函数生成一个 op 节点。

```
def f(x)
```

如果在代码中调用了该函数,那么将生成一个 apply 节点,并且该节点的 op 域将指向 f 节点。

```
a = f(x)
```

2.7.5　符号计算图模型

Theano 是将符号数学化的计算表示成计算图。这些计算图由 apply 节点和 variable 节点连接而成,apply 节点与函数的应用相连,variable 节点与数据相连。具体操作由 op 实例表示,而数据类型是由 type 实例表示的。接下来通过一个具体的示例来理解符号计算图的结构。

```
import theano.tensor as T
x = T.dmatrix('x')
y = T.dmatrix('y')
z = x + y
```

上述代码的逻辑非常简单,可以看出,分别定义了两个矩阵变量 x 和 y,定义符号表达式 z=x+y。该符号表达式转化为对应的符号计算图如图 2.12 所示。

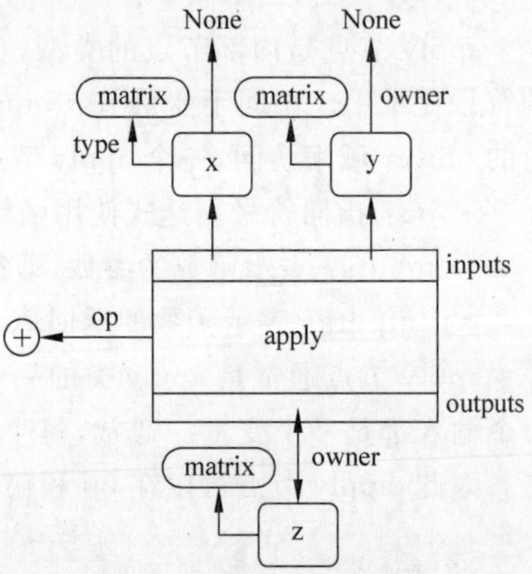

图 2.12　符号计算图

在图 2.12 中,箭头表示各节点对所指向的 Python 对象的引用。变量指向 apply 节点的过程是用来表示函数通过对应的 owner 域来生成自身。这些 apply 节点是通过它们的 inputs 和 outputs 域来得到它们的输入和输出变量的。例如,变量 x 和变量 y 的值不是来自其他计算的结果,因此这两个变量的 owner 域指向了 None,说明这两个变量的值不是由某个 apply 节点生成;变量 z 的 owner 域指向了图中的 apply 节点,这说明该变量的值来自该 apply 节点。

在图 2.12 中,apply 节点的输出指向 z,而 z 的 owner 域也指回 apply 节点的,通过符号变量 z 的 owner 域获取其 apply 节点:

```
>>> z.owner
Elemwise(add,no_inplace)(x,y)
```

通过 apply 节点的 inputs 和 outputs 域来获取表达式的所有输入符号变量和所有输出符号变量：

```
>>> z.owner.inputs
[x,y]
>>> z.owner.outputs
[Elemwise{add,no_inplace}.0]
```

上述示例中，表达式是两个矩阵相加，形式比较简单，但对于复杂的表达式或函数，要画出完整的符号计算图是非常困难的。因此，Theano 支持把计算图打印到终端或打印到外部文件。打印符号计算图之前需要先对 printing 模块进行定义。

有两种模式可以将计算图打印到终端：pprint 模式和 debugprint 模式。pprint 模式的输出结果简洁紧凑，类似于数学表达式；debugprint 模式的输出更加详细，但相对烦琐。以前面提到的 z=x+y 为例，分别用 pprint 模式和 debugprint 模式来查看 z 的结果，具体如下所示。

```
>>> theano.printing.pprint(z)
'(x + y)'
>>> theano.printing.debugprint(z)
Elemwise{add,no_inplace}[id A] ''
 |x [id B]
 |y [id C]
```

2.8 Theano 中的条件表达式

Theano 虽然是基于 Python 的工具包，但它本身属于符号语言，因此无法直接使用 Python 中的 if 语句。IfElse 和 Switch 这两种操作都是基于符号变量建立约束条件。IfElse 将 boolean 作为条件，将两个变量作为输入；Switch 将 tensor 作为条件，将两个变量作为输入。Switch 是一个逐元素的操作，这一特性使得它比 IfElse 更加通用。

Switch 在两个输出变量上进行评估，而 IfElse 只对一个关于条件的变量进行评估。

```
from theano import tensor as T
from theano.ifelse import ifelse
import theano, time, numpy
m,n = T.scalars('m', 'n')
x,y = T.matrices('x', 'y')
z_switch = T.switch(T.lt(m, n), T.mean(x), T.mean(y))
z_lazy = ifelse(T.lt(m, n), T.mean(x), T.mean(y))
f_switch = theano.function([m, n, x, y],
z_switch,mode = theano.Mode(linker = 'vm'))
f_lazyifelse = theano.function([m, n, x, y],
z_lazy,mode = theano.Mode(linker = 'vm'))
val1 = 0.
val2 = 1.
big_mat1 = numpy.ones((10000, 1000))
big_mat2 = numpy.ones((10000, 1000))
n_times = 10
```

```
tic = time.clock()
for i in range(n_times):
f_switch(val1, val2, big_mat1, big_mat2)
print('time spent evaluating both values %f sec' % (time.clock() - tic))
tic = time.clock()
for i in range(n_times):
    f_lazyifelse(val1, val2, big_mat1, big_mat2)
print('time spent evaluating one value %f sec' % (time.clock() - tic))
```

运行结果如下所示：

```
python ifelse_switch.py
time spent evaluating both values 0.234337 sec
time spent evaluating one value 0.134876 sec
```

在这个例子中，IfElse 操作比 Switch 花费的时间更少，从结果看，这次操作中 IfElse 节省了大约一半的时间。这是因为 IfElse 只计算了两个变量中的一个。

只有在使用 linker='vm'或者 linker='cvm'的情况下，IfElse 才会计算两个变量，计算时间与 Switch 相同。综上所述，IfElse 与 Switch 主要区别有以下两点：

- IfElse 的条件表达式 condition 只支持标量值，而 Switch 的条件表达式可以是任意形式的符号变量。在实际使用 Theano 的过程中，Switch 的应用更为广泛。
- IfElse 的运算具有惰性，从上面的例子中可以看出，IfElse 的执行过程采用了"短路"策略，只会执行其中一个分支，而 Switch 会执行全部的分支，当全部分支执行完成后才根据条件表达式 condition 的值返回执行结果。

2.9 Theano 中的循环

循环是程序语言中重要的模块之一，Theano 的循环操作使用 scan 模块来实现。scan 模块类似于 Python 的 for 语句，下面将对 Theano 中的循环语句进行讲解（由于 scan 的参数众多，本书将只对几个相对重要的参数进行讲解，其他参数可以通过访问 Theano 官方文档进一步了解）。

2.9.1 scan 循环的参数

scan 循环的参数有很多，本书仅对以下几个主要参数进行讲解：fnsequences、outputs_info、non_sequences、n_steps、truncate_gradient、strict。

1. fn

该参数是一个函数，通常是一个 lambda 函数或 def 函数，fn 是 scan 最核心的组成部分，它定义了每一次循环的处理逻辑，可以返回 sequences 变量的更新 updates。fn 对函数参数的定义顺序和函数输出有严格对应的要求，输入变量顺序为 sequences、outputs_info、non_sequences。

2. sequences

sequences 是一个由 Theano 变量或字典构成的列表，它们的值将作为参数传递给函数

fn。列表中的每一个元素都是一个序列，每次迭代可以传递序列的一个元素或多个元素，具体示例代码如下所示：

```
>>> theano.scan(…,
        sequences = [dict(input = sequence1,taps = [ - 1, - 2]),
                sequences2,
                dict(input = sequence3,taps  =  3)],
        …)
```

上述代码中 scan 函数的 sequences 参数包含了以下 3 个参数：sequence1、sequence2、sequence3，这是 3 个输入序列。

- sequence1：通常以字典的形式表示，字典中可以包括 input（输入序列）和 taps（索引）两个 key 值。上述代码表示在第 t 次迭代时，sequence1 传递给 fn 的参数有 sequence1[t−1]和 sequence1[t−2]。
- sequence2：以普通的 Theano 变量形式传递，该参数等价于下列代码：

```
dict(input  =  squence2,taps = [0])
```

当忽略 taps 参数时，Theano 会默认 taps 的值为 0，因此，在第 t 次迭代时，sequence2 传递给 fn 的参数为 sequence2[t]。

- sequence3：结合前两个参数的传递过程可以看出，在第 t 次迭代时，sequence3 传递给 fn 的参数为 sequence3[t+3]。

3. outputs_info

与 sequences 的表达相似，outputs_info 也是一个由 Theano 变量或字典构成的列表，列表中的每个元素都是函数 fn 的输出结果的初始值，具体示例如下所示：

```
>>> theano.scan(…,

outputs_info  =  [ dict(initial  =  output1, taps  =  [ - 3, - 5]),
                        output2,
                        dict(initial  =  output 3,taps  =  3)]
            …)
```

上述代码的 sequences 参数包含 3 个参数：output1、output2、output3。

- output1：以字典的形式进行表示。用字典形式表示 outputs_info 时，可以包括 initial（定义初始值）和 taps（索引）两个 key 值。表示在第 t 次迭代时，output1 传递给 fn 函数的参数为 output1[t−3]和 output1[t−5]。
- output2：以普通的 Theano 变量形式传递，该参数等价于下列代码：

```
dict(initial  =  output2,taps = [ - 1])
```

与前面提到的 sequence2 情况一样，在忽略 taps 的值时，系统会为 taps 自动添加默认值，但是需要注意，这里的 taps 默认值为−1。表示在第 t 次迭代时，output2 传递给 fn 函数的参数为 output2[t−1]。

- output3：结合前两个参数的传递过程可以看出，output3 表示在第 t 次迭代时，传递给 fn 函数的参数为 sequence3[t+3]。

4. non_sequences

该参数是一个不变量或常数值列表，与前两个参数不同，该参数在迭代过程中不可改变。在实际应用中，一般把该参数设置为模型的权重参数列表。

5. n_steps

n_steps 用来指定 scan 的迭代次数。sequences 与 n_steps 两个参数中至少存在一个，否则 scan 无法知道迭代的步数。

6. truncate_gradient

这是一个专为循环神经网络训练设计的参数。利用 scan 来实现 BPTT 算法时，truncate_gradient 用于指定向前传播的步长值，当值为－1 时，表示采用的是传统的 BPTT 算法；当值大于 0 时，表示向前执行步长达到 truncate_gradient 设定值时，会提前结束并返回。这种截断策略可以用于处理传统的 BPTT 算法中的梯度消失问题。

7. strict

当该参数的值为 True 时，必须保证所有用到的 Theano 共享变量都放置在 non_sequences 参数中。

2.9.2 scan 循环演示

一般情况下，一个 for 循环可以表示成一个 scan 操作，而且 scan 是与 Theano 的循环联系最紧密的。使用 scan 而不是 for 循环的优势如下：

- 迭代的次数是符号 graph 的一部分。
- 最小化 GPU 的迁移(如果用到 GPU)。
- 通过连续的步骤计算梯度。
- 比 Python 中使用 Theano 编译后的 for 循环稍微快一点。
- 通过检测实际用到的内存的数量，来降低总的内存使用情况。

接下来通过几个案例来帮助理解 scan 的使用方法。

以逐元素计算为例，通过 scan 循环演示计算 A 的 k 次方。

```
import theano
import theano.tensor as T
k = T.iscalar('k')
A = T.vector('A')
outputs, updates = theano.scan(lambda result, A : result * A,
                               non_sequences = A,
                               outputs_info = T.ones_like(A), n_steps = k)
result = outputs [ - 1]
fn_Ak = theano.function([A,k], result, updates = updates)
print(fn_Ak(range(10), 2))
```

运行结果如下所示。

```
[  0.   1.   4.   9.  16.  25.  36.  49.  64.  81.]
```

上述程序中 outputs_info 初始化为与 A 大小相同的全 1 向量，匿名函数(lambda)的输入依次为 outputs_info 和 non_sequences，分别对应于匿名函数的输入 result 和 A。由于 scan 函数的输出结果会记录每次迭代 fn 的输出，result = outputs [-1]表示 Theano 只需要取最后一次迭代结果，Theano 也会对此做相应的优化(不保存中间迭代结果)。

2.10 Theano 中的常用 Debug 技巧

Theano 是最老牌的深度学习库之一。其灵活的特点使得它非常适合进行学术研究和快速实验，但是，与 Tensoflow 等商业框架相比，Theano 的调试功能非常薄弱。其实 Theano 本身提供了很多辅助调试的手段，下面就介绍一些调试的技巧，让 Theano 调试不再那么困难。

1. 通过 eval 查看或调试表达式结果

对于 shared 变量，可以通过 value 或者 get_value 来查看变量的值，但对于其他 Tensorvariable，是无法查看符号变量对应的值的，这时可以调用 eval 函数来进行查看。具体方法如下所示：

```
>>> import theano
>>> import numpy
>>> a = theano.shared(value = numpy.array([[0,0,1],[1,0,0]]))
>>> b = a.reshape(shape = (3,2))
>>> b.eval()
array([  [0,0],
         [1,1],
    [0,0]])
```

除了语法错误外，在编写项目时还会遇到许多逻辑错误，比如除 0 问题。

2. 对出错位置定位

Theano 的神经网络在出错时，往往会提供一些出错信息。但是出错信息往往非常模糊，让人难以直接看出具体是哪一行代码出现了问题。这是因为 Theano 的计算图进行了一些优化，导致出错的时候难以与原始代码对应起来。此时可以通过关闭计算图的优化功能来避免这种问题的发生。THEANO_FLAGS 的参数 optimizer 默认值是 fast_run，代表最大程度的优化，正常使用中一般会保持该状态，但是如果想让调试信息更详细，就需要关闭一部分优化，将默认值修改为 fast_compile 或者关闭全部优化，将默认值修改为 None。

```
THEANO_FLAGS = "device = gpu0,floatX = float32,optimizer = None" python test.py
```

3. 打印中间结果

通常有 Test Value 和 Print 两种打印中间结果的方法，接下来将分别对这两种方法进行介绍。

1) Test Value

Theano 在 0.4.0 之后的版本中，加入了 Test Value 机制，其作用是在计算图编译之前，为 symbolic 设定一个 test_value，这样 Theano 就可以将这些数据代入到 symbolic 表达式的计算过程中，从而完成计算过程的验证，并可以打印出中间过程的运算结果。

值得注意的是，如果需要使用 test_value，需要对 compute_test_value 的标记进行设置，常见设置如下所示：

off——关闭。建议在调试完成后，关闭 test_value 以提高程序速度。

ignore—— test_value 计算出错，不会报错。

warn——test_value 计算出错，进行警告。

raise——test_value 计算出错，会输出错误。

pdb——test_value 计算出错，会进入 pdb 调试。pdb 是 Python 自带的调试工具，功能非常强大，可以在 pdb 中单步查看各变量的值，甚至可以执行任意 Python 代码，通过 import pdb 可以在查看详细中间过程的同时避免过多地使用 Print 方法。

2) Print

通过 Print 方法来输出中间结果，示例如下：

```
import theano
import numpy
import theano.tensor as T
x = theano.tensor.dvector('x')
x_printed = theano.printing.Print('important value')(x)

f = theano.function([x], x + 3)
f_with_print = theano.function([x], x_printed + 3)

f([1, 2, 3])                    #输出时不打印任何信息
f_with_print([1, 2, 3])         #输出时打印文字信息及 x 对应的中间值
```

输出如下所示：

```
array ([4.,5.,6.])
important value __ str __ = [1.,2.,3.]
array ([4.,5.,6.])
```

因为 Theano 是基于计算图以拓扑顺序运行程序的，因此各变量在计算图中被调用执行的顺序不一定和源代码的顺序一样，无法准确地控制打印出的变量顺序。

想要更详细地了解关于程序是在哪里、什么时候、怎样计算的，可以参考官网的相关内容，网址为 http://deeplearning.net/software/theano/tutorial/debug_faq.html#faq-monitormode。

Print 方法会严重拖慢模型的训练速度，应该尽量避免在用于训练的代码中加入 Print 方法。该方法可能会阻止一些计算图的优化，例如结果稳定性的优化等，如果程序出现 Nan 异常，可以考虑把 Print 去除。

2.11 本章小结

通过本章的学习，应掌握 Theano 的安装及常用的基础语法。Theano 库设计和功能非常庞大，受篇幅所限本书只是介绍了其中一小部分常用内容，为了更好地进行后续的学习，可以参考 Theano 的官方文档或者相关网络社区等资源进行深入学习。

2.12 习　　题

1. 填空题

(1) Theano 首次引入________来描述模型表达式的开源结构。

(2) Theano 有自己独立的变量体系，变量类型被称为________，它是 Theano 表达式和运算操作的基本单元。

(3) 在 Theano 中创建一个函数，一般是先声明________，然后编写________，最后再为________________赋值。

(4) 在 Theano 的函数参数中________一般用于指定函数的自变量列表，________用于指定函数的返回值列表，________用于指定神经网络共享变量参数更新策略。

(5) 在 Theano 中，循环操作使用________模块来实现，该模块类似于 Python 的 for 语句。

2. 选择题

(1) Theano 目前支持的变量类型不包括以下哪一种？(　　)

A. col　　B. matrix　　C. tensor2　　D. tensor3

(2) 在 Theano 的 scan 循环中，n_steps 用来指定 scan 的(　　)。

A. 输出结果的初始值　　B. 迭代次数

C. 前向传播的长度　　D. 循环的处理逻辑

(3) apply 节点中，op 表示(　　)。

A. 指向符号表达式使用函数或转换的位置

B. 符号表达式的输入参数变量列表

C. 符号表达式的输出结果变量列表

D. 某一种类型的符号操作符应用到具体的符号变量的位置

(4) pydotprint 接口的两个参数 fct 和 outgile 分别表示(　　)。

A. 待打印的函数，输出文件名　　B. 输出函数，待打印文件名

C. 待打印文件名，输出函数　　D. 输出文件名，待打印的函数

(5) 在 Theano 的调试中，通过 eval 可以(　　)。

A. 验证神经网络计算过程　　B. 定位程序错误

C. 调试程序错误　　D. 查看或调试表达式结果

3. 思考题

(1) 简述 Theano 的共享变量的意义。

(2) 简述 Theano 中 scan 函数的作用并列举出至少 4 种该函数中的参数。

第3章 线性代数基础

本章学习目标

- 理解线性代数的相关概念；
- 掌握范数的有关知识；
- 掌握特征值和奇异值的运算；
- 理解主成分分析的方法和原理。

线性代数作为数学的一个分支，广泛应用于科学和工程中。深度学习会大量涉及线性代数相关的知识，掌握线性代数对理解和从事深度学习算法相关工作是非常必要的。如果大家已经掌握线性代数的有关知识，则可以直接跳过本章内容；如果之前没有接触过线性代数，可以通过阅读和学习本章来了解和掌握本书所需的线性代数知识。

3.1 标量、向量、矩阵和张量

学习线性代数首先需要了解以下几个重要的数学概念。

1. 标量(scalar)

一个标量便是一个单独的数，是计算的最小单元，一般采用斜体小写的英文字母表示。在介绍标量时通常会明确其所属的类型。例如，"$s \in \mathbf{R}$"表示 s 属于实数标量。

2. 向量(vector)

向量是由多个标量构成的一维数组，这些数是有序排列的。通过次序中的索引可以确定每个单独的数，通常赋予向量粗体的小写变量名称，比如 $\boldsymbol{x}$。通过下标索引来获取每一个元素，向量 $\boldsymbol{x}$ 的第一个元素用 x_1 表示，第二个元素用 x_2 表示，以此类推，第 n 个元素用 x_n 表示。当需要明确表示向量中的元素时一般会将元素排列成一个方括号包围的纵列，格式如下所示：

$$\boldsymbol{x} = \begin{bmatrix} x_1 \\ x_2 \\ \vdots \\ x_n \end{bmatrix}$$

3. 矩阵(matrix)

矩阵是由标量构成的二维数组，其中的每一个元素被两个索引所确定。本书采用粗斜体的大写拉丁字母来表示矩阵，比如 $\boldsymbol{A}$，如果实数矩阵 $\boldsymbol{A}$ 的行数为 m，列数为 n，便可以用 $\boldsymbol{A} \in \mathbf{R}^{m \times n}$ 来表示 $\boldsymbol{A}$ 矩阵。在表示矩阵中的元素时，通常使用其名称以小写不加粗的斜体形式，索引用逗号间隔。例如，$a_{1,1}$表示矩阵左上角的元素，$a_{m,n}$表示矩阵中右下角的元素。表示垂直坐标 i 中的所有元素时，用“:”表示水平坐标。比如通过 $a_{i,:}$ 表示 $\boldsymbol{A}$ 矩阵中垂直坐标 i 上的一横排元素，这也被称为 $\boldsymbol{A}$ 矩阵的第 i 行(row)。同样地，$a_{:,i}$ 表示 $\boldsymbol{A}$ 的第 i 列(column)。在需要明确表示矩阵中的元素时，可以将它们写在用方括号包围起来的数组中，具体形式如下所示：

$$\boldsymbol{A}=\begin{bmatrix} a_{1,1} & \cdots & a_{1,n} \\ \vdots & & \vdots \\ a_{m,1} & \cdots & a_{m,n} \end{bmatrix}$$

如果现在有 m 个用户的数据，每条数据含有 n 个特征，那么这些用户数据实际上对应了一个 $m\times n$ 的矩阵；一张图由 16×16 个像素点组成，那这个图就是一个 16×16 的矩阵。

4. 张量(tensor)

在某些情况下，需要用到高于二维坐标的数组。当一组数组中的元素分布在若干维坐标的规则网格中时被称为张量。本书使用黑斜体大写字母来表示张量，例如，用 $\boldsymbol{A}$ 来表示张量“A”。以二维空间下的三阶张量 $\boldsymbol{A}$ 为例，将张量 $\boldsymbol{A}$ 中的坐标为(i,j,k)的元素记作 $\boldsymbol{A}_{i,j,k}$。为了更好地理解张量，在此将如图 3.1 的一张 RGB 图片表示成一个三阶张量，张量的 3 个维度分别对应图片的高度、宽度和色彩数据。RGB 图片的色彩数据可以拆分为 3 张红色、绿色和蓝色的灰度图片，通过张量的形式来表示，如表 3.1 所示。

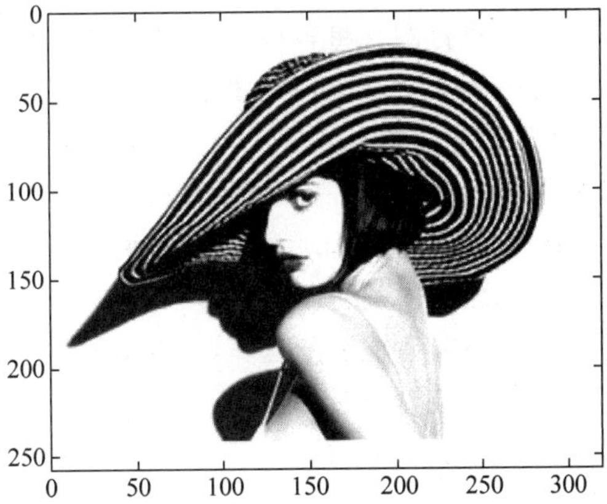

图 3.1　RGB 人像图

表 3.1　通过张量的形式表示 RGB 彩色图片

0	1	2	3	4	…	316	317	318	319
1	[1.0, 1.0, 1.0]	[1.0, 1.0, 1.0]	[1.0, 1.0, 1.0]	[1.0, 1.0, 1.0]	…	[1.0, 1.0, 1.0]	[1.0, 1.0, 1.0]	[1.0, 1.0, 1.0]	[1.0, 1.0, 1.0]
2	[1.0, 1.0, 1.0]	[1.0, 1.0, 1.0]	[1.0, 1.0, 1.0]	[1.0, 1.0, 1.0]	…	[1.0, 1.0, 1.0]	[1.0, 1.0, 1.0]	[1.0, 1.0, 1.0]	[1.0, 1.0, 1.0]

续表

0	1	2	3	4	…	316	317	318	319
3	[1.0, 1.0, 1.0]	[1.0, 1.0, 1.0]	[1.0, 1.0, 1.0]	[1.0, 1.0, 1.0]	…	[1.0, 1.0, 1.0]	[1.0, 1.0, 1.0]	[1.0, 1.0, 1.0]	[1.0, 1.0, 1.0]
4	[1.0, 1.0, 1.0]	[1.0, 1.0, 1.0]	[1.0, 1.0, 1.0]	[1.0, 1.0, 1.0]	…	[1.0, 1.0, 1.0]	[1.0, 1.0, 1.0]	[1.0, 1.0, 1.0]	[1.0, 1.0, 1.0]
5	[1.0, 1.0, 1.0]	[1.0, 1.0, 1.0]	[1.0, 1.0, 1.0]	[1.0, 1.0, 1.0]	…	[1.0, 1.0, 1.0]	[1.0, 1.0, 1.0]	[1.0, 1.0, 1.0]	[1.0, 1.0, 1.0]

表 3.1 中的横轴表示图片的宽度值；纵轴表示图片的高度值(仅截取其中一部分数据)；表格中每个方格代表一个像素点，[1.0,0,0]表示红色(Red,后面简称 R)，[0,1.0,0]表示绿色(Green,后面简称 G)，[0,0,1.0]表示蓝色(Blue,后面简称 B)。以表 3.1 中第一行第一列为例，表中数据为[1.0,1.0,1.0]，表示 RGB 3 种颜色在图片的该位置的取值情况为 R=1.0,G=1.0,B=1.0。

张量在深度学习中非常重要，它是一个深度学习框架中的核心组件之一，后续的所有运算和优化算法几乎都是基于张量进行的。将各种各样的数据抽象成张量表示，然后再输入神经网络模型进行后续处理是一种非常必要且高效的策略。如果不采用将数据抽象成张量的方法，就需要根据各种不同类型的数据分别定义不同的组织形式，这样十分低效。通过将数据抽象成张量，还可以在数据处理完成后方便地将张量再转换回想要的格式。例如，Python 的 NumPy 包中 numpy.imread 和 numpy.imsave 两个方法，分别用来将图片转换成张量对象(即代码中的 Tensor 对象)，以及将张量再转换成图片保存起来。

矩阵的初等变换是矩阵的一种非常重要的运算，它在求解线性方程组、逆矩阵中都起到了非常重要的作用。对于任意一个矩阵 $\boldsymbol{A}\in\mathbf{R}^{m\times n}$，下面 3 种变换称为矩阵的初等行变换。

- 对调任意两行中的元素，记作 $r_i\rightarrow r_j$；
- 以不为 0 的数 k 乘以矩阵某一行的所有元素，记作 $r_i\times k$；
- 把某一行的所有元素的 k 倍加到另一行的对应的元素上去，记作 $r_i\times k+r_j$。

初等行变换和初等列变换同理，只需将上述 3 种变换中的行改成列即可。初等行变换和初等列变换统称为初等变换。

矩阵等价：如果矩阵 $\boldsymbol{A}$ 经过有限次初等变换变成矩阵 $\boldsymbol{B}$，那么称矩阵 $\boldsymbol{A}$ 与矩阵 $\boldsymbol{B}$ 等价，记作 $\boldsymbol{A}\rightarrow\boldsymbol{B}$。

矩阵之间的等价关系具有下面的性质。

- 自反性：$\boldsymbol{A}\sim\boldsymbol{A}$。
- 对称性：若 $\boldsymbol{A}\sim\boldsymbol{B}$，则 $\boldsymbol{B}\sim\boldsymbol{A}$。
- 传递性：若 $\boldsymbol{A}\sim\boldsymbol{B}$，$\boldsymbol{B}\sim\boldsymbol{C}$，则 $\boldsymbol{A}\sim\boldsymbol{C}$。

转置(Transpose)是矩阵的重要操作之一。矩阵的转置是以对角线为轴的镜像，这条从左上角到右下角的对角线被称为主对角线(Main Diagonal)。将矩阵 $\boldsymbol{A}$ 的转置表示为 $\boldsymbol{A}^{\mathrm{T}}$ 的

表达式为 $(\boldsymbol{A}^{\mathrm{T}})_{i,j}=\boldsymbol{A}_{j,i}$，矩阵转置如图 3.2 所示。

$$\boldsymbol{A}=\begin{bmatrix} A_{1,1} & A_{1,2} \\ A_{2,1} & A_{2,2} \\ A_{3,1} & A_{3,2} \end{bmatrix} \Rightarrow \boldsymbol{A}^{\mathrm{T}}=\begin{bmatrix} A_{1,1} & A_{2,1} & A_{3,1} \\ A_{1,2} & A_{2,2} & A_{3,2} \end{bmatrix}$$

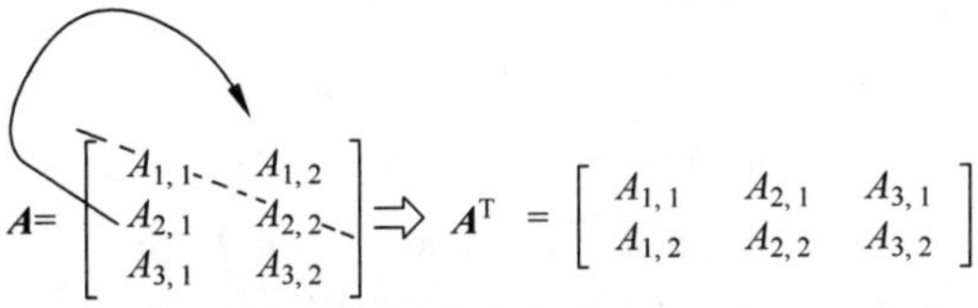

图 3.2　矩阵转置

向量可以看作是只有一列的矩阵，向量的转置可以看作是对只有一行元素的矩阵进行转置。可以将向量表示成行矩阵的转置，写在行中，然后使用转置将其变为标准的列向量，比如 $\boldsymbol{x}=[x_1,x_2,x_3]^{\mathrm{T}}$。

标量可以看作是只有一个元素的矩阵。因此，标量的转置等于它本身，$a=a^{\mathrm{T}}$。任何两个形状一样的矩阵之间都可以相加。两个矩阵相加是指对应位置的元素相加，比如 $\boldsymbol{C}=\boldsymbol{A}+\boldsymbol{B}$，其中 $c_{i,j}=a_{i,j}+b_{i,j}$。

标量和矩阵相乘，或是和矩阵相加时，将其与矩阵的每个元素相乘或相加，比如 $\boldsymbol{D}=a\times\boldsymbol{B}+c$，其中 $d_{i,j}=a\times b_{i,j}+c$。

在深度学习中，会用到一些非常规的符号。允许矩阵和向量相加，产生另一个矩阵：$\boldsymbol{C}=\boldsymbol{A}+\boldsymbol{b}$，其中 $\boldsymbol{C}_{i,j}=\boldsymbol{A}_{i,j}+b_j$。换言之，向量 $\boldsymbol{b}$ 和矩阵 $\boldsymbol{A}$ 的每一行相加。使用这种速记方法时无须在加法操作前定义复制向量 $\boldsymbol{b}$ 到矩阵 $\boldsymbol{A}$ 的每一行。这种隐式地复制向量 $\boldsymbol{b}$ 到很多位置的方式，被称为广播（broadcasting），广播的相关内容可以回顾第 2 章中讲解的内容。

3.2　线性相关与生成子空间

本章在前面介绍了向量的定义，由多个同维度的列向量构成的集合称为向量组，矩阵可以看成是由行向量或者列向量构成的向量组。本节将讲解向量组中的线性组合、线性相关、最大线性无关组以及矩阵的秩等概念。

3.2.1　线性组合

假设存在向量组 $\boldsymbol{A}$：$\boldsymbol{a}_1,\boldsymbol{a}_2,\cdots,\boldsymbol{a}_n(\boldsymbol{a}_i\in\mathbf{R}^m)$，对于任意一组实数 $k_1,k_2,\cdots,k_n$，有

$$k_1\boldsymbol{a}_1+k_2\boldsymbol{a}_2+\cdots+k_n\boldsymbol{a}_n$$

上述表达式为向量组 $\boldsymbol{A}$ 的线性组合，其中，$k_1,k_2,\cdots,k_n$ 被称为向量系数。如果存在一组不全为 0 实数 $k_1,k_2,\cdots,k_n$，使得任意一个向量 $\boldsymbol{b}$ 满足下列等式：

$$\boldsymbol{b}=k_1\boldsymbol{a}_1+k_2\boldsymbol{a}_2+\cdots+k_n\boldsymbol{a}_n$$

则称向量 $\boldsymbol{b}$ 可以被向量组 $\boldsymbol{A}$ 线性表示。

向量空间是由若干向量构成的非空集合，也称为线性空间。对于任意实数集 $\{k_1,k_2,\cdots,k_n\}$，由 $k_1\boldsymbol{a}_1+k_2\boldsymbol{a}_2+\cdots+k_n\boldsymbol{a}_n$ 构成的所有向量集合称为向量空间 $\{k_1\boldsymbol{a}_1+k_2\boldsymbol{a}_2+\cdots+k_n\boldsymbol{a}_n, k_i\in\mathbf{R}\}$。

通过人为定义向量空间来容纳"向量""向量加法"和"向量标量乘法"及三者的性质，让"向量空间"作为这三者的"家"。向量空间是满足"向量加法"和"向量标量乘法"法则的集合（向量集），假设给定一个域 F，一个非空集合 V 叫做域 F 上的一个向量空间存在向量空间

V 满足以下几个性质：

(1) 交换律：$\boldsymbol{\alpha}+\boldsymbol{\beta}=\boldsymbol{\beta}+\boldsymbol{\alpha}$ 对任意 $\boldsymbol{\alpha},\boldsymbol{\beta}\in V$ 成立；

(2) 结合律：$(\boldsymbol{\alpha}+\boldsymbol{\beta})+\boldsymbol{\gamma}=\boldsymbol{\alpha}+(\boldsymbol{\beta}+\boldsymbol{\gamma})$ 对任意的 $\boldsymbol{\alpha},\boldsymbol{\beta},\boldsymbol{\gamma}\in V$ 成立；

(3) 存在一个 $\mathbf{0}\in V$，即零向量，满足 $\boldsymbol{\alpha}+\mathbf{0}=\boldsymbol{\alpha}$ 对任意 $\boldsymbol{\alpha}\in V$ 成立；

(4) 对任意的 $\boldsymbol{\alpha}\in V$，存在一个 $-\boldsymbol{\alpha}\in V$，满足 $\boldsymbol{\alpha}+(-\boldsymbol{\alpha})=\mathbf{0}$；

(5) 对任意的 $\boldsymbol{\alpha}\in V$，$a,b\in F$，有 $(a+b)\boldsymbol{\alpha}=a\boldsymbol{\alpha}+b\boldsymbol{\alpha}$；

(6) 对任意的 $\boldsymbol{\alpha},\boldsymbol{\beta}\in V$，$a\in F$ 有 $a(\boldsymbol{\alpha}+\boldsymbol{\beta})=a\boldsymbol{\alpha}+a\boldsymbol{\beta}$；

(7) 对任意的 $a,b\in F$，$\boldsymbol{\alpha}\in V$ 有 $a(b\boldsymbol{\alpha})=(ab)(\boldsymbol{\alpha})$；

(8) $1\boldsymbol{\alpha}=\boldsymbol{\alpha}$。

3.2.2　线性相关

在线性代数中，向量空间的一组元素中，若没有向量可用有限个其他向量的线性组合来表示，则称为线性无关或线性独立(Linearly independent)，反之称为线性相关(Linearly dependent)。

假设存在向量组 $\boldsymbol{A}$：$\boldsymbol{a}_1,\boldsymbol{a}_2,\cdots,\boldsymbol{a}_n$，若任意一组不全为 0 的实数 $k_1,k_2,\cdots,k_n$ 使

$$k_1\boldsymbol{a}_1+k_2\boldsymbol{a}_2+\cdots+k_n\boldsymbol{a}_n=0$$

则称向量组 $\boldsymbol{A}$ 是线性相关的，否则称它为线性无关。其中，$k_1,k_2,\cdots,k_n$ 被称为向量系数。

若向量组 $\boldsymbol{A}$ 是线性无关的，则只有当 $\lambda_1=\lambda_2=\cdots=\lambda_n=0$ 时，下式成立：

$$\lambda_1\boldsymbol{a}_1+\lambda_2\boldsymbol{a}_2+\cdots+\lambda_n\boldsymbol{a}_n=0$$

对于任意一个向量组，不是线性相关就是线性无关的。如果存在一组不全为 0 实数 $k_1,k_2,\cdots,k_n$，使得任意一个向量 $\boldsymbol{b}$ 满足下列等式。

$$\boldsymbol{b}=k_1\boldsymbol{a}_1+k_2\boldsymbol{a}_2+\cdots+k_n\boldsymbol{a}_n$$

则称向量 $\boldsymbol{b}$ 是向量组 $\boldsymbol{A}$ 的一个线性组合，这时也称向量 $\boldsymbol{b}$ 能由向量组 $\boldsymbol{A}$ 线性表示。

3.2.3　向量组的秩

假设存在向量组 $\boldsymbol{A}$：$\boldsymbol{a}_1,\boldsymbol{a}_2,\cdots,\boldsymbol{a}_n$，如果能从中选出由 r 个子向量构成的子向量组 $\boldsymbol{A}_0$：$\boldsymbol{a}_1,\boldsymbol{a}_2,\cdots,\boldsymbol{a}_r$，$r<n$，且满足以下两个条件的子向量组 $\boldsymbol{A}_0$：$\boldsymbol{a}_1,\boldsymbol{a}_2,\cdots,\boldsymbol{a}_r$ 被称为向量组 $\boldsymbol{A}$ 的一个最大线性无关向量组，最大线性无关向量组包含的向量个数 r 称为向量组 $\boldsymbol{A}$ 的秩。

(1) 向量组 $\boldsymbol{A}_0$：$\boldsymbol{a}_1,\boldsymbol{a}_2,\cdots,\boldsymbol{a}_r$ 线性无关；

(2) 向量组 $\boldsymbol{A}$ 的任意 $r+1$ 个向量构成的子向量组都是线性相关的。

向量组与矩阵存在等价关系，可以把矩阵看成是由所有行向量构成行向量组，矩阵的行秩相当于向量组的秩，矩阵的列秩可以看成是列向量组的秩。

设矩阵 $\boldsymbol{A}$ 的行秩为 $R(\boldsymbol{A})_r$，列秩为 $R(\boldsymbol{A})_c$，则有 $R(\boldsymbol{A})_r=R(\boldsymbol{A})_c$，因此，把矩阵 $\boldsymbol{A}$ 的行秩和列秩统称为矩阵 $\boldsymbol{A}$ 的秩。

3.2.4　实例：求解方程组

设，已知下列 3 个方程，对该方程组进行求解。

$$\begin{cases}x+y=3\\x-y=-2\\y=1\end{cases}$$

将上述 3 个方程反映在二维直角坐标系中，如图 3.3 所示。

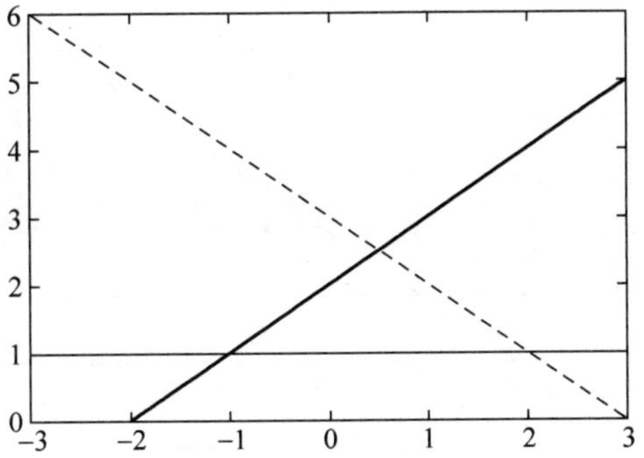

图 3.3　3 个函数的坐标图

由图 3.3 可以看出这 3 条直线没有共同交点，因此无法直接求出该方程组的解。此时，可以通过最小二乘逼近找出一个与 3 条直线距离最近的一个点。

首先，通过矩阵和向量的形式来表示上述方程组方程的表达式为 $Ax+b=y$。

$$\begin{bmatrix}1 & 1\\1 & -1\\0 & 1\end{bmatrix}\begin{bmatrix}x\\y\end{bmatrix}=\begin{bmatrix}3\\-2\\1\end{bmatrix}$$

上述表达式的最小二乘逼近如下所示：

$$\begin{bmatrix}1 & 1 & 0\\1 & -1 & 1\end{bmatrix}\begin{bmatrix}1 & 1\\1 & -1\\0 & 1\end{bmatrix}\begin{bmatrix}x^*\\y^*\end{bmatrix}=\begin{bmatrix}1 & 1 & 0\\1 & -1 & 1\end{bmatrix}\begin{bmatrix}3\\-2\\1\end{bmatrix}$$

$$\begin{bmatrix}2 & 0\\0 & 3\end{bmatrix}\begin{bmatrix}x^*\\y^*\end{bmatrix}=\begin{bmatrix}1\\6\end{bmatrix}$$

根据二阶方程的性质对矩阵 $\begin{bmatrix}2 & 0\\0 & 3\end{bmatrix}$ 求逆，结果为 $\begin{bmatrix}\frac{1}{2} & 0\\0 & \frac{1}{3}\end{bmatrix}$，代入上式可得：

$$\begin{bmatrix}x^*\\y^*\end{bmatrix}=\begin{bmatrix}\frac{1}{2} & 0\\0 & \frac{1}{3}\end{bmatrix}\begin{bmatrix}1\\6\end{bmatrix}=\begin{bmatrix}\frac{1}{2}\\2\end{bmatrix}$$

最终，求得矩阵的近似解为 $\begin{bmatrix}\frac{1}{2}\\2\end{bmatrix}$，如图 3.4 所示。

接下来，通过 numpy.linalg.lstsq()函数在 Python 中实现最小二乘逼近的求解，实现代码如下所示：

```
import numpy
A = numpy.array([[1, 1], [1, -1], [0, 1]])
B = numpy.array([3, -2, 1])
x = numpy.linalg.lstsq(A,B)
print(x)
```

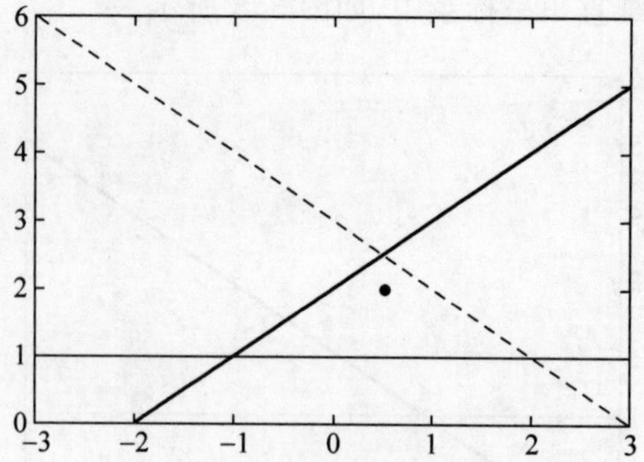

图 3.4　矩阵的近似解

运行结果如下：

```
(array([ 0.5, 2.0 ]), array([ 1.5]), 2, array([ 1.73205081, 1.41421356]))
```

在上述运行结果中，函数返回的 4 个值，从左往右分别对应以下内容：

(1) 最小二乘逼近解。如果 $\boldsymbol{B}$ 为二维，则逼近的结果存在多个列，每一列对应一个逼近解。上述示例中，逼近解为 $\begin{bmatrix}0.5\\2\end{bmatrix}$。

(2) 残差。即每一个 $\boldsymbol{B}-\boldsymbol{A}x$ 的长度的平方。在上述示例中，残差值为 1.5。

(3) 矩阵 $\boldsymbol{A}$ 的秩。上述示例中，矩阵 $\boldsymbol{A}$ 的秩为 2。

(4) 矩阵 $\boldsymbol{A}$ 的奇异值。上述示例中，矩阵 $\boldsymbol{A}$ 的奇异值为 $\begin{bmatrix}1.7320508\\1.41421356\end{bmatrix}$。

3.2.5　实例：线性回归

假设平面直角坐标系中存在 4 个坐标点，坐标分别为(−1,0)、(0,1)、(1,2)、(2,1)，求一条经过这 4 个点的直线方程，坐标点如图 3.5 所示。

设直线的方程为 $y=mx+b$。从图 3.5 可以很容易看出，这 4 个坐标点并不在一条直线上，因此不可能存在一条直线同时连接这 4 个点。此时，可以通过最小二乘的方法找到一条距离这 4 个点最近的直线，来求得近似解。具体方法如下所示。

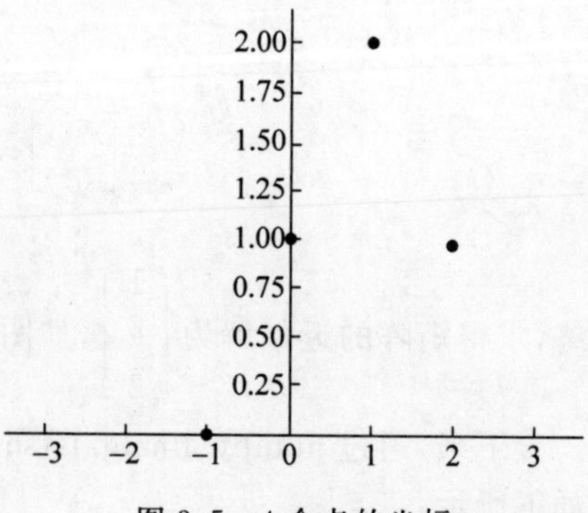

图 3.5　4 个点的坐标

首先，用方程组的形式分别表示图 3.5 中的 4 个点。

$$\begin{cases}f(-1)=-m+b=0\\f(0)=0+b=1\\f(1)=m+b=2\\f(2)=2m+b=1\end{cases}$$

通过矩阵和向量的形式来表示上述方程组：

$$\underbrace{\begin{bmatrix}-1 & 1\\ 0 & 1\\ 1 & 1\\ 2 & 1\end{bmatrix}}_{\boldsymbol{A}}\underbrace{\begin{bmatrix}m\\ b\end{bmatrix}}_{\boldsymbol{x}}=\underbrace{\begin{bmatrix}0\\ 1\\ 2\\ 1\end{bmatrix}}_{\boldsymbol{b}}$$

上述表达式的最小二乘逼近如下所示。

$$\begin{bmatrix}-1 & 0 & 1 & 2\\ 1 & 1 & 1 & 1\end{bmatrix}\begin{bmatrix}-1 & 1\\ 0 & 1\\ 1 & 1\\ 2 & 1\end{bmatrix}\begin{bmatrix}m^*\\ b^*\end{bmatrix}=\begin{bmatrix}-1 & 0 & 1 & 2\\ 1 & 1 & 1 & 1\end{bmatrix}\begin{bmatrix}0\\ 1\\ 2\\ 1\end{bmatrix}$$

$$\begin{bmatrix}6 & 2\\ 2 & 4\end{bmatrix}\begin{bmatrix}m^*\\ b^*\end{bmatrix}=\begin{bmatrix}4\\ 4\end{bmatrix}$$

接下来,对矩阵$\begin{bmatrix}6 & 2\\ 2 & 4\end{bmatrix}$求逆,结果为$\frac{1}{20}\begin{bmatrix}4 & -2\\ -2 & 6\end{bmatrix}$,将结果代入上述表达式:

$$\begin{bmatrix}m^*\\ b^*\end{bmatrix}=\frac{1}{20}\begin{bmatrix}4 & -2\\ -2 & 6\end{bmatrix}\begin{bmatrix}4\\ 4\end{bmatrix}=\frac{1}{20}\begin{bmatrix}8\\ 16\end{bmatrix}=\begin{bmatrix}\frac{2}{5}\\ \frac{4}{5}\end{bmatrix}$$

因此,所求直线方程为 $y=\frac{2}{5}x+\frac{4}{5}$,具体如图 3.6 所示。

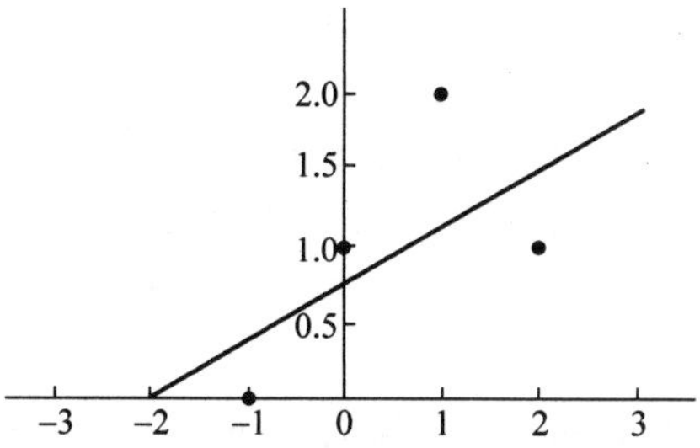

图 3.6　加入直线后的坐标图

图 3.6 中的直线便是经过 4 个点的直线的近似解。通过 Python 实现上述求解过程的代码如下所示:

```
import numpy
A = numpy.matrix('-1 1;0 1;1 1;2 1')
B = numpy.array([0, 1, 2, 1])
x = numpy.linalg.lstsq(A, B)
print (x)
```

运行结果如下:

```
(array([ 0.4, 0.8]), array([ 1.2]), 2, array([ 2.68999405, 1.66250775]))
```

上述运行结果中,numpy.linalg.lstsq 返回的 4 个值从左往右分别对应以下内容:

(1) 最小二乘逼近解。上述示例中，逼近解为$\begin{bmatrix}0.4\\0.8\end{bmatrix}$。

(2) 残差。上述示例中，残差值为 1.2。

(3) 矩阵 **A** 的秩。上述示例中，矩阵 **A** 的秩为 2。

(4) 矩阵 **A** 的奇异值。上述示例中，矩阵 **A** 的奇异值为$\begin{bmatrix}2.68999405\\1.66250775\end{bmatrix}$。

3.3　范　　数

范数(Norm)是一种定义在赋范线性空间中的函数，在机器学习中为了防止过拟合或使解可逆而引入范数，用范数衡量向量或矩阵的大小。范数包括向量范数和矩阵范数，向量范数表示向量空间中向量的大小，矩阵范数表示矩阵引起变化的大小。

监督类学习问题其实就是在规则化参数同时最小化误差。最小化误差是为了让模型拟合训练数据，而规则化参数是为了防止模型过拟合训练数据。在参数较多时，模型复杂度会极剧上升，容易出现过拟合，即模型的训练误差小，测试误差大。因此，需要尽可能降低模型的复杂程度，并在此基础上降低训练误差，这样才能保证优化后的模型测试误差也小。可以通过规则函数来降低模型的复杂程度。

规则化项可以是模型参数向量的范数，如 L^0、L^1、L^2 等。本节将分别对向量范数和矩阵范数进行讲解。

3.3.1　向量范数

在泛函分析中，向量范数是衡量向量大小的一种度量方式。向量范数(包括 L^p 范数)是将向量映射到非负值的函数。在形式上，向量范数是一个定义域为任意线性空间的向量 $\boldsymbol{x}$，其对应一个实值函数 $\|\boldsymbol{x}\|$，它把一个向量 $\boldsymbol{v}$ 映射为一个非负实数值 R，即满足 $\|\boldsymbol{x}\|:\boldsymbol{v}\to R$。

向量 $\boldsymbol{x}$ 的范数是衡量从原点到点 x 的距离。向量范数需要具备下列 3 个性质。

(1) 正定性：$\|\boldsymbol{x}\|\geqslant 0$，且当 $\|\boldsymbol{x}\|=0$ 时，必有 $\boldsymbol{x}=\boldsymbol{0}$ 成立；

(2) 正齐次性：$\|\alpha\boldsymbol{x}\|=|\alpha|\times\|\boldsymbol{x}\|$，$\alpha\in F$；

(3) 三角不等次性：$\|\boldsymbol{x}\|+\|\boldsymbol{y}\|\geqslant\|\boldsymbol{x}+\boldsymbol{y}\|$。

机器学习领域经常会涉及对范数的应用。范数在机器学习中模型最优化的正则化中具有重要意义，它可以限制损失函数中模型参数的复杂程度。其中最常用到的是 L^p 范数，$p\in\mathbf{R}$，$p\geqslant 1$。L^p 范数的定义如下。

$$\|\boldsymbol{x}\|_p=\left(\sum_i|x_i|^p\right)^{\frac{1}{p}}$$

$\|\boldsymbol{x}\|_p$ 满足范数的 3 个性质。为了方便理解不同范数之间的区别，接下来将分别给出二维空间向量中不同的 p 值对应的单位范数，即 $\|\boldsymbol{x}\|_p=1$ 的图形表示。

1. 向量 L^1 范数

L^1 范数被称为绝对值范数，其大小等于向量的每个元素绝对值之和。L^1 范数表达式如下所示：

$$\| \boldsymbol{x} \|_1 = \sum_i |x_i|$$

其中，单位范数即满足 $\| \boldsymbol{x} \|_1 = 1$ 的点 $\{(x_1, x_2)\}$，如图 3.7 所示。

由于 L^1 范数的天然性质，对 L^1 范数优化的解属于稀疏解，因此 L^1 范数也被称为“稀疏规则算子”。通过 L^1 范数可以实现特征的稀疏，去掉一些没有信息的特征，例如在对用户的网络购物取向做分类的时候，用户有 100 个特征，可能只有十几个特征是对分类有用的，大部分特征如口音、智商等可能都是没有直接关系的特征，利用 L^1 范数就可以过滤掉这些“无用”特征。当机器学习问题中需要严格区分零和非零元素之间的差异时，通常会使用 L^1 范数。

2. 向量 L^2 范数

L^2 范数也被称为欧几里得范数(Euclidean norm)，其大小表示从原点出发到向量 $\boldsymbol{x}$ 的确定点的欧几里得距离(简称欧氏距离)。L^2 范数十分频繁地出现在机器学习中，经常简化表示为 $\| \boldsymbol{x} \|$，省略下标 2。L^2 范数为向量 $\boldsymbol{x}$ 各个元素平方和的开方，其表达式如下所示：

$$\| \boldsymbol{x} \|_2 = \sqrt{\sum_i x_i^2}$$

L^2 范数如图 3.8 所示。

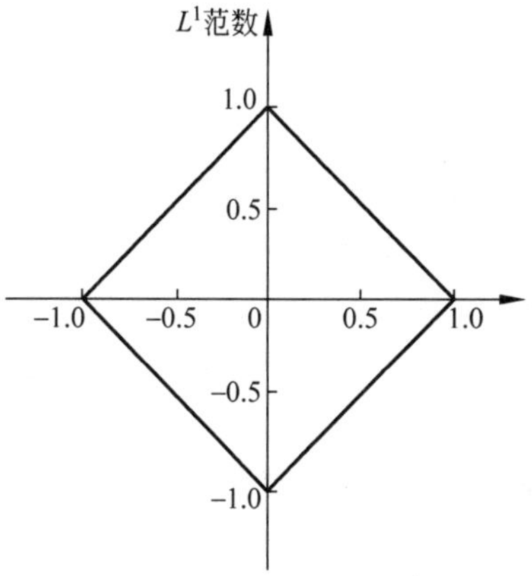

图 3.7　L^1 范数的图像

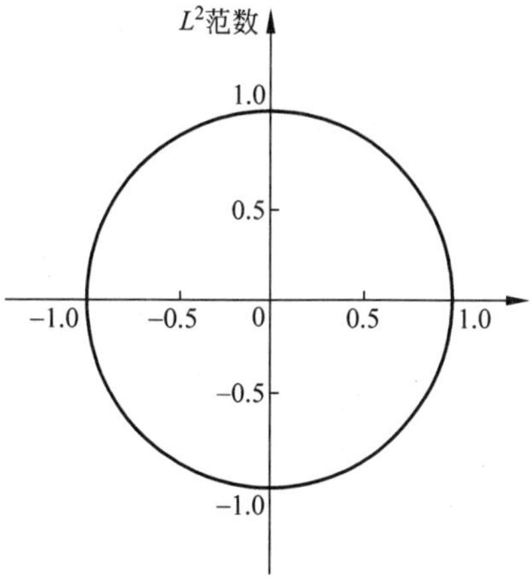

图 3.8　L^2 范数的图像

在衡量向量的值时可能会用到平方 L^2 范数，通过点积计算向量的值。通常，平方 L^2 范数比 L^2 范数更加方便。例如，平方 L^2 范数对向量 $\boldsymbol{x}$ 中每个元素的导数只取决于对应的元素，而 L^2 范数中每个元素的导数与整个向量相关。平方 L^2 范数虽然计算方便，但并不总是适用于任何场合，它在原点附近增长得十分缓慢，而某些机器学习应用中，需要严格区分元素值为零还是非零极小值。此时，更倾向于使用在各个位置斜率相同，且数学形式更简单的 L^1 函数。

3. 当 p 的值为 0 时

有时需要统计向量中非零元素的个数来衡量向量的大小。有些书籍将其称为“L^0 范数”，但是这个术语在数学意义上并不成立，因为向量的非零元素数目并不是范数。对标量放缩 n 倍并不会改变该向量非零元素的数目。因此，通常将 L^1 范数作为表示非零元素数目的替代函数。

4. 当 p 的值为∞时

另外一个经常在机器学习中出现的范数是 L^∞ 范数，也被称为 max 范数，如图 3.9 所示。当 p 的值趋于∞时，范数表示向量中具有最大幅度的元素的绝对值：

$$\|\boldsymbol{x}\|_\infty = \max_i |x_i|$$

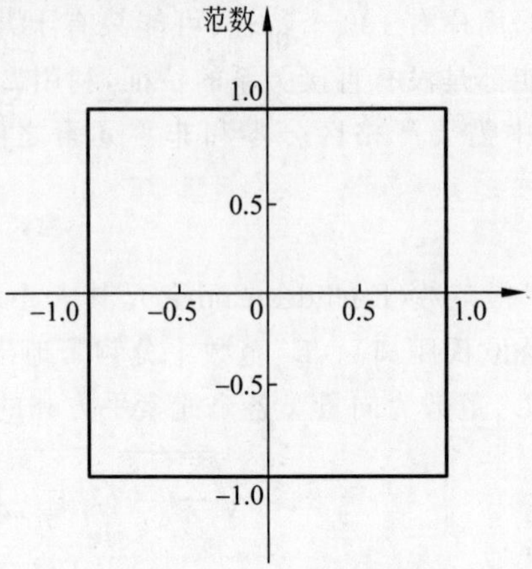

图 3.9 L^∞ 范数的图像

3.3.2 矩阵范数

除了衡量向量的大小很多时候也需要衡量矩阵的大小，前面所讲到的有关向量范数的知识同样可以应用于矩阵。满足下列所有性质的任意函数 f 称为矩阵范数。

(1) 正定性：$\|\boldsymbol{A}\| \geqslant 0$，且当 $\|\boldsymbol{A}\| = 0$ 时，必有 $\boldsymbol{A} = \boldsymbol{0}$ 成立；

(2) 正齐次性：$\forall \boldsymbol{A} \in \mathbf{R}^{m\times n}$，$\|\alpha \boldsymbol{A}\| = |\alpha| \times \|\boldsymbol{A}\|$；

(3) 三角不等次性：$\|\boldsymbol{A}\| + \|\boldsymbol{B}\| \geqslant \|\boldsymbol{A}+\boldsymbol{B}\|$；

(4) 矩阵乘法的相容性：对于任意两个矩阵 $\boldsymbol{A} \in \mathbf{R}^{k\times m}$ 和矩阵 $\boldsymbol{B} \in \mathbf{R}^{n\times k}$，若 $\boldsymbol{A}$ 可以与 $\boldsymbol{B}$ 相乘，则满足 $\|\boldsymbol{A}\| \times \|\boldsymbol{B}\| \geqslant \|\boldsymbol{A}\times\boldsymbol{B}\|$。

本书采用与向量范数相似的表达式 $\|\boldsymbol{A}\|_p$ 来表示矩阵的 p 范数，矩阵通常采用的是诱导范数，诱导范数的定义如下：

(1) 假设 $\|\boldsymbol{x}\|_m$ 是向量 $\boldsymbol{x}$ 的范数，$\|\boldsymbol{A}\|_n$ 是矩阵 $\boldsymbol{A}$ 的范数对于任意满足 $\|\boldsymbol{x}\|_m \times \|\boldsymbol{A}\|_n \geqslant \|\boldsymbol{x}\times\boldsymbol{A}\|_m$ 的向量 $\boldsymbol{x}$ 和矩阵 $\boldsymbol{A}$，有矩阵范数 $\|\boldsymbol{A}\|_n$ 与向量范数 $\|\boldsymbol{x}\|_m$ 相容。

(2) 假设 $\|\boldsymbol{x}\|_p$ 是向量 $\boldsymbol{x}$ 的 p 范数，定义：$\|\boldsymbol{A}\|_p = \max\limits_{x\neq \boldsymbol{0}} \dfrac{\|\boldsymbol{x}\times\boldsymbol{A}\|_p}{\|\boldsymbol{x}\|_p} = \max\limits_{\|x\|_p=1} \|\boldsymbol{x}\times\boldsymbol{A}\|_p$，则 $\|\boldsymbol{A}\|_p$ 是一个矩阵范数，并且称该矩阵范数是由向量范数 $\|\boldsymbol{x}\|_p$ 所诱导的诱导范数。

由向量的 p 范数诱导可得矩阵 p 范数。

1. 矩阵 L^2 范数

矩阵 L^2 范数也被称为谱范数，写作 $\|\boldsymbol{A}\|_2$，是由向量 L^2 范数诱导的矩阵范数，其表达式如下所示：

$$\|\boldsymbol{A}\|_2 = \max_j \sqrt{(\lambda_j(\boldsymbol{A}^{\mathrm{T}}\boldsymbol{A}))}$$

其中 $\lambda_j(\boldsymbol{A}^{\mathrm{T}}\boldsymbol{A})$ 表示矩阵 $\boldsymbol{A}^{\mathrm{T}}\boldsymbol{A}$ 的第 j 个特征值。

2. 矩阵 L^1 范数

矩阵 L^1 范数也被称为列和范数，写作 $\| \boldsymbol{A} \|_1$，是由向量 L^1 范数诱导的矩阵范数，其表达式如下所示：

$$\| \boldsymbol{A} \|_1 = \max_j \left(\sum_{i=1}^{m} | \alpha_{ij} | \right), \quad j = 1,2,\cdots,m$$

当 p 的值趋于∞时，矩阵 L^∞ 范数也被称为行和范数，写作 $\| \boldsymbol{A} \|_\infty$，是由向量 L^1 范数诱导的矩阵范数，其表达式如下所示：

$$\| \boldsymbol{A} \|_\infty = \max_i \left(\sum_{j=1}^{n} | \alpha_{ij} | \right), \quad i = 1,2,\cdots,n$$

在深度学习中，最常见的做法是使用 F 范数（Frobenius norm，简称 F 范数），其表达式如下所示：

$$\| \boldsymbol{A} \|_F = \sqrt{\sum_{ij} A_{ij}^2}$$

其类似于向量 L^2 范数。在后续章节中处理模型最优化问题时将很多问题转化为 F 范数的最优化问题。

3.4 特殊的矩阵与向量

本节将对几种特殊的矩阵与向量进行讲解，通常任意矩阵都可以由以下几种特殊矩阵组合而成。

1. 对角矩阵（diagonal matrix）

对角矩阵除了主对角线上含有非零元素，其他位置都是 0。假设存在矩阵 $\boldsymbol{D} \in \mathbf{R}^{i \times j}$，当且仅当对于所有的 $i \neq j$，$D_{i,j} = 0$ 时，矩阵 $\boldsymbol{D}$ 为对角矩阵。其实本章前面提到的单位矩阵就是对角矩阵。值得注意的是，对角矩阵不一定是方阵，只要 $i \neq j$ 的位置元素值为 0 即可。

主对角元素从左上角到右下角的次序常常记为一个列向量：

$$\boldsymbol{\lambda} = [\lambda_1, \lambda_2, \cdots, \lambda_n]^T = \begin{bmatrix} \lambda_1 \\ \lambda_2 \\ \vdots \\ \lambda_n \end{bmatrix}$$

以上述列向量为主对角元素的方阵就可以记为 $\mathrm{diag}(\boldsymbol{\lambda})$：

$$\mathrm{diag}(\boldsymbol{\lambda}) = \begin{bmatrix} \lambda_1 & 0 & \cdots & 0 \\ 0 & \lambda_2 & \cdots & 0 \\ 0 & 0 & & 0 \\ 0 & 0 & \cdots & \lambda_n \end{bmatrix}$$

用 $\mathrm{diag}(\boldsymbol{\lambda})$ 表示一个对角元素由向量 $\boldsymbol{\lambda}$ 中元素给定的对角方阵。对角矩阵受到关注，部分原因是对角矩阵的乘法计算很高效。计算乘法 $\mathrm{diag}(\boldsymbol{\lambda})\boldsymbol{x}$，只需要将 $\boldsymbol{x}$ 中的每个元素 x_i 放大 λ_i 倍。换言之，$\mathrm{diag}(\boldsymbol{\lambda})\boldsymbol{x} = \boldsymbol{\lambda} \circ \boldsymbol{x}$，其中 $\circ$ 表示向量的点积运算。计算对角矩阵的逆矩阵也很高效。当且仅当对角元素都是非零值时，对角矩阵的逆矩阵存在，在这种情况下，$\mathrm{diag}(\boldsymbol{\lambda})^{-1} = \mathrm{diag}\left(\left[\frac{1}{\lambda_1}, \frac{1}{\lambda_2}, \cdots, \frac{1}{\lambda_n}\right]^T\right)$。

在大部分情况下，可以根据任意矩阵导出一些通用的机器学习算法，但通过将一些矩阵限制为对角矩阵，可以得到计算代价较低的（并且描述语言较少的）算法。长方形的矩阵也有可能是对角矩阵。长方形对角矩阵没有逆矩阵，但仍然可以很快地计算它们的乘法。

2. 对称矩阵（symmetric matrix）

对称矩阵是其转置与自己相等的矩阵：

$$\boldsymbol{A} = \boldsymbol{A}^{\mathrm{T}}$$

当某些不依赖参数顺序的双参数函数生成元素时，对称矩阵经常会出现。例如，如果 $\boldsymbol{A}$ 是一个表示距离的矩阵，$A_{i,j}$ 表示点 i 到点 j 的距离，那么 $A_{i,j}=A_{j,i}$，因为距离函数是对称的。

3. 单位向量（unit vector）

单位向量是具有单位范数（unit norm）的向量，即满足向量的欧氏范数值为 1：

$$\|\boldsymbol{x}\|_2 = 1$$

上式中向量 $\boldsymbol{x}$ 即为单位向量。

4. 正交向量（orthogonal vector）

假设现有向量 $\boldsymbol{v}=[v_1,v_2,\cdots,v_n]^{\mathrm{T}}$，$\boldsymbol{x}=[x_1,x_2,\cdots,x_n]^{\mathrm{T}}$，正交向量满足：

$$\boldsymbol{v}^{\mathrm{T}} \circ \boldsymbol{x} = \boldsymbol{0}$$

由于 $\boldsymbol{v}^{\mathrm{T}}\circ\boldsymbol{x}=\boldsymbol{0}$，因此向量 $\boldsymbol{x}$ 和向量 $\boldsymbol{v}$ 互相正交（orthogonal）。如果两个向量都有非零范数，那么这两个向量之间的夹角是 90°。如果这两个向量不仅互相正交，并且范数都为 1，便可以称它们是标准正交（orthonormal）。

5. 正交矩阵（orthogonal matrix）

正交矩阵是指行向量是标准正交的，列向量是标准正交的方阵：

$$\boldsymbol{A}^{\mathrm{T}}\boldsymbol{A} = \boldsymbol{A}\boldsymbol{A}^{\mathrm{T}} = \boldsymbol{I}$$

由此可得 $\boldsymbol{A}^{-1}=\boldsymbol{A}^{\mathrm{T}}$。

正交矩阵的优点之一是求逆计算代价小。需要注意正交矩阵的定义，正交矩阵的行向量不仅是正交的，还是标准正交的。对于行向量或列向量互相正交但不是标准正交的矩阵没有对应的专有术语。

3.5　特征值分解

"分而治之"的策略经常被用于机器学习的算法设计中，许多数学对象可以通过分解成多个子成分或者寻找相关特征，来更好地理解整体。例如，整数可以分解为质数。十进制整数 12 可以用十进制或二进制等不同方式表示，但素数分解是具有唯一性的，通过素数分解可以获得一些有用的信息。例如，12＝2×2×3，通过这个表示可以知道 12 不能被 5 整除，或者 12 的倍数可以被 2 整除等信息。同理，可以通过将矩阵分解成多个子矩阵的方法来发现原矩阵中本来不明显的函数性质。本节将对特征值分解方法进行讲解。

特征值分解（Eigen-Decomposition）是使用最广的矩阵分解方法之一，是一种将矩阵分解成由其特征向量和特征值表示的矩阵之积的方法。

方阵 $\boldsymbol{A}$ 的特征向量是指与 $\boldsymbol{A}$ 相乘后相当于对该向量进行放缩的非 0 向量 $\boldsymbol{x}$：

$$\boldsymbol{A}\boldsymbol{x} = \lambda\boldsymbol{x}$$

标量 λ 被称为这个特征向量对应的特征值（Eigen value）。非 0 向量 $\boldsymbol{x}$ 称为方阵 $\boldsymbol{A}$ 对应

于特征值 λ 的特征向量。

“特征”在模式识别和图像处理中是非常常见的一个词汇。要认识和描绘一件事物，首先要找出这个事物的特征。因此，要让计算机识别一个事物，首先就要让计算机学会理解或者抽象出事物的特征。不论某一类事物的个体如何变换，都存在于这类事物中的共有特点才能被作为“特征”。例如，计算机视觉中常用的 SIFT 特征点(Scale-Invariant Feature Transform)就是一种很经典的用于视觉跟踪的特征点，即使被跟踪的物体的尺度、角度发生了变化，这种特征点依然能够找到关联。

在机器学习中，特征向量选取是整个机器学习系统中非常重要的一步。线性代数中的“特征”是抽象的。矩阵乘法对应了一个变换，是把任意一个向量变成另一个方向或长度不同的新向量。在这个变换过程中，原向量会发生旋转、伸缩变化。如果矩阵对某一个向量或某些向量只发生伸缩(尺度)变化，而没有产生旋转变化(也就意味着张成的子空间没有发生改变)，这样的向量就是特征向量。可以通过图 3.10 来理解特征向量的概念。

图 3.10　特征向量的概念

可以看出，图 3.10 中左图通过仿射变换，发生了形变，但是，图像的中心纵轴在变形后并未发生改变。对比上面左右两图中的浅色向量，可以看出其发生了方向的改变，但是深黑色向量的方向依然保持不变，因此深黑色向量可以看作该变换的一个特征向量。深黑色向量在从图 3.10 左图变换成右图时，既没有被拉伸也没有被压缩，其特征值为 1。所有沿着垂直线的向量也都是特征向量，它们的特征值相等。这些沿着垂直线方向的向量构成了特征值为 1 的特征空间。

如果 $\boldsymbol{v}$ 是矩阵 $\mathbf{A}$ 的特征向量，那么任何放缩后的向量 $s\boldsymbol{v}$ ($s\in\mathbf{R}, s\neq 0$)也是矩阵 $\mathbf{A}$ 的特征向量。此外，$s\boldsymbol{v}$ 和 $\boldsymbol{v}$ 有相同的特征值。基于特征向量的该特性，通常可以只考虑单位特征向量。假设矩阵 $\mathbf{A}$ 有 n 个线性无关的特征向量 $\{\boldsymbol{x}^1, \boldsymbol{x}^2, \cdots, \boldsymbol{x}^n\}$，它们对应的特征值分别为 $\{\lambda^1, \lambda^2, \cdots, \lambda^n\}$。将 n 个线性无关的特征向量连接一个矩阵，使得每一列是一个特征向量 $\mathbf{V}=[\boldsymbol{x}^1, \boldsymbol{x}^2, \cdots, \boldsymbol{x}^n]$，用特征值构成一个新的向量 $\boldsymbol{\lambda}=[\lambda_1, \lambda_2, \cdots, \lambda_n]^{\mathrm{T}}$，此时矩阵 $\mathbf{A}$ 的特征分解如下所示。

$$\mathbf{A} = \mathbf{V}\mathrm{diag}(\boldsymbol{\lambda})\mathbf{V}^{-1}$$

值得注意的是，并不是所有矩阵都可以特征值分解，一个大小为 $\mathbf{R}^{n\times n}$ 的矩阵 $\mathbf{A}$ 存在特征向量的充要条件是矩阵 $\mathbf{A}$ 含有 n 个线性无关的特征向量。

3.6　奇异值分解

3.5 节中探讨了如何将矩阵分解成特征向量和特征值，但特征值分解只适用于方阵，而现实中大部分矩阵都不是方阵，比如电影推荐网站有 m 个用户，每个用户有 n 种偏好，这样形成的一个 $m\times n$ 的矩阵，而 m 和 n 很可能不是方阵，此时可以通过奇异值分解(Singular Value Decomposition，SVD)来对矩阵进行分解。

奇异值分解适用于任意给定的 $m\times n$ 阶实数矩阵分解，它将矩阵分解为奇异向量(Singular Vector)和奇异值(Singular Value)，通过奇异向量和奇异值来表述原矩阵的重要特征。除了适用于降维外，奇异值分解还能应用于很多机器学习的工程领域，如图像降噪、购物网站的推荐功能等。

在 3.5 节中，使用特征分解分析矩阵 $\boldsymbol{A}$ 时，得到特征向量构成的矩阵 $\boldsymbol{V}$ 和特征值构成的向量 $\boldsymbol{\lambda}$，现在通过如下形式重新表示矩阵 $\boldsymbol{A}$：

$$\boldsymbol{A}=\boldsymbol{V}\mathrm{diag}(\boldsymbol{\lambda})\boldsymbol{V}^{-1}$$

设 $\boldsymbol{A}$ 是一个 $m\times n$ 的矩阵，$\boldsymbol{U}$ 是一个 $m\times m$ 的矩阵，$\boldsymbol{D}$ 是一个 $m\times n$ 的矩阵，$\boldsymbol{V}$ 是一个 $n\times n$ 矩阵，则矩阵 $\boldsymbol{A}$ 可以分解为如下形式：

$$\boldsymbol{A}=\boldsymbol{UDV}^{\mathrm{T}}$$

这些矩阵每一个都拥有特殊的结构。矩阵 $\boldsymbol{U}$ 和 $\boldsymbol{V}$ 都是正交矩阵，矩阵 $\boldsymbol{D}$ 是对角矩阵。

矩阵 $\boldsymbol{U}=\{\boldsymbol{u}^1,\boldsymbol{u}^2,\cdots,\boldsymbol{u}^m\}$ 是一个 m 阶方阵，其中 $\boldsymbol{u}^i$ 的值是矩阵 $\boldsymbol{A}^{\mathrm{T}}\boldsymbol{A}$ 的第 i 大的特征值对应的特征向量。$\boldsymbol{u}^i$ 也被称为矩阵 $\boldsymbol{A}$ 的左奇异向量(left singular vector)。

对角矩阵 $\boldsymbol{D}$ 对角线上的元素为$(\lambda_1,\lambda_2,\cdots,\lambda_k)$，其中 λ_i 是矩阵 $\boldsymbol{A}^{\mathrm{T}}\boldsymbol{A}$ 的第 i 大的特征值的平方根，$\lambda_i=\sqrt{\lambda_i(\boldsymbol{A}^{\mathrm{T}}\boldsymbol{A})}$ 被称为矩阵 $\boldsymbol{A}$ 的奇异值。

矩阵 $\boldsymbol{V}=\{\boldsymbol{v}^1,\boldsymbol{v}^2,\cdots,\boldsymbol{v}^n\}$ 是一个 n 阶方阵，其中 $\boldsymbol{v}^i$ 的值是矩阵的列向量，被称右奇异向量(Right Singular Vector)。

奇异值分解可以高效地表示数据。例如，假设想传输如图 3.11 所示的图像，每张图片实际上对应着一个矩阵，像素大小就是矩阵的大小，图中包含 15×25 个黑色或者白色像素。

可以看出，图 3.11 实际上是由如图 3.12 所示的 3 种类型的列所组成。

图 3.11　15×25 像素阵列

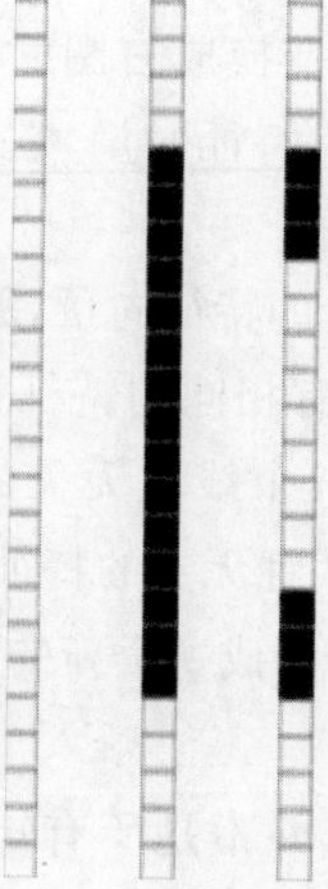

图 3.12　3 种类型的列

通过由各元素为 0 或 1 的 15×25 矩阵来表示图 3.11，其中，0 表示黑色像素，1 表示白色像素，矩阵如图 3.13 所示。

$$
\boldsymbol{M}=\begin{bmatrix}
1&1&1&1&1&1&1&1&1&1&1&1&1&1&1\\
1&1&1&1&1&1&1&1&1&1&1&1&1&1&1\\
1&1&1&1&1&1&1&1&1&1&1&1&1&1&1\\
1&1&1&1&1&1&1&1&1&1&1&1&1&1&1\\
1&1&1&1&1&1&1&1&1&1&1&1&1&1&1\\
1&1&0&0&0&0&0&0&0&0&0&0&0&1&1\\
1&1&0&0&0&0&0&0&0&0&0&0&0&1&1\\
1&1&0&0&0&0&0&0&0&0&0&0&0&1&1\\
1&1&0&0&0&1&1&1&1&1&0&0&0&1&1\\
1&1&0&0&0&1&1&1&1&1&0&0&0&1&1\\
1&1&0&0&0&1&1&1&1&1&0&0&0&1&1\\
1&1&0&0&0&1&1&1&1&1&0&0&0&1&1\\
1&1&0&0&0&1&1&1&1&1&0&0&0&1&1\\
1&1&0&0&0&1&1&1&1&1&0&0&0&1&1\\
1&1&0&0&0&1&1&1&1&1&0&0&0&1&1\\
1&1&0&0&0&1&1&1&1&1&0&0&0&1&1\\
1&1&0&0&0&1&1&1&1&1&0&0&0&1&1\\
1&1&0&0&0&0&0&0&0&0&0&0&0&1&1\\
1&1&0&0&0&0&0&0&0&0&0&0&0&1&1\\
1&1&0&0&0&0&0&0&0&0&0&0&0&1&1\\
1&1&1&1&1&1&1&1&1&1&1&1&1&1&1\\
1&1&1&1&1&1&1&1&1&1&1&1&1&1&1\\
1&1&1&1&1&1&1&1&1&1&1&1&1&1&1\\
1&1&1&1&1&1&1&1&1&1&1&1&1&1&1\\
1&1&1&1&1&1&1&1&1&1&1&1&1&1&1
\end{bmatrix}
$$

图 3.13　图片的矩阵表示

奇异值往往对应着矩阵中隐含的重要信息，其包含信息的重要性与值的大小具有正相关性。每个矩阵都可以表示为一系列秩为 1 的“子矩阵”之和，通过奇异值来衡量这些“子矩阵”对应的权重。

如果对 $\boldsymbol{M}$ 进行奇异值分解，可以得到 3 个非零的奇异值(图 3.13 中只有 3 个线性独立的列，因此得到 3 个奇异值，矩阵的序为 3)。假设得到的这 3 个非零奇异值为 σ_1、σ_2、σ_3。矩阵可以通过如下表达式进行近似表达：

$$\boldsymbol{M} \approx \boldsymbol{u}_1\sigma_1\ \boldsymbol{v}_1^{\mathrm{T}} + \boldsymbol{u}_2\sigma_2\ \boldsymbol{v}_2^{\mathrm{T}} + \boldsymbol{u}_3\sigma_3\ \boldsymbol{v}_3^{\mathrm{T}}$$

从图 3.13 中可以看到，该图可以近似由 3 个包含 15 个元素的行向量 $\boldsymbol{v}_i$，3 个包含 25 个元素的列向量 $\boldsymbol{u}_i$，以及 3 个奇异值 σ_i 表达。因此，现在只需要 123(3×15+3×25+3=123)个元素就可以表示这个矩阵，远远少于原始矩中的 375 个元素。

一般情况下，奇异值越大，所对应的信息越重要，这一点可以被应用于数据的降噪处理中。假如，在通过扫描仪将图 3.11 输入到计算机中可能会因为扫描机的原因在原图上产生一些缺陷，这种缺陷通常被称为“噪声”。这时可以通过奇异值对图像去噪。图 3.14 是一张扫描后包含噪声的图片。现假设那些较小的奇异值是由噪声引起的，接下来可以通过令这些较小的奇异值为 0 来达到去除图像噪声的目的。

假设通过奇异值分解得到了矩阵的以下奇异值，由大到小依次为：$\sigma_1=14.15$，$\sigma_2=4.67$，$\sigma_3=3.00$，$\sigma_4=0.21$，…，$\sigma_{15}=0.05$。可以看到，在 15 个奇异值中，从第 4 个奇异值开始数值变得较小，这些较小的奇异值便可能是所要剔除的“噪声”。此时，令这些较小奇异值为 0，仅保留前 3 个奇异值来构造新的矩阵，得到如图 3.15 所示的图像。

图 3.14 含有噪声的图像

图 3.15 去噪后的图像

与图 3.14 相比，图 3.15 的白格子中灰白相间的图案减少了，通过这种对较小的奇异值置 0 的方法可降低图像噪声。

3.7 迹运算

在不使用求和符号的情况下，有的矩阵运算会难以描述，而通过矩阵乘法和迹运算符号，则可以清楚地进行表示。一个 n 阶方阵 $\boldsymbol{A}$ 的主对角线上各个元素的总和被称为矩阵 $\boldsymbol{A}$ 的迹，迹运算返回的是矩阵对角元素的和：

$$\mathrm{Tr}(\boldsymbol{A})=\sum_i \boldsymbol{A}_{i,i}$$

矩阵的迹有众多的性质，接下来将列出较为重要的几种。

(1) 迹运算提供了另一种描述矩阵 F 范数的方式：

$$\|\boldsymbol{A}\|_{\mathrm{F}}=\sqrt{\mathrm{Tr}(\boldsymbol{A}\boldsymbol{A}^{\mathrm{T}})}$$

(2) 矩阵的迹运算满足多个等价关系。例如，迹运算在转置运算下是不变的：

$$\mathrm{Tr}(\boldsymbol{A})=\mathrm{Tr}(\boldsymbol{A}^{\mathrm{T}})$$

多个矩阵相乘得到的方阵的迹，和将这些矩阵中最后一个挪到最前面之后相乘的迹是相同的（需要注意的是，在进行该操作时要保证挪动之后的矩阵乘积依然定义良好）。

$$\mathrm{Tr}(\boldsymbol{ABC})=\mathrm{Tr}(\boldsymbol{CAB})=\mathrm{Tr}(\boldsymbol{BCA})$$

n 个矩阵的有效迹的通用的表达式如下所示：

$$\mathrm{Tr}\left(\prod_{i=1}^{n} F^i\right)=\mathrm{Tr}\left(F^n\prod_{i=1}^{n-1} F^i\right)$$

即使循环置换后矩阵乘积得到的矩阵形状发生改变，迹运算的结果仍然保持不变。例如，假设矩阵 $\boldsymbol{A}\in\mathbf{R}^{m\times n}$，矩阵 $\boldsymbol{B}\in\mathbf{R}^{n\times m}$，可以得到如下表达式。

$$\mathrm{Tr}(\boldsymbol{AB})=\mathrm{Tr}(\boldsymbol{BA})$$

尽管 $\boldsymbol{AB}\in\mathbf{R}^{m\times m}$ 和 $\boldsymbol{AB}\in\mathbf{R}^{n\times n}$。值得注意的是，标量在迹运算后仍然是它自身：$a=\mathrm{Tr}(a)$。

3.8 本章小结

线性代数是应用数学的一个重要分支，其中的矩阵运算是很多机器学习算法，尤其是深度学习算法的基础，通过本章的学习希望大家可以掌握与深度学习相关的线性代数知识点，如果需要进一步全面了解线性代数的相关知识，建议参考相关的专业书籍。

3.9 习题

1. 填空题

(1) 每个标量都是一个单独的数，是计算的最________单元，一般采用斜体小写的英文字母表示。

(2) 当一组数组中的元素分布在若干维坐标的规则网格中时被称为________。

(3) 对于任意一个向量组，不是线性________就是线性________的。

(4) 矩阵 L^∞ 范数也被称为________范数，写作 $\|\boldsymbol{A}\|_\infty$，是由向量 L^1 范数诱导的矩阵范数。

(5) 特征值分解是一种将矩阵分解成由其________和________表示的矩阵之积的方法。

2. 选择题

(1) 矩阵 $\boldsymbol{A}=\begin{bmatrix}1&0\\1&0\\1&1\end{bmatrix}$，则 $\boldsymbol{A}^{\mathrm{T}}$ 为(　　)。

A. $\begin{bmatrix}1&1&1\\0&0&1\end{bmatrix}$　　B. $\begin{bmatrix}1&1&1\\1&0&0\end{bmatrix}$　　C. $\begin{bmatrix}1&1\\0&0\\0&1\end{bmatrix}$　　D. $\begin{bmatrix}1&0&0\\1&1&1\end{bmatrix}$

(2) 若向量组 $\boldsymbol{A}$：$\boldsymbol{a}_1,\boldsymbol{a}_2,\cdots,\boldsymbol{a}_n$ 是线性无关的，则只有当向量系数满足(　　)时，有 $\lambda_1\boldsymbol{a}_1+\lambda_2\boldsymbol{a}_2+\cdots+\lambda_n\boldsymbol{a}_n=0$ 成立。

A. $\lambda_1\times\lambda_2\times\cdots\times\lambda_n=0$　　B. $\lambda_1=\lambda_2=\cdots=\lambda_n=0$

C. $\lambda_1\times\lambda_2\times\cdots\times\lambda_n=1$　　D. $\lambda_1=\lambda_2=\cdots=\lambda_n=1$

(3) 已知向量 $\boldsymbol{a}=(1,k,1)^{\mathrm{T}}$ 是矩阵 $\boldsymbol{A}=\begin{bmatrix}2&1&1\\1&2&1\\1&1&2\end{bmatrix}$ 的逆矩阵 $\boldsymbol{A}^{-1}$ 的特征向量，则常数 k 的值为(　　)。

A. -2 或 1　　B. -2 或 -1　　C. -1 或 2　　D. 2 或 1

(4) 下列选项中，(　　)不是矩阵范数的所必须具备的性质。

A. 正齐次性　　B. 正定性

C. 三角等次性　　D. 矩阵乘法相容性

(5) 在迹运算的转置运算中 $\mathrm{Tr}(\boldsymbol{A})=$(　　)。

A. $\sqrt{\mathrm{Tr}(\boldsymbol{AA}^{\mathrm{T}})}$　　B. $\mathrm{Tr}(\boldsymbol{A}^{\mathrm{T}})$　　C. $\mathrm{Tr}(\boldsymbol{AA}^{\mathrm{T}})$　　D. $\boldsymbol{AA}^{\mathrm{T}}$

3. 思考题

(1) 简述 L^2 范数可以防止模型过拟合训练数据的原因。

(2) 简述奇异值分解的含义并列举两种可以应用奇异值分解的领域。

第 4 章　概率与信息论

本章学习目标

- 了解一维随机变量和多维随机变量；
- 掌握正态分布；
- 了解数学期望和协方差；
- 理解贝叶斯规则；
- 掌握信息论的相关概念。

概率论是研究随机现象和不确定性的一个数学分支学科，它提供了一系列用来度量不确定性的准则和方法。概率论在解决模式识别问题时具有重要作用，本章将对某些特殊的概率分布的例子以及它们的性质进行讨论，这些概率分布是构成深度学习更复杂模型的基石，本书将频繁使用这些概率知识。本章介绍概率统计与信息论相关知识的目的在于让大家有机会在简单的模型中讨论一些关键的统计学概念。在后续章节中会在更复杂的模型中遇到这些概率模型。

4.1　概率的用途

概率分布是概率论的基本概念之一，主要用来表述随机变量取值的概率规律。为了方便使用，根据随机变量所属类型的不同，概率分布取不同的表现形式。事件的概率可以表示一次试验某一个结果发生的可能性大小。若要全面了解试验，则必须知道试验的全部可能结果及各种可能结果发生的概率，即必须知道随机试验的概率分布。

一般情况下，计算机科学所处理的问题大部分是完全确定事件，这让计算机在绝大多数情况下可以完美地执行程序员设定的每个程序指令。虽然，有时可能会因硬件故障而引发错误，但这类故障属于是小概率事件，大部分软件程序在实际设计中并不会将这些小概率因素纳入考虑范围。

在机器学习领域需要面对大量的不确定事件，经常会用到概率论的知识。在数学领域，除了被定义为真理的数学概念外，大部分命题很难有百分之百的把握被认定为真或假。不确定性和随机性可能来自多个方面，以下将列出 3 种可能的不确定性的来源：

- 被建模系统的内部具有随机性。例如，在量子力学中亚原子(subatomic)粒子的动力学被描述为概率性的。假设存在一个装有带序号小球的纸箱，堆放在纸箱中的小球被充分打乱成随机顺序。
- 不完全观测导致的随机性。即使是确定的系统，当无法观测到驱动系统行为的全部变量时，该系统也会呈现出随机性。例如，一个千锋课余趣味竞赛中的参赛者被要求在 3 个被遮挡的纸箱之间进行选择，其中两个纸箱的奖励为空，另一个纸箱中的奖励为一份奖学金。选手最终选择的结果是确定的；但是站在选手的角度，所做的选择是不确定的，因为选手在做出选择时不知道 3 个纸箱中的具体情况。

- 不完全建模导致的随机性。在使用一些必须舍弃某些观测信息的模型时，舍弃的信息会导致模型的预测出现不确定性。例如，假设存在一个监视器可以准确地观察和预测周围每一个行人的位置。本来可以根据行人的行动轨迹和走路速度较为准确地预测出行人下一秒可能出现的位置，但是如果预测这些行人下一秒所处位置时采用的是离散化的空间，那么离散化的空间使得监视器无法确定对象的精确位置：每个行人都可能在下一秒出现在该离散空间的任意位置上。

在多数情况下，使用一些简单而不确定的规则要比复杂而确定的规则更为实用，即使已经存在确立的规则，并且模型系统对适应复杂规则具有很好的逼真度(Fidelity)。以一个简单的规则为例："大部分千锋程序员毕业后收入很高"，这个评价规则虽然简单并且定义十分模糊，却因为简洁而有着很好的易用性和泛用性。而接下来给出的这个评价规则虽然详细实际，但由于条件过多可能会影响实际应用的效率："只有努力学习，认真磨炼编程水平的千锋程序员才能在毕业后拥有很高的收入。"这条规则涉及了"努力程度""认真程度"等多个指标，这无疑增添了规则的复杂程度，降低了该规则的实用性。

4.2　样本空间与随机变量

样本空间是一个随机试验所有可能结果的集合，而随机试验中的每个可能结果称为样本点。例如，抛一枚硬币的结果只有两种，正面朝上或者反面朝上。用 H(Head)表示正面，T 表示背面(Tail)。将抛硬币试验 E 的所有可能结果组成的集合 S 称为 E 的样本空间，即该试验的样本空间为[H,T]，E 的每个结果称为样本点。必然事件为样本集本身，不可能事件为空集 $\varnothing$。判断一个随机事件发生的条件为：当且仅当随机试验所包含的一个样本点在试验中出现。

试验 E 的样本空间 S 所包含的子集称为随机变量。样本空间 S 为每个试验结果分配一个实数值。假如把硬币正面朝上的结果表示为 1，反面朝上的结果表示为 0，则随机变量可以写成 $X(\mathrm{H})=1, X(\mathrm{T})=0$。随机变量的取值随试验结果而定，在试验结果出来之前只能知道其取值概率而无法知道其具体的值，这是其与普通函数的本质区别。

根据随机变量的取值范围，可以把随机变量区分为离散随机变量和连续随机变量。

- 离散随机变量：若随机变量的取值是有限个或者可列无限个，则这种随机变量称为离散随机变量。要注意的是，离散随机变量的取值不一定是整数值。
- 连续随机变量：若随机变量 x 的分布函数 $F(x)$ 存在一个非负的可积函数 $f(x)$，使得对任意实数 x，有 $F(x)=\int_{-\infty}^{x} f(t)\,\mathrm{d}t$，则称 x 为连续型随机变量。其中 $f(x)$ 为 X 的概率密度函数，概率密度简记为 $X \sim f(x)$。

4.3　随机变量的分布函数

概率分布主要用来描述一维随机变量或者多维随机变量在任意一个取值上的可能性大小。

对于一维随机变量 X，其概率分布通常记作 $P(X=x)$，或 $X\sim P(x)$（表示 X 服从概率分布 $P(x)$）。概率分布描述了单一取值的可能性，然而通常非离散型随机变量取任一指定实数值的概率等于 0。在实际应用中，往往更关注随机变量落在某一区间的概率，为此，引入了分布函数的概念。

定义：设 X 是一个随机变量，x_k 是任意实数值，函数

$$F(x_k)=P(X\leqslant x_k)$$

称为随机变量 X 的分布函数。由式可以看出，对于任意实数 $x_1,x_2(x_1<x_2)$，有如下等式成立：

$$\begin{aligned}P(x_1<X\leqslant x_2)&=P(X\leqslant x_2)-P(X\leqslant x_1)\\&=F(x_2)-F(x_1)\end{aligned}$$

由上述表达式可知，若随机变量 X 的分布函数已知，则可以求出随机变量 X 落入任意一个区间$[x_1,x_2]$的概率。因此可以说，分布函数完整地描述了随机变量的统计规律。

4.4 一维随机变量

对于随机变量，根据其维度大小的不同可以划分为一维随机变量和多维随机变量。本节将探讨最简单的一维随机变量的统计性质。

4.4.1 离散型随机变量和分布律

如果随机变量的全部可能取值为有限个或可列无限个，那么这种随机变量便称为离散型随机变量。分布律是用来描述随机变量取值规律的概率测度，离散型随机变量采用分布律来描述变量的概率分布。

如果离散型随机变量 X 的所有可能取值为 $x_k(k=1,2,\cdots)$，则 X 取各个可能值的概率 $P(X=x_k)$满足下列等式。

$$P(X=x_k)=p_k,\quad k=1,2,\cdots$$

上述表达式即离散型随机变量 X 的分布律。表达式中的 p_k 满足以下两个条件：

(1) $0\leqslant p_k\leqslant 1,k=1,2,\cdots$

(2) $\sum\limits_{k=1}^{\infty}p_k=1$。

由概率的可列可加性可以推导出随机变量 X 的分布函数，具体如下所示：

$$F(x)=P(X\leqslant x)=\sum_{x_k\leqslant x}P(X=x_k)$$

离散型随机变量的分布函数 $F(x)$是阶梯型函数。

4.4.2 连续型随机变量和概率密度函数

如果对于一个随机变量 X 的分布函数 $F(x)$，存在非负函数 $f(x)$，使得对于任意实数 x 存在 $F(x)=\int_{-\infty}^{x}f(t)\mathrm{d}t$，则称随机变量 X 为连续型随机变量。当变量 X 是连续型随机变量时，通常采用概率密度函数来描述其变量的概率分布，概率密度函数有时简称为密度函数。连续型随机变量 X 的密度函数 $f(x)$ 满足以下 3 个特征。

(1) $f(x) \geqslant 0$。

(2) $\int_{-\infty}^{\infty} f(x)\mathrm{d}x = 1$。

(3) 对于任意实数 x_1 和 x_2,在 $x_1 \leqslant x_2$ 的情况下,有以下等式成立:

$$P(x_1 \leqslant X \leqslant x_2) = \int_{x_1}^{x_2} f(x)\mathrm{d}x$$

连续型随机变量在任意一点处的概率处处为 0,在讨论其区间的概率定义时,通常无须对开区间或闭区间进行区分。

4.4.3 分辨离散型随机变量和连续型随机变量

关于如何分辨离散型随机变量和连续型随机变量,在此通过如下两个例子进行讲解。

(1) 一批电子元件的次品数量。

(2) 同一批电子元件,这些电子元件的使用寿命情况。

在第一个例子中,电子元件的次品数量是一个在现实中可以区分的值,通过观测可以计算出这一批元件中的次品数量;第二个例子中元件的寿命为一个连续的区间。如果变量可以在某个区间内取任一实数,即变量的取值可以是连续的,那么这样的随机变量就称为连续型随机变量。在这两个例子中,第一例子涉及的随机变量就是离散型随机变量,第二个涉及的变量就是连续型随机变量。

贾俊平教授在《统计学》一书中给出了这样的解释:“如果随机变量的值可以逐个列举出来,则为离散型随机变量。如果随机变量的值无法逐个列举出来,则为连续型变量。”

4.5 多维随机变量

4.4 节对一维随机变量进行了讨论,但在实际问题中,对于某些随机试验的结果需要同时用两个或两个以上的随机变量来描述。例如,在研究某一地区学龄前儿童的身体发育状况的试验中,需要对这一地区的儿童多项健康数据进行抽样调查。对于每个儿童都能观察到其身高 H 和体重 W。在这里,样本空间 $S=\{e\}=\{$某地区各儿童的身高 H 和体重 $W\}$,其中 $H(e)$和 $W(e)$是定义在 S 上的两个随机变量。

n 个随机变量 $X_1, X_2, \cdots, X_n$ 构成的整体 $X=(X_1, X_2, \cdots, X_n)$称为一个 n 维随机变量,X_i 称为 X 的第 $i(i=1,2,\cdots,n)$个分量。

4.5.1 二维随机变量及其分布函数

4.4 节中对一维随机变量的概率分布进行了介绍,接下来将对二维随机变量及其分布函数进行讲解。通常采用联合分布律来表示二维随机向量的概率分布。

设随机试验 E 的样本空间为 Ω,X 和 Y 是定义在 Ω 上的随机变量,则称它们构成的向量(X,Y)为二维随机变量或二维随机向量,二维随机变量(X,Y)的分布函数如下所示:

$$F(x,y) = P\{(X \leqslant x) \cap (Y \leqslant y)\} = P\{X \leqslant x, Y \leqslant y\}$$

上述表达式也可以称为随机变量 X 和 Y 的联合分布函数,其中 x 和 y 为任意实数。

二维随机变量的分布函数满足以下几个性质:

(1) $F(x,y)$对每个变量都是不减函数，即对于任意指定的 y，当 $x_2>x_1$ 时，$F(x_2,y)\geqslant F(x_1,y)$，对于任意指定的 x，当 $y_2>y_1$ 时，$F(x,y_2)\geqslant F(x,y_1)$；

(2) $0\leqslant F(x,y)\leqslant 1$；

(3) $F(x,y)$关于 x 右连续，关于 y 右连续；

(4) 对于任意的 $x_1\leqslant x_2, y_1\leqslant y_2$，有如下等式成立：

$$P\{x_1<X\leqslant x_2, y_1<Y\leqslant y_2\}=F(x_2,y_2)-F(x_1,y_2)-F(x_2,y_1)+F(x_1,y_1)$$

1. 二维离散型随机变量及其分布律

若二维随机变量(X,Y)所有可能取值为有限对或可列无限对时，则称(X,Y)为离散型随机变量，当且仅当 X 和 Y 都是离散型随机变量时，(X,Y)为二维离散型随机变量。

若二维离散型随机变量(X,Y)的所有可能取值为$(x_i,y_i)$$(i,j=1,2,\cdots)$，并且满足$P\{X=x_i,Y=y_i\}=p_{ij}$时，则称 p_{ij} 为二维离散型随机变量(X,Y)的概率分布律，也可以称其为随机变量 X 和 Y 的联合分布律。

二维离散型随机变量分布律具有如下性质：

(1) $0\leqslant p_{ij}\leqslant 1, (i,j=1,2,\cdots)$；

(2) $\sum_i\sum_j p_{ij}=1$。

2. 二维连续型随机变量及其分布律

与一维连续随机变量类似，对于二维随机变量(X,Y)的分布函数 $F(x,y)$，如果存在非负的函数 $f(x,y)$，使得对任意的 x,y 有：

$$F(x,y)=\int_{-\infty}^{y}\int_{-\infty}^{x}f(u,v)\mathrm{d}u\mathrm{d}v$$

成立，则 $f(x,y)$称为二维随机变量(X,Y)的联合密度函数，联合密度函数 $f(x,y)$具有如下性质：

(1) $f(x,y)\geqslant 0$；

(2) $\int_{-\infty}^{\infty}\int_{-\infty}^{\infty}f(x,y)\mathrm{d}x\mathrm{d}y=F(+\infty,+\infty)=1$；

(3) 设 G 是 xOy 平面内任意一个区域，点(x,y)落在该区域的概率为：

$$P((x,y)\in G)=\iint_G f(x,y)\mathrm{d}x\mathrm{d}y$$

(4) 若 $f(x,y)$在点(x,y)连续，则有

$$\frac{\partial^2 F(x,y)}{\partial x\partial y}=f(x,y)$$

4.5.2 边缘分布函数

二维随机变量(X,Y)作为一个整体，具有分布函数 $F(x,y)$，由于 X 和 Y 都是随机变量，所以各自也具有分布函数，把 X 的分布函数记作 $F_X(x)$，称之为二维随机变量(X,Y)关于 X 的边缘分布函数；把 Y 的分布函数记作 $F_Y(y)$，称作二维随机变量(X,Y)关于 Y 的边缘分布函数。

对于离散型二维随机变量(X,Y)，关于 X 和 Y 的边缘分布律的定义分别如下所示：

$$P(X=x_i)=\sum_{y_j}P(X=x_i,Y=y_j)=p_i$$

$$P(Y=y_i)=\sum_{x_i}P(X=x_i,Y=y_j)=p_j$$

对于连续型二维随机变量(X,Y),其边缘密度函数分别为

$$f(x)=\int_{-\infty}^{\infty}f(x,y)\mathrm{d}y$$

$$f(y)=\int_{-\infty}^{\infty}f(x,y)\mathrm{d}x$$

同理,由分布函数的定义可以得到离散型随机变量与连续型随机变量的边缘分布函数。对于二维离散型随机变量:

$$F_X(x)=F(x,\infty)=\sum_{X_i\leqslant x}\sum_{j=1}^{\infty}p_{ij}$$

$$F_Y(y)=F(\infty,y)=\sum_{Y_i\leqslant y}\sum_{j=1}^{\infty}p_{ij}$$

对于连续性随机变量:

$$F_X(x)=F(x,\infty)=\int_{-\infty}^{x}\left[\int_{-\infty}^{\infty}f(x,y)\mathrm{d}y\right]\mathrm{d}x$$

$$F_Y(y)=F(\infty,y)=\int_{-\infty}^{y}\left[\int_{-\infty}^{\infty}f(x,y)\mathrm{d}x\right]\mathrm{d}y$$

4.6 数学期望、方差、协方差

概率统计的一个重要的作用是通过对数据进行分析,找出数据间的潜在规律,本节将对概率统计中常用到的数学期望、方差和协方差分别进行讲解。

4.6.1 数学期望

数学期望简称期望,又称为均值。在涉及概率的操作中,求解函数的加权平均值是非常重要的。从概率论的角度来说,样本指的是需要去观测数据,这些数据属于随机变量,即样本的多少是不确定的,因此得到的样本均值并不是真正意义上的期望。

函数 $f(x)$ 关于某分布 $P(x)$ 的期望是指,当 x 服从分布 $P(x)$ 时,函数 f 作用于 x 的平均值。在概率分布 $P(x)$ 下,若级数 $\sum_{k=1}^{\infty}x_k\times P_k$ 绝对收敛对于离散型随机变量 X,其期望 $E(X)$ 可以表示为如下形式:

$$E(X)=\sum_{k=1}^{\infty}P_kx_k$$

设 $f(x)$是连续型随机变量 X 的概率密度函数,若积分 $\int_{-\infty}^{\infty}xf(x)\mathrm{d}x$ 绝对收敛,则随机变量 X 的数学期望 $E(X)$可以表示为如下形式:

$$E(X)=\int_{-\infty}^{\infty}xf(x)\mathrm{d}x$$

如果给定有限数量的 N 个点,这些点满足某个概率分布或者概率密度函数,那么期望可以通过求和的方式估计。

$$E(X) \approx \frac{1}{N}\sum_{n=1}^{N} f(x_n)$$

当 N 越趋近于 $+\infty$ 时，上述表达式的估计会越精确。

有时，会考虑多变量函数的期望。在这种情形下，可以使用下标来表明被平均的变量，例如：

$$E_x[f(x,y)]$$

$E_x[f(x,y)]$ 表示函数 $f(x,y)$ 关于 x 的分布的平均。注意，$E_X[f(x,y)]$ 是 y 的一个函数。

4.6.2 方差

方差是度量随机变量与其数学期望之间的偏离程度或分散程度的度量。方差越小，说明数据集越集中；反之，则说明数据集比较分散。若随机变量 x 满足 $E([x-E(x)]^2)$ 存在，则称 $E([x-E(x)]^2)$ 为 x 的方差。其表达式如下所示。

$$\mathrm{Var}[x] = E[x - E[x]^2]$$

4.6.3 协方差

协方差是衡量多维随机变量之间相关性的一种统计量，对于两个随机变量 x 和 y，协方差(Covariance)被定义为如下形式：

$$\mathrm{Cov}[x,y] = E_{x,y}[(x - E[x])(y - E[y])] = E_{x,y}[xy] - E[x]E[y]$$

上述表达式表达了变量 x 和变量 y 会在何种程度上共同变化的程度。4.5 节讲到的方差可以用来衡量一个变量偏离期望值的程度，而协方差则用来衡量两个变量间的线性相关程度，具体如下所示：

- 当协方差等于 0 时，表示随机变量 x 和随机变量 y 相互分布律。
- 当协方差大于 0 时，则表示随机变量 x 与随机变量 y 正相关，即二者具有相同的变化趋势。
- 当协方差小于 0 时，表示随机变量 x 与随机变量 y 负相关，即二值具有相反的变化趋势。
- 当随机变量 x 与随机变量 y 相等时，协方差的值与方差值相等。

需要注意的是，线性不相关和线性独立是两个概念。如果随机变量 x 与随机变量 y 相互独立，那么两个变量的协方差必为 0，因此，两个变量必然是线性不相关的。若两个变量能够线性独立，则两者必然线性不相关，但反之并不成立。

4.7 贝叶斯规则

概率论最初的发展是为了分析事件发生的频率，例如，在彩票抽奖中摇出特定顺序的号码。大家可以通过彩票摇奖这一示例来了解概率论的基本机制，摇奖事件往往是重复的。如果一个结果 x_1 发生的概率为 P，那么这意味着如果反复实验无限次，所有结果中比例为 P 的结果为 x_1。但是，这种推理似乎并不适用于那些不重复的命题。例如，一个医生诊断一个病人后，判断其患流感的概率为 40%。该病人既不可能存在无穷多的副本，也不可能在不同副本中具有不同潜在条件的情况下表现出相同的症状。医生诊断病人时，使用概率来表示一种可信度(Degree of Belief),其中,结果为 1 表示非常肯定病人患有流感,结果为 0 表示非常肯定病人没有流感。"判断其患流感的概率为 40%",这种概率直接与事件发生的频率相联系,被称为频率概率(Frequentist Probability);而后者涉及确定性水平,被称为贝叶斯概率(Bayesian Probability)。

贝叶斯定理是统计学中非常重要的一个定理,以贝叶斯定理为基础的统计学派在统计学世界中占据着重要的地位,与概率学派从事件的随机性出发不同,贝叶斯统计学更多地是从观察者的角度出发,事件的随机性不过是由于观察者掌握信息不完备造成的,观察者所掌握的信息多寡将影响观察者对于事件的认知。

4.7.1 条件概率

在进一步讲解贝叶斯定理之前,有必要先简单地介绍一下条件概率,条件概率描述的是在另一个事件 B 已经发生的情况下事件 A 发生的概率,记作 $P(A|B)$,其中事件 A 和 B 的独立性未知,表达式如下所示:

$$P(A \mid B) = \frac{P(A \cap B)}{P(B)}$$

由于无法计算有缘不会发生的事件上的条件概率,因此只有当条件概率 $P(B)>0$ 时条件概率才有定义。$P(A \cap B)$表示事件 A 和事件 B 同时发生的概率,如果事件 A 和事件 B 相互独立,则有如下等式成立:

$$P(A \mid B) = \frac{P(A \cap B)}{P(B)} = \frac{P(A)P(B)}{P(B)} = P(A)$$

可以看出,如果事件 A 和事件 B 相互独立,则事件 B 无论是否发生都不会影响事件 A 发生的概率。

需要注意的是,条件概率并不等同于当某个事件发生后接下来会发生什么事件,例如,一个中国人认识汉字的概率非常高,但一个人无论是否认识汉字,他的国籍都是不会受到影响的。

$$P(A \cap B) = P(A)P(B) = P(A \mid B)P(B)$$

考虑到先验条件 B 的多种可能性,在此引入全概率公式:

$$P(A) = P(A \cap B) + P(A \cap B^c) = P(A \mid B)P(B) + P(A \mid B^c)P(B^c)$$

上述表达式中的 B^c 表示事件 B 的互补事件,可以理解成事件 B 的补集。事件 B 和 B^c 满足下列关系。

$$P(B) + P(B^c) = 1$$

4.7.2 贝叶斯公式

贝叶斯定理是关于随机事件 A 和 B 的条件概率(或边缘概率)的一则定理。如果你看到一个同学每天中午都吃番茄炒蛋,则这个人很可能非常喜欢番茄炒蛋这道菜。在上述情形中,可能无法准确知悉事件 A 的本质,但可以依靠与事件 A 的发生相关的事件 B 出现的概率去判断其本质属性的概率,即,支持某项属性的事件发生的概率越高,则该属性成立的可能性就愈大。其中 $P(A|B)$表示在 B 发生的情况下 A 发生的可能性。在条件概率和全概率的基础上,推导出贝叶斯公式:

$$P(B_i \mid A) = \frac{P(A \mid B_i)P(B_i)}{\sum_{j=1}^{n} P(B_j)P(A \mid B_j)}$$

上述公式中，事件 B_i 的概率为 $P(B_i)$，事件 B_i 已发生条件下事件 A 的概率为 $P(A|B_i)$，事件 A 发生条件下事件 B_i 的概率为 $P(B_i|A)$。

在生活中，许多人很容易将两个事件的后验概率混淆，用数学表达式表示这种混淆后验概率的情况为：$P(A|B)=P(B|A)$。

例如，SARS 在所有人群中的感染率约为 1%，医院现有的技术对于该疾病检测准确率为 90%（这个准确率表示，在已知患者感染 SARS 的情况下，该患者的检查有 90%的概率呈现出阳性；未生病的人被检测出阴性的概率为 90%）。如果从人群中随机抽一个人去检测，医院给出的检测结果为阳性时，很多人可能会脱口而出这个人有 90%的可能性感染了 SARS。

然而，实际情况并非这样。假设，A 表示事件"检测结果为阳性"，B_1 表示"这个人感染了 SARS"，B_2 表示"这个人未感染 SARS"。根据上面的描述，已知信息如下所示：

(1) $P(A|B_1)=0.9$

(2) $P(A|B_2)=0.1$

(3) $P(B_1)=0.01$

(4) $P(B_2)=0.99$

已知为阳性的情况下，感染 SARS 的概率为 $P(B_1,A)$：

$$P(B_1,A) = P(B_1)P(A \mid B_1) = 0.01 \times 0.9 = 0.009$$

这里 $P(B_1,A)$表示的是联合概率，感染 SARS 且检测结果为阳性的概率为 0.009。同理可得，未感染癌症却检测结果为阳性的概率：

$$P(B_2,A) = P(B_2)P(A \mid B_2) = 0.99 \times 0.1 = 0.099$$

$P(B_1,A)$的含义为：在 1000 个样本中，检测出阳性并且感染 SARS 的人有 9 个，检测出阳性但未感染 SARS 的人有 99 个。可以看出，即使医院的检测结果为阳性，大部分样本人群也并未真正感染 SARS。

所以检测结果为阳性且感染 SARS 的概率：

$$P(B_1 \mid A) = \frac{P(B_1,A)}{P(B_1,A)+P(B_2,A)} = \frac{0.009}{0.009 \times 0.099} \approx 0.083$$

检测结果为阳性而未感染 SARS 的概率：

$$P(B_2 \mid A) = \frac{P(B_2,A)}{P(B_1,A)+P(B_2,A)} = \frac{0.099}{0.009 \times 0.099} \approx 0.917$$

上述表达式中 $P(B_1|A)$和 $P(B_2|A)$皆为条件概率，这便是贝叶斯统计中的后验概率。而人群中是否感染 SARS 的概率 $P(B_1)$和 $P(B_2)$便是先验概率。已知先验概率，根据观测值(observation)是否为阳性，来判断感染 SARS 的后验概率，这就是基本的贝叶斯思想。

看上去贝叶斯公式只是把 B_i 的后验概率转换成了 A 的后验概率加上 B_i 的边缘概率的组合表达形式，因为很多现实问题中 $P(A|B)$或 $P(A \cap B)$很难直接观测，但是 $P(B|A)$和 $P(A)$却很容易测得，利用贝叶斯公式可以方便地计算很多实际的概率问题。

4.7.3 朴素贝叶斯

朴素贝叶斯是经典的机器学习算法之一，也是为数不多的基于概率论的分类算法。朴素贝叶斯分类是在贝叶斯分类的基础上做了一定的简化，其原理简单，也很容易实现，多用于文本分类，比如垃圾邮件过滤。

朴素贝叶斯最核心的部分是贝叶斯法则，而贝叶斯法则的基石是条件概率。在给定输入数据 a 的条件下，数据 a 属于类别 c 的概率为 $P(c|a)$，根据贝叶斯定理，有如下表达式成立：

$$P(c \mid a)=\frac{P(a \mid c)P(c)}{P(a)}$$

朴素贝叶斯算法目的是比较各类别的概率值大小。贝叶斯算法通过求解 $P(a|c)$ 和 $P(c)$ 的概率来寻找最优分类。对于同一批输入数据分母通常是不变的，即上式中 $P(a)$ 的值保持不变，因此计算时只需考虑分子即可。

在贝叶斯分类中，在条件 c 确定的情况下，输入属性值的联合分布，可以想象，如果存在大量输入属性时，求 $P(a|c)$ 的计算量将会显著提升。所谓朴素贝叶斯算法，就是假设各个特征之间相互独立（这样可以简化计算，但是会损失一部分分类精度），即：$p(a|c)=p(a_1|c)p(a_2|c)\cdots p(a_n|c)$。

朴素贝叶斯网络属于贝叶斯有向图模型（后面会对有向图的相关概念进行讲解），其模型如图 4.1 所示。

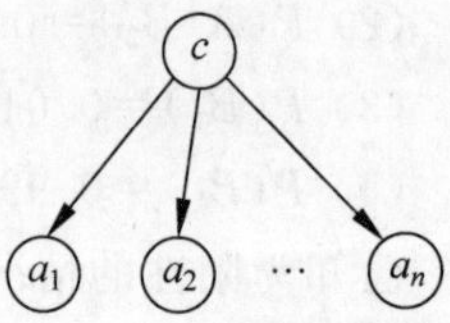

图 4.1　朴素贝叶斯网络

根据马尔可夫独立性可知，图 4.1 中的全局独立性集合 $I(G)=\{a_i \perp a_j | c: i=1,2,\cdots,n, j=1,2,\cdots,n, i\neq j\}$。

通过求解 $p(c_k)$ 和 $p(a_i|c_k)$ 来确定模型的参数，从而进行分类。参数训练过程如下所示：

假设存在一组数据集 $C=\{(\boldsymbol{a}^1,b^1),(\boldsymbol{a}^2,b^2),\cdots,(\boldsymbol{a}^m,b^m)\}$，$\boldsymbol{a}^i=(a_1^i,a_2^i,\cdots,a_n^i)^{\mathrm{T}}$；$a_j^i\in\{x_1,x_2,\cdots,x_p\}$，$b^i\in\{c_1,c_2,\cdots,c_r\}$。其中 $\boldsymbol{a}^i$ 表示样本数据的第 i 个输入，a_j^i 表示第 i 个样本数据的输入特征向量的第 j 个特征，b^i 表示样本数据的第 i 个输出。接下来，通过训练数据的频率来估计概率：

$$p(c_k)=\frac{\sum_{i=1}^{m}1_{b^i=c_k}}{m}$$

上式中指示函数 $1_{b^i=c_k}\begin{cases}1, & b^i=c_k\\0, & b^i\neq c_k\end{cases}$，对于 $p(a_i|c_k)$，有：

$$p(a_j^i=x_t \mid b^i=c_k)=\frac{\sum_{i=1}^{m}1_{b^i=c_k,a_j^i=x_t}}{\sum_{i=1}^{m}1_{b^i=c_k}}$$

在使用朴素贝叶斯网络进行分类时，应当注意零概率问题，在有限训练数据集中，很可能出现 $p(a_i|c)=0$ 的情况，此时可以通过对概率乘积取对数来解决。朴素贝叶斯的特征之间的条件独立性的假设可能显得不符合实际，然而事实证明，朴素贝叶斯在处理垃圾邮件过滤等领域非常有效。从总体上说，朴素贝叶斯的原理和实现都比较简单，学习和预测的效率都很高，是一种经典而常用的分类算法。

4.8 正态分布与最大似然估计

4.8.1 正态分布

正态分布(Normal Distribution)是一个在数学、物理及工程等领域都非常重要的概率分布,在统计学的许多方面有着重大的影响力。对于一元实值变量 x,正态分布被定义为如下形式:

$$N(x \mid \mu,\sigma^2) = \frac{1}{\sqrt{2\pi}\sigma}\exp\left[-\frac{1}{2\sigma^2}(x-\mu)^2\right]$$

它由 μ 和 σ^2 两个参数控制,其中 μ 被称为均值(mean),$\mu\in\mathbf{R}$; σ^2 被称为方差(Variance),其中 $\sigma\in(0,+\infty)$。σ 确定了方差的平方根,被称为标准差(Standard Deviation)。方差的倒数记作 $\beta=\frac{1}{\sigma^2}$,称为精度(Precision)。

在对概率密度函数求值时,需要对 σ^2 求倒数。在对不同参数下的概率密度函数求值时,一种更高效的使用参数描述分布的方式是使用参数 $\beta\in(0,\infty)$,来控制分布的精度或者方差的倒数。

$$N(x \mid \mu,\beta^{-1}) = \sqrt{\frac{\beta}{2\pi}}\exp\left[-\frac{\beta}{2}(x-\mu)^2\right]$$

在缺乏对于某个实数上分布的先验知识而不知道该选择怎样的形式时,正态分布会是一个不错的选择,具体原因如下所示:

(1) 许多模型的真实分布情况都接近正态分布。许多独立随机变量的和是近似服从正态分布的,这意味着大部分复杂系统可以被拆分成具有更多结构化行为的各个子部分。

(2) 在具有相同方差的所有可能的概率分布中,正态分布在实数上具有最大的不确定性,这使得正态分布可以被看作对模型加入的先验知识量最少的分布。

当正态分布可以推广到 $\mathbf{R}^n$ 空间时被称为多维正态分布(Multivariate Normal Distribution),其参数为正定对称矩阵 $\boldsymbol{M}$。

$$N(\boldsymbol{x} \mid \boldsymbol{\mu},\boldsymbol{M}) = \sqrt{\frac{1}{(2\pi)^n\det(\boldsymbol{M})}}\exp\left[-\frac{1}{2}(\boldsymbol{x}-\boldsymbol{\mu})^{\mathrm{T}}\boldsymbol{M}^{-1}(\boldsymbol{x}-\boldsymbol{\mu})\right]$$

上式中,参数$\boldsymbol{\mu}$表示向量的分布均值。参数 $\boldsymbol{M}$ 给出了分布的协方差矩阵。在对多个不同参数下的概率密度函数多次求值时,在用参数描述分布的方法中,协方差矩阵并不高效,因为对概率密度函数求值时需要对矩阵求逆,而在计算的过程中为了降低复杂度,应该尽可能地避免对矩阵的求逆操作。在此,可以通过用精度矩阵(Precision Matrix)$\boldsymbol{\beta}$代替正定对称矩阵 $\boldsymbol{M}$,多维正态分布的表示形式可以转变成如下形式:

$$N(\boldsymbol{x} \mid \boldsymbol{\mu},\boldsymbol{\beta}^{-1}) = \sqrt{\frac{\det(\boldsymbol{\beta})}{(2\pi)^n}}\exp\left[-\frac{1}{2}(\boldsymbol{x}-\boldsymbol{\mu})^{\mathrm{T}}\boldsymbol{\beta}(\boldsymbol{x}-\boldsymbol{\mu})\right]$$

4.8.2 最大似然估计

在深度学习中,模型的参数往往是不确定的,因此需要选择合适的算法来估计模型的参数。在模型结构已知的情况下，最大似然估计是一种较为简单有效估计方法。

假设已知一个随机试验可能出现 x_1, x_2, x_3 等结果，若在条件为 c_1 的一次试验中，出现了结果 X，通常可以认为，在该试验条件下 X 出现的概率很大。极大似然估计提供了一种通过给定观察数据来评估模型参数的方法。通过若干次试验，观察其结果，利用试验结果得到某个参数值能够使样本出现的概率最大，称之为最大似然估计。这种估计方法便称为最大似然估计。

1. 最大似然函数表达式

设，样本均为独立同分布，此时通过样本集 $D=\{x_1, x_2, \cdots, x_n\}$，来估计参数向量$\boldsymbol{\theta}$。

联合概率密度函数 $p(D|\boldsymbol{\theta})$称为相对于数据集 $D=\{x_1, x_2, \cdots, x_n\}$的$\boldsymbol{\theta}$ 的似然函数，表达式如下所示：

$$l(\boldsymbol{\theta} \mid D) = \prod_{i=1}^{n} p(D_i \mid \boldsymbol{\theta})$$

假设$\hat{\boldsymbol{\theta}}$ 是参数空间中使似然函数 $l(\boldsymbol{\theta})$值最大的值，则$\hat{\boldsymbol{\theta}}$ 应该是“可能性最大”的参数值，$\hat{\boldsymbol{\theta}}$ 便是$\boldsymbol{\theta}$ 的极大似然估计值。它是样本集的函数，记作$\hat{\boldsymbol{\theta}}=d(x_1, x_2, \cdots, x_n)=d(D)$，$\hat{\boldsymbol{\theta}}(x_1, x_2, \cdots, x_n)$称为参数$\boldsymbol{\theta}$ 的极大似然函数估计量。最大似然估计的形式化定义如下所示：

$$\hat{\boldsymbol{\theta}} = \underset{\boldsymbol{\theta}}{\operatorname{argmax}} \ln(L(\boldsymbol{\theta} \mid D)) = \underset{\boldsymbol{\theta}}{\operatorname{argmax}} \sum_{i=1}^{n} (\ln P(D_i \mid \boldsymbol{\theta}))$$

2. 求解最大似然函数的方法

首先思考如下案例：一个黑盒中装有数个白球与黑球，但是并不知道黑白球个数的比例，接下来进行 10 次有放回的抽取，结果发现抽到了 8 次黑球、2 次白球，此时通过最大似然估计法求最有可能的黑白球之间的比例。假设抽到黑球的概率为 P，因此，上述 10 次有放回抽取的结果的概率分布如下所示。

$$P(\text{黑球} = 8) = P^8 \times (1-P)^2$$

然后，使得 P(黑球=8)的值最大的 P 就是最大似然估计的结果。

对于最大似然估计法，当从模型总体随机抽取 n 组样本观测值后，最合理的参数估计量应该使得从模型中抽取该 n 组样本观测值的概率最大，求使得出现该组样本的概率最大的$\boldsymbol{\theta}$值。

由于

$$L(\boldsymbol{\theta} \mid D) = \prod_{i=1}^{n} P(D_i \mid \boldsymbol{\theta})$$

所以，

$$\hat{\boldsymbol{\theta}} = \underset{\boldsymbol{\theta}}{\operatorname{argmax}} L(\boldsymbol{\theta} \mid D) = \underset{\boldsymbol{\theta}}{\operatorname{argmax}} \prod_{i=1}^{n} P(D_i \mid \boldsymbol{\theta})$$

实际中为了便于分析，定义了对数似然函数，具体如下所示：

$$H(\boldsymbol{\theta}) = \ln L(\boldsymbol{\theta} \mid D)$$

因此，

$$\hat{\boldsymbol{\theta}} = \underset{\boldsymbol{\theta}}{\operatorname{argmax}} \prod_{i=1}^{n} P(D_i \mid \boldsymbol{\theta}) = \underset{\boldsymbol{\theta}}{\operatorname{argmax}} H(\boldsymbol{\theta})$$

通过最大似然估计对本节前面提到的抽取黑白球的案例求解：

$$P(\text{黑球} = 8) = P^8 * (1 - P)^2$$

将对数似然函数对各参数求偏导并令其为0，即 $8P^7(1-P)^2 - 2P^8(1-P) = 0$。

由此可得，当抽取黑球的概率为0.8时，最可能发生10次有放回抽取，抽到黑球8次的事件。

求解最大似然估计的一般过程如下：

(1) 列出似然函数；

(2) 对函数求导，无法求导则取似然函数的对数后再求导；

(3) 令导数为0，得到似然方程；

(4) 求解似然方程。

后面章节中将会讲到最小二乘法，在此提前介绍一下最大似然估计和最小二乘法的区别。最大似然估计是需要有分布假设的，属于参数统计，只能在知道分布函数的情况下使用，而最小二乘法则没有这个假设。二者的相同之处是都把估计问题变成了最优化问题。但是最小二乘法是一个凸优化问题，最大似然估计不一定是。在最大似然估计法中，通过选择参数，使已知数据在某种意义下最有可能出现，而某种意义通常指似然函数最大，而似然函数又往往指数据的概率分布函数。与最小二乘法不同的是，最大似然估计法需要已知这个概率分布函数，这在实践中是很难满足的。一般假设其满足正态分布函数的特性，在这种情况下，最大似然估计和最小二乘估计相同。

4.9 信 息 论

信息论作为应用数学的重要分支之一，主要研究量化一个信号所能够提供的信息量，最初用来研究在一个含有噪声的信道上用离散的字母表来传递消息，例如无线电通信。在机器学习领域，信息论经常应用于处理连续型变量的问题中。信息论在电子工程和计算机科学的领域具有重要意义。本书主要通过信息论来描述概率分布或者量化概率分布之间的相似性，有关信息论的其他内容可以参考其他相关书籍。

一个随机事件所包含的自信息数量只与事件发生的概率相关。事件发生的概率越低，在事件真的发生时，接收到的信息中，包含的自信息越大。自信息的度量为正且可加。

自信息是与概率空间中的单一事件或离散随机变量的值相关的信息量的量度。一个随机事件所包含的自信息数量，只与事件发生的概率相关。事件发生的概率越低，在事件实际发生时，包含的自信息越大。自信息的量度为正且可加。如果事件 C 是两个独立事件 A 和 B 的交集，那么事件 C 发生所包含的信息量就等于事件 A 和事件 B 分别发生所包含的信息量之和：

$$I(C) = I(A \cap B) = I(A) + I(B)$$

根据上述性质，接下来给出信息的定义。用 I 表示事件 x 的自信息，假设事件 x 发生的概率为 $P(x)$，则自信息符号定义如下所示：

$$I(x) = \log(1/P(x)) = -\log(P(x))$$

可以看到，在上述符号定义中，没有指定对数的基底；如果以2为底，自信息的单位是bit；以e为底时，自信息的单位是nat；以10为底时，单位是hart。

通过信息论的思想来量化信息，需要注意以下几点：

- 非常可能发生的事件信息量比较少，并且在极端情况下，必定能够发生的事件应该没有信息量。
- 更不可能发生的事件具有更高的信息量。
- 独立事件应具有增量的信息。例如，投掷的硬币两次正面朝上传递的信息量，应该是投掷一次硬币正面朝上的信息量的两倍。

在此定义一个事件 $X=x$ 的自信息(self-information)为 $I(x)=-\ln P(x)$。$I(x)$ 的单位是奈特(nat)。一个单位的奈特表示以 1/e 的概率观测到一个事件时获得的信息量。

当 x 为连续时，可以使用类似的关于信息的定义。但有些来源于离散形式的性质会因此丢失。例如，一个具有单位密度的事件信息量为 0，但并不说明它一定会发生。

自信息只能处理单个的输出，通过香农熵(Shannon entropy)来对整个概率分布中的不确定性总量进行量化，表达式如下所示：

$$H(x)=E_{x\sim P}[I(x)]=-E_{x\sim P}[\ln P(x)]$$

分布的香农熵是指遵循这个分布的事件所产生的期望信息总量。当 x 为连续时，香农熵被称为微分熵(Differential Entropy)。

如果对于同一个随机变量 x，有两个单独的概率分布 $P(x)$ 和 $Q(x)$，此时可以使用 KL 散度(Kullback-Leibler Divergence,KLD)来衡量二者的分布差异：

$$D_{\mathrm{KL}}(P\parallel Q)=E_{x\sim P}\left[\ln\frac{P(x)}{Q(x)}\right]=E_{x\sim P}[\ln P(x)-\ln Q(x)]$$

KL 散度主要用于衡量，当使用一种被设计成能够使得概率分布 Q 产生的消息的长度最小的编码时，发送包含由概率分布 P 产生的符号的消息时，所需要的额外信息量。

KL 散度具有非负性。KL 散度为 0 的条件为，当且仅当 P 和 Q 在离散型变量的情况下是相同的分布，或者在连续型变量的情况下处处相同。因为 KL 散度是非负的并且衡量的是两个分布之间的差异，它经常被用来衡量分布之间的距离。

4.9.1　信息熵

信息是相对抽象的概念，比如，一部两个小时的电影里含有多少信息量。1948 年，香农提出了“信息熵”的概念，解决了对信息的量化度量问题。熵在信息论中用来表示随机变量或整个系统的不确定性。熵值越大，随机变量或系统的不确定性就越大，熵值越低，随机变量或系统越稳定。一个离散型随机变量 X 的熵 $H(X)$ 定义为：

$$H(X)=-\sum_{x\in X}P(x)\log_b P(x)$$

一般而言，当一种信息出现概率更高的时候，表明它被传播得更广泛，或者说，被引用的程度更高。根据真实分布，找到一个最优策略，以最小的代价消除系统的不确定性，而所付出的代价就是信息熵。从信息传播的角度来看，信息熵可以表示信息的价值。

上述定义比较抽象，不易理解。接下来，以生活中的例子来阐述信息熵的概念和作用。

首先，信息量等于传输该信息需要付出的代价。例如，在赛马比赛中分别有 $\{A,B,C,D\}$ 4 匹马，设它们的获得冠军的概率分别为 $\left(\frac{1}{2},\frac{1}{4},\frac{1}{8},\frac{1}{8}\right)$。

接下来，将哪一匹马获胜视为一个随机变量 $X\in\{A,B,C,D\}$，现在需要用尽可能少的二元问题(传递信息的代价)来确定随机变量 X 的取值。

上述问题可以被拆分成最多 3 个二元问题来进行解答。

- 问题 1：A 是否获胜。
- 问题 2：B 是否获胜。
- 问题 3：C 是否获胜。

通过上述 3 个问题便可以确定 X 的取值，即哪一匹马在比赛中获得了冠军。

(1) 如果 $X=A$，则需要问 1 次（问题 1：是否为 A），概率为$\frac{1}{2}$；

(2) 如果 $X=B$，则需要问 2 次（问题 1：是否为 A，问题 2：是否为 B），概率为$\frac{1}{4}$；

(3) 如果 $X=C$，则需要 3 次提问（问题 1，问题 2，问题 3），概率为$\frac{1}{8}$；

(4) 如果 $X=D$，则需要 3 次提问（问题 1，问题 2，问题 3），概率为$\frac{1}{8}$。

在这种情况下，可以确定 X 取值的二元问题数量如下所示：

$$E(N)=\frac{1}{2}\times 1+\frac{1}{4}\times 2+\frac{1}{8}\times 3+\frac{1}{8}\times 3=\frac{7}{4}$$

根据信息熵的定义，通过信息熵公式可以得到如下等式。

$$H(X)=\frac{1}{2}\log(2)+\frac{1}{4}\log(4)+\frac{1}{8}\log(8)+\frac{1}{8}\log(8)=\frac{1}{2}+\frac{1}{2}+\frac{3}{8}+\frac{3}{8}=\frac{7}{4}(\text{bit})$$

在二进制计算机中，1bit 的值可以为 0 或 1，代表了一个二元问题的回答。上式的结果为$\frac{7}{4}$bit，这意味着计算机在给哪一匹马夺冠这个事件进行编码时，所需要的平均码长为 1.75bit。

平均码长的表达式如下所示：

$$l(C)=\sum_{x\in X}P(x)l(x)$$

从上式可以看出，平均代码长度 $l(C)$ 等于各事件发生的概率与其对应代码长度的乘积的和，因此只有给发生概率 $P(x)$ 较大的事件分配较短的码长 $l(x)$ 才能尽可能减少平均码长。所以在上述赛马问题中，应该把最短的码 0 分配给发生概率最高的事件 A，以此类推。$\{A,B,C,D\}$ 4 个事件，可以分别由 $\{0,10,110,111\}$ 表示，此时根据平均码长的公式可以求得平均码长为 1.75bit。如果将最长的代码“111”分配给事件 A，那么平均码长为 2.625 比特。

信息熵具有如下性质：

- 单调性，即发生概率越高的事件，其所携带的信息熵越低。极端案例就是“太阳从东方升起”，因为为确定事件，所以不携带任何信息量。从信息论的角度，认为这句话没有消除任何不确定性。
- 非负性，即信息熵不能为负。这个很好理解，因为负的信息，即你得知了某个信息后，却增加了不确定性是不合逻辑的。
- 累加性，即多随机事件同时发生存在的总不确定性的量度是可以表示为各事件不确定性的量度的和。写成公式就是：事件 $X=A,Y=B$ 同时发生，两个事件相互独立 $P(X=A,Y=B)=P(X=A)\cdot P(Y=B)$)，那么信息熵 $H(A,B)=H(A)+H(B)$。

4.9.2 条件熵

在信息论中，条件熵描述了在已知事件 Y 发生的前提下，随机变量 X 的信息熵。基于事件 Y 发生的条件下发生事件 X 的信息熵用 $H(Y|X)$表示。条件熵 $H(Y|X)$的计算公式如下所示。

$$H(Y \mid X) = -\sum_{i=1}^{n}\sum_{j=1}^{m} P(X = x_i, Y = y_j) \times \log_b P(Y = y_j \mid X = x_i)$$

在已知信息的某些相关背景的情况下，信息的不确定性便会有所下降。例如，在语言模型中，二元模型的表现要好于一元模型的其中一个原因是：当知道一句话中当前空白位置前的一个单词时，便可以缩小当前空白位置出现单词的可取范围，这就降低了事件的不确定性，从而提高了预测的准确性。

从一群学生中随机选取一人进行体重测量，其体重可以看作是一个随机变量，该变量存在一个概率分布函数(不同的体重的出现概率不同)。如果在所有学生样本中，仅对身高为1.5～1.8m 的学生进行抽样测量体重，便会得到另外一个概率分布函数。相对前一种概率分布，后者就是条件概率分布。条件就是已经知道了学生身高是 1.5～1.8m。根据条件概率，利用熵公式计算的信息熵称为条件熵。

如果以 X 表示学生体重，以 Y 表示身高，以 $P(X|Y)$表示身高为 Y 时的体重为 X 的出现的概率，该情况下熵的表达式如下所示：

$$H(X \mid y_j) = -\sum_{i=1}^{n} P(x_i \mid y_i) \log P(x_i \mid y_i)$$

上面得到的计算公式是针对 Y 为一个特殊值 y_j 时所对应的熵。考虑到 Y 会出现各种可能值，如果已知学生身高(并非具体数值)求学生体重的熵，应当是把前面的公式依各种 Y 的出现概率做加权平均，具体如下所示：

$$H(X \mid Y) = -\sum_{i=1}^{n}\sum_{j=1}^{m} P(y_j) P(x_i \mid y_j) \log P(x_i \mid y_j)$$

$$H(X \mid Y) = -\iint f(Y) f(X \mid Y) \log f(X \mid Y) \mathrm{d}X\mathrm{d}Y$$

这就是条件熵的一般计算公式。上面的第二个公式是针对连续变量的，其中的 f 是概率密度分布函数。另外根据概率论的乘法定理 $P(X,Y)=P(X)P(Y|X)$。

上面的公式也可以写成如下形式：

$$H(X \mid Y) = -\sum_{i=1}^{n}\sum_{j=1}^{m} P(x_i \mid y_i) \log \frac{P(x_i \mid y_i)}{P(y_i)}$$

$$H(X \mid Y) = -\iint f(X \mid Y) \log \frac{f(X \mid Y)}{f(Y)}$$

根据对数的性质，上述公式可以转变为如下形式：

$$H(X \mid Y) = H(X,Y) - H(Y)$$

如果在已知 $H(X)$的信息量时，$H(X,Y)$剩下的信息量就是条件熵，公式如下所示：

$$H(Y \mid X) = H(X,Y) - H(X)$$

条件熵具有非负性，且不能大于原始熵值，即 $0 \leqslant H(X|Y) \leqslant H(X)$。由此可得，条件熵的最大值是无条件熵。在 X 与 Y 相互独立且无关时，条件熵与原熵值相等，即 $H(X|Y)=$

$H(X)$。

通过上述公式还可以得出复合熵小于或等于对应的无条件熵的和，即 $H(X,Y) \leqslant H(X)+H(Y)$。

上述公式表明，多个随机变量的熵的和总是大于或等于这些变量的复合熵。

4.9.3 互信息

互信息(Mutual Information)是信息论中一种有用的信息度量，它可以看成是一个随机变量中包含的关于另一个随机变量的信息量，或者说是一个随机变量由于已知另一个随机变量而减少的不确定性。

前面研究过两个随机变量的独立性，若有两个随机变量 X 和 Y，满足如下表达式：

$$P(X,Y) = P(X)P(Y)$$

则随机变量 X,Y 独立。如果 X 和 Y 独立，那么已知 X，将不会对 Y 的分布产生任何影响，即等式 $P(Y)=P(Y|X)$ 成立，由贝叶斯公式对该等式进行证明，具体证明如下所示：

$$P(Y \mid X) = \frac{P(X,Y)}{P(X)} = \frac{P(X)P(Y)}{P(X)} = P(Y)$$

上式证明了 $P(Y)=P(Y|X)$ 成立。

独立性表示，在已知变量 X 时，变量 Y 的分布是否会受到变量 X 的影响，或者说，在给定随机变量 X 之后，是否会给变量 Y 带来额外的信息。然而，独立性只能表示两个随机变量之间是否有关系，却不能详细表示两个变量之间的关系大小。因此需要引入互信息来表示两个变量之间的关系，以及变量之间关系的强弱程度。互信息的公式如下所示：

$$I(X,Y) = \int_X\int_Y P(X,Y)\log\frac{P(X,Y)}{P(X)P(Y)}$$

其中，$\frac{P(X,Y)}{P(X)P(Y)}$是 X 和 Y 的联合分布和边际分布的比值，如果对所有 X 和 Y，该比值等于 1，那么表明在 X 和 Y 独立的情况下，互信息 $I(X,Y)=0$。这说明两个随机变量中引入任何一个变量都不会给另一个变量带来任何信息。

$$\begin{aligned}
I(X,Y) &= \int_X\int_Y P(X,Y)\log\frac{P(X,Y)}{P(X)P(Y)} \\
&= \int_X\int_Y P(X)P(Y \mid X)\log P(Y \mid X) - \int_Y \log P(Y)\int_X P(X,Y) \\
&= \int_X P(X)\int_Y P(Y \mid X)\log P(Y \mid X) - \int_Y P(Y)\log P(Y) \\
&= -\int_X P(X)H(Y \mid X = x) + H(Y) \\
&= H(Y) - H(Y \mid X)
\end{aligned}$$

上述表达式中，$H(Y)$为 Y 的熵，定义为

$$H(Y) = -\int_Y P(Y)\log P(Y)$$

$H(Y)$用来衡量 Y 的不确定度，即 Y 分布得越离散，$H(Y)$的值越高；$H(Y|X)$则表示在已知 X 的情况下，Y 的不确定度；$I(X,Y)$则表示由 X 引入而使 Y 的不确定度减小的量，X 和 Y 的关系越密切，$I(X,Y)$的值越大，$I(X,Y)$最大的取值为 $H(Y)$，此时 X 和 Y 完全相

关。由于 X 的引入，Y 的熵由原来的 $H(Y)$ 减小了 $I(X,Y)=H(Y)$，变成了 0，即在 X 确定的情况下，Y 也完全确定。当 X 和 Y 独立时，$I(X,Y)=0$，引入 X，对 Y 的确定度没有任何影响。

$I(X,Y)$ 的性质如下所示：

- $I(X,Y)\geqslant 0$；
- $H(X)-H(X|Y)=I(X,Y)=I(Y,X)=H(Y)-H(Y|X)$；
- 当变量 X 与变量 Y 独立时，$I(X,Y)=0$；
- 当知道变量 X 与变量 Y 中的任意一个变量便能确定另一个变量时，$I(X;Y)=H(X)=H(Y)$。

4.9.4　相对熵与交叉熵

机器学习和深度学习的最终目的可以大致概括为：尽可能准确地学习数据间的变量关系，还原样本数据的概率分布。交叉熵和相对熵正是衡量概率分布或者函数之间相似性的度量方法。

假设，现有关于样本集的两个概率分布 $P(x)$ 和 $Q(x)$，其中 $P(x)$ 表示真实分布，$Q(x)$ 表示非真实分布。按照真实分布 P 来衡量识别一个样本的所需要的编码长度的期望（即平均编码长度）为：$H(P(x))=\sum_x P(x)\times\log\frac{1}{P(x)}$。如果使用错误分布 $Q(x)$ 来表示来自真实分布 $P(x)$ 的平均编码长度，则应该是：$H(P,Q)=\sum_x P(x)\times\log\frac{1}{Q(x)}$。因为用 $Q(x)$ 来编码的样本来自分布 $P(x)$，所以期望 $H(P,Q)$ 的概率是 $P(x)$。$H(P,Q)$ 称为“交叉熵”。

比如在含有 4 个字母 (A,B,C,D) 的数据集中，真实分布 $P=\left(\frac{1}{2},\frac{1}{2},0,0\right)$，即 A 和 B 出现的概率均为 $\frac{1}{2}$，C 和 D 出现的概率都为 0，$H(P)$ 为 1。这表示，只需要 1 位编码即可识别 A 和 B。如果使用分布 $Q=\left(\frac{1}{4},\frac{1}{4},\frac{1}{4},\frac{1}{4}\right)$ 来编码，则得到 $H(P,Q)=\frac{1}{2}\log_2 4+\frac{1}{2}\log_2 4+0\log_2 4+0\log_2 4=2$。此时，由于真实分布 P 中 C 和 D 出现的概率为 0，C 和 D 并不会发生，所以只需要 2 位编码来识别 A 和 B。

可以看到，上述情况中根据非真实分布 Q 得到的平均编码长度 $H(P,Q)$ 大于根据真实分布 P 得到的平均编码长度 $H(P)$。事实上，根据吉布斯不等式可知，$H(P,Q)\geqslant H(P)$ 恒成立，当 Q 为真实分布 P 时取等号。将由 Q 得到的平均编码长度比由 P 得到的平均编码长度多出的比特数称为“相对熵”，被称为 KL 散度。KL 散度是两个概率分布 P 和 Q 差别的非对称性的度量，对一个离散随机变量的两个概率分布 P 和 Q 来说，KL 散度的定义如下所示：

$$D_{\mathrm{KL}}(P(x)\,||\,Q(x))=\sum_{x\in X}P(x)\log\left(\frac{P(x)}{Q(x)}\right)$$

对于连续的随机变量，定义如下所示：

$$D_{\mathrm{KL}}(P(x)\,||\,Q(x))=\int_{-\infty}^{\infty}P(x)\log\left(\frac{P(x)}{Q(x)}\right)\mathrm{d}x$$

相对熵具有以下重要性质：

(1) 当预测的分布 $Q(x)$ 与真实的概率分布 $P(x)$ 完全相同时，$D_{KL}(P(x)||Q(x))=0$；

(2) KL 散度并不是传统意义上的距离，这是因为 KL 散度不具有对称性，即 $D_{KL}(P(x)||Q(x))\neq D_{KL}(Q(x)||P(x))$；

(3) 真实分布与预测分布的差异越大，相对熵越大，反之相对熵越小；

(4) KL 散度满足非负性，即 $D_{KL}(P(x)||Q(x))\geqslant 0$。

一般情况下，相对熵也可称为交叉熵，因为真实分布 P 是固定的，$D(P||Q)$ 由 $H(P,Q)$ 决定。交叉熵可以作为神经网络中的损失函数（也称作代价函数），P 表示真实标记的分布 Q 为训练后的模型的预测标记分布，交叉熵损失函数可以衡量 P 与 Q 的相似性。将交叉熵作为损失函数时，在使用 Sigmoid 函数的梯度下降算法中能避免均方误差导致损失函数学习速率降低的问题，因为此时学习速率可以被输出的误差所控制。

4.10 本章小结

本章主要对深度学习中常见的概率知识进行了讲解，希望大家以这些概率知识为基石，为后续在学习模型的讨论中理解更复杂的相关模型打下基础。

4.11 习　题

1. 填空题

(1) 概率分布是概率论的基本概念之一，主要用来表述________。

(2) 样本空间是一个随机实验所有可能结果的________，而随机实验中的每个可能结果称为________。

(3) 分布律是用来描述________的概率测度，离散型随机变量采用分布律来描述变量的概率分布。

(4) 通过观测若干次实验结果，利用实验结果得到某个参数值能够使样本出现的概率最大，这种方法被称为________估计。

(5) 在机器学习领域，信息论经常应用于________处理的问题中。

2. 选择题

(1) 连续型随机变量 Y，在 $y_1\leqslant y_2$ 的情况下的密度函数 $F(y)$ 不具备以下哪个特征？(　　)

A. $F(y_1)F(y_2)\geqslant 0$　　B. $\int_{y_1}^{y_2}F(y)\mathrm{d}y\leqslant 1$

C. $F(y_2)-F(y_1)\geqslant 0$　　D. $P(y_1\leqslant Y\leqslant y_2)=\int_{y_1}^{y_2}F(y)\mathrm{d}y$

(2) 当随机变量 x 和随机变量 y 的协方差大于 0 时，表示这两个变量(　　)。

A. 具有相反的变化趋势　　B. 具有相同的变化趋势

C. 具有相互分布律　　D. 方差值一定相同

(3) 若事件 A 与事件 B 相互独立，则下列等式中(　　)成立。

A. $P(A|B)=P(B)$　　B. $P(A|B)=P(A)$

C. $P(A \cap B)=P(A)$　　D. $P(A|B)=P(A)P(B)$

(4) 许多简单的概率分布在机器学习的众多领域中都是有用的，在缺乏对于某个实数上分布的先验知识时，最适合的分布方式是(　　)。

A. 伯努利分布　　B. 分类分布

C. 指数分布　　D. 正态分布

(5) 若一个系统中只会出现 1 种事件，那么该事件的发生概率为 1，此时该系统的信息熵为(　　)。

A. ∞　　B. 1　　C. 0　　D. 无法确定

3. 思考题

(1) 假设全人类中只有 1% 人会感染感冒病毒，在被测试者已感染感冒病毒时，测试结果为阳性的概率为 95%；被测试者没有感染感冒病毒时，测试结果为阳性的概率为 2%。现在，如果某人的测试结果为阳性，请用最大似然估计法和贝叶斯规则分别对此人是否感染感冒病毒做出解释。

(2) 简述信息熵在衡量深度学习中模型复杂程度中的作用。

第5章 深度学习基础知识

本章学习目标

- 掌握深度学习的基础概念；
- 了解深度学习在机器学习中的地位和作用；
- 掌握组合不同算法构建机器学习算法的能力；
- 了解监督学习和无监督学习的主要算法。

从20世纪80年代开始，统计机器学习开始逐渐成为机器学习的主流发展方向，并使得人工智能从早期纯粹的模型和理论研究发展为可以解决现实生活问题的应用研究。随着计算机性能的提升和大数据时代的来临，机器学习在硬件的支持上取得了重大突破，并且催生了很多新的理论，机器学习便是其中一个重要的分支。深度学习中的很多理论和基础来自于统计机器学习，在掌握深度学习之前有必要对机器学习的基本原理有所理解。机器学习要解决的问题是，基于数据构建合理的统计模型，并利用该模型对数据进行分析和预测。本章将主要对与深度学习相关的基础知识进行讲解。

5.1 学习算法

让机器像人类一样学习关于世界的知识往往面临着诸多挑战。例如，在人工智能图像识别领域中便存在一种称作语义鸿沟的挑战：对人类来说，从图像中识别一个对象轻而易举；对计算机来说，图像识别却是一项极具挑战性的工作。因为在计算机的“视觉”中，图像是由大量的三维数组表示的，对于人来说一眼就能识别出图像中的对象，机器却需要将数百万个数字映射到一个标记来完成对该图像的识别。同一个物体不同的角度和光照在图像中的变化，如图5.1所示。

图5.1 不同的角度和光照下的同一件雕塑

在图 5.1 中,通过左图和中图的对比可以看出,同一个对象由于拍摄的角度不同,图像的形状发生了巨大的变化,如何让机器知道不同的角度拍摄出的图像其实是同一个对象显然是一项巨大的挑战。左图和右图相比,虽然拍摄角度相同,但光影效果不同,而光照会使像素值的大小产生巨大的变化,而在机器学习中,如何处理光照对图像识别的巨大影响同样是一项艰巨的任务。由此可见,机器的认知方式与人类存在着巨大的差异。

米切尔教授对机器学习的定义为:"对于某类任务(Task,简称 T)和某项性能评价准则(Performance,简称 P),如果一个计算机程序在 T 上,以 P 作为性能的度量,随着积累经验(Experience,简称 E)不断自我完善,那么称这个计算机程序从经验 E 中学习了。"对于计算机系统而言,通过运用数据及某种特定的方法(比如统计的方法或推理的方法),来提升机器系统的性能,就是机器学习。任务 T、评价准则 P 和经验 E 这 3 个要素构成了机器学习的主题,但它们的定义非常宽泛,因此本书将通过有限的直观示例对这 3 个概念进行解释,帮助大家了解机器学习中的这 3 个要素。

5.1.1　任务 T

任务 T 一般定义为机器学习系统处理样本的过程。样本是指从希望计算机学习的特定对象或事件中收集到的已经量化的特征的集合。通常将样本表示成一个向量 $\boldsymbol{x}\in\mathbf{R}^n$,向量的每一个元素 x_i 是一个特征。例如,一幅图片的特征通常是指构成该图片的像素。很多初学者有时会将学习的过程误认为是任务 T。实际上,学习是为了获取完成任务的能力。例如,通过学习让计算机识别图片中的水果,任务 T 是指识别图片中的水果。

机器学习可以完成很多类型的任务,下面列举几个常见的机器学习任务。

- 回归:主要是预测数值型的数据,如图 5.2 所示。对于一组样本 x,通过函数 f 计算,有一组正确的输出 y,模型通过函数 f' 计算得出输出 y',通过比较输出 y' 和输出 y 改进函数 f',使其接近于真实函数 f。
- 分类:在这类任务中,计算机程序需要将实例数据划分到合适的分类中,如图 5.3 所示。例如,在图像识别领域,计算机可以像人类一样识别图中的不同类型的物体。

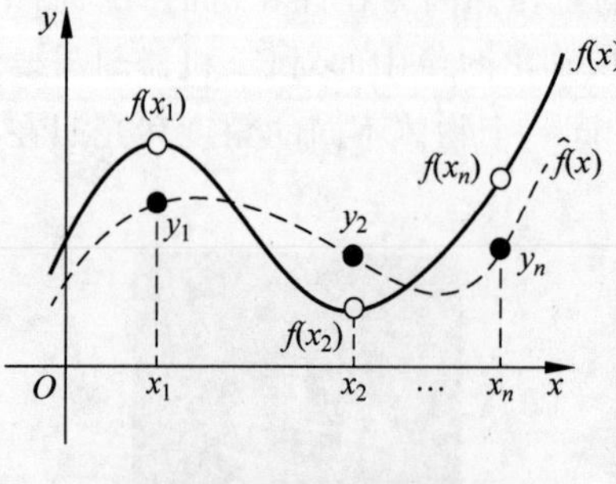

图 5.2　回归任务示意图

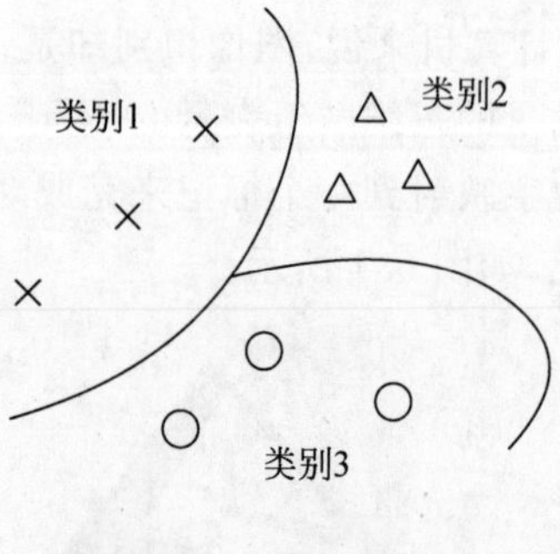

图 5.3　分类任务示意图

- 异常检测:这类任务主要是寻找输入样本中所包含的异常数据,如图 5.4 所示。计算机程序通过对一组事件或对象进行筛选,标记出异常或非典型的个体。若已知异常数据,则与有监督的分类类似;通常在不知道异常数据特征的情况下,采用密度估计的方法来剔除偏离密度中心的数据。例如,QQ 异地登录时,系统通过对用户经常登录的 IP 地址建模，当系统检测到登录地址远离平时经常登录地址时，就会提示登录异常。

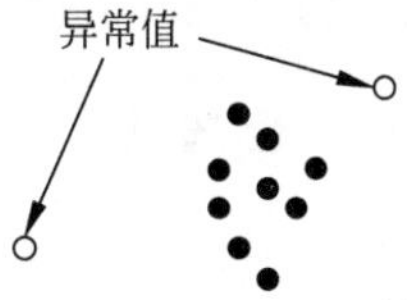

图 5.4　异常检测任务示意图

- 聚类：聚类属于模式识别问题，将不同数据归于相应的簇中，如图 5.5 所示。聚类与分类相似，但是聚类任务中只有输入，并且用簇代替了分类任务中的类别，这是一种无监督学习。
- 降维：在这类任务中，一般从高维度数据中提取关键信息，将高维度问题转换为易于计算的低维度问题求解，如图 5.6 所示。如果输入和输出均已知，则属于监督学习；若只有输入已知，则属于无监督学习。在将样本降维时，应保持原始输入样本的数据分布特征，以及数据间的相邻关系。

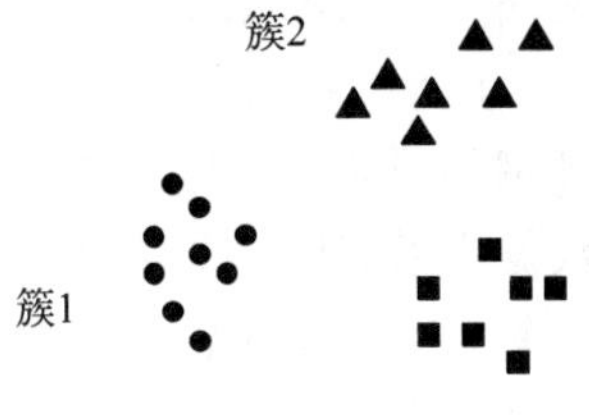

图 5.5　聚类任务示意图

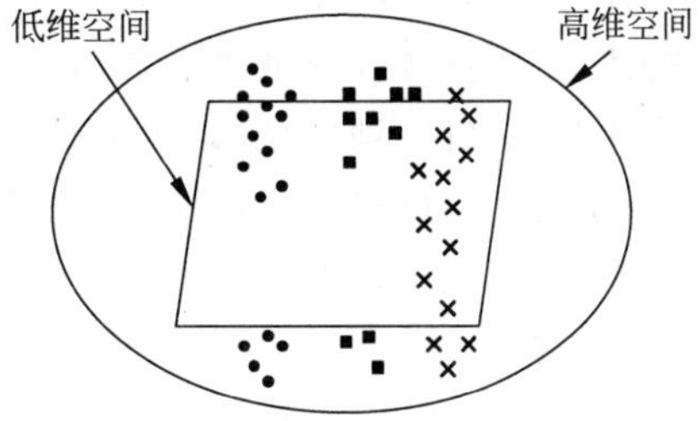

图 5.6　降维任务示意图

5.1.2　性能度量 P

性能度量(Performance Measure)反映了任务需求，通过为机器学习设定性能的度量来评估学习算法的效果，即对完成任务 T 的能力进行度量。一般情况下，性能度量 P 是根据所要完成的任务 T 来制定的，在对比不同模型的能力时，不同性能度量往往对评判结果产生重大影响，这意味着模型的“好坏”是相对的。判断模型“好坏”的标准不仅取决于算法和数据，还取决于任务需求，因此与系统理想表现相匹配的性能度量对训练模型是十分重要的。

通常用以下几种方法来度量模型的性能度量：

- 错误率/精度(accuracy)；
- 准确率(precision)/召回率(recall)；
- P-R 曲线，F1 度量；
- ROC 曲线/AUC(最常用)；
- 代价曲线。

例如，分类任务通常以模型的准确率来作为性能评价的准则。准确率是指该模型输出正确结果的样本比例，反之，错误率也可以作为性能评价准则。一般将错误率称为 0-1 损失的期望。在一个特定的样本中，如果结果是正确的，那么 0-1 损失为 0，否则为 1。然而，对于密度估计这类任务来说，评价结果的准确率、错误率或者 0-1 损失是没有意义的。针对不同的模型需要使用不同的性能评价准则。

为了对算法在实际应用中的性能进行评估，通常会用测试数据来评估系统性能，这里的测试数据与训练时使用的数据是相互分开的。

5.1.3 经验 E

根据学习过程中的不同经验,机器学习可以粗略分为无监督学习和监督学习。

本书中的大部分学习算法可以理解成在整个数据集中获取经验。数据集是指很多样本组成的集合,样本也被称作数据点(Data Point)。例如,电影推荐系统中往往需要用到的电影数据集,其中每部电影都对应一个样本,每个样本的特征属性可以是该电影的导演、演员、票价和上映时间等。

5.1.4 人工神经网络

芬兰计算机科学家 Teuvo Kohonen 教授对人工神经网络的定义为:"人工神经网络,是一种由具有自适应性的简单单元构成的广泛并行互联的网络,它的组织结构能够模拟生物神经系统对真实世界所做出的交互反应。"

通常在机器学习中提到的"神经网络",实际上是指"神经网络学习"。人工神经网络的学习方法中的连接主要通过编写一个初始模型,然后通过数据训练,不断改善模型中的参数,直到输出的结果符合预期,便实现了机器学习。在网络层次上模拟人的思维过程中的某些神经元的层级组合,用人脑的并行处理模式来表征认知过程。这种受神经科学启发的机器学习方法,被称人工神经网络(Artificial Neural Network,ANN)。

5.1.5 反向传播算法

在神经网络(甚至深度学习)参数训练中反向传播算法(Back Propagation,简称 BP 算法)具有非常重要的意义。1974 年,Paul Werbos 在他的博士论文中,首次提出了通过误差的反向传播来训练人工神经网络。Werbos 不仅是 BP 算法的开创者,还参与了早期的循环神经网络(Recurrent Neural Network,RNN)的开发。

BP 算法虽然称为反向传播,但事实上是一个典型的双向算法,其工作流程分为以下两个部分:

(1) 正向传播输入信号,输出分类信息(对于有监督学习而言,基本上都可归属于分类算法)。

(2) 反向传播误差信息,调整全网权值(通过微调网络参数,让下一轮的输出更加准确)。

本章只对反向传播算法进行初步的介绍,后续章节会进一步深入讲解有关内容。

5.1.6 M-P 神经元模型

除了人工神经网络方法,在人工智能领域还有一个"仿生派",它就是 20 世纪 40 年代提出并一直沿用至今的"M-P 神经元模型",即模仿生物的某些特性,复现这些对象的特征。发展到今天的神经网络与深度学习更接近于"仿生派"的理念——模拟大脑神经元的工作机理。

在这个模型中,神经元接收来自 n 个其他神经元传递过来的输入信号,这些信号通常通过神经元之间连接的权重(weight)大小来表示,神经元将接收到的输入值按照某种权重叠加起来,并将当前神经元的阈值进行比较,然后通过"激活函数"(activation function)向外表达输出(这在概念上就叫感知机)。

5.1.7 激活函数

激活函数对于人工神经网络模型去学习、理解非常复杂和非线性的函数来说具有十分重要的作用,简单来说,激活函数的作用是在神经网络中引入非线性因素。一些复杂的事情相互之间往往存在着许多隐藏层的非线性问题,对这些非线性问题的处理将有助于了解复杂的数据。在神经网络中加入非线性激活函数可以在由输入到输出转化时生成非线性映射以适应复杂的模型。

一个没有激活函数的神经网络在大多数情况下会因为过于简单而无法用于解决复杂的实际问题。这是因为,没有激活函数的神经网络将只能进行线性变换,多层神经网络的输入叠加依然是线性变换,充其量是通过复杂的线性组合来逼近曲线。激活函数在神经网络中引入了非线性因素,在每层神经网络线性变换后,添加一个非线性激活函数对这种线性变换进行转换,使其变成非线性函数,以应用于复杂的实际应用中。

常见的激活函数主要有 Sigmoid 函数、Tanh 函数、ReLU 函数、Softmax 函数等,具体会在后续章节中进行介绍。

5.2 容量与拟合

5.2.1 机器学习中的泛化

在训练模型时,通常希望模型能够从训练集中学到适用于所有潜在样本的"普适规律",从而在处理未观测到的数据时取得良好效果,而不仅仅是在训练集上取得理想的效果。在未观测到的输入上取得良好效果的能力被称为泛化(generalization)。

一般情况下,当训练机器学习模型时,可以访问训练集,在训练集上计算度量误差,被称为训练误差(training error)。机器学习与优化的不同之处在于,优化只强调改善模型在训练数据集上的表现,即只关注降低模型的训练误差。而机器学习除了关注模型的训练误差,还关注模型的测试误差,即模型在处理测试数据时的误差期望。

训练误差与测试误差之间可直接观测到的联系之一是:随机模型训练误差的期望和该模型测试误差的期望是一样的。假设有概率分布 $P(x,y)$,从中重复采样生成训练集和测试集。对于某个固定的 w,训练集误差的期望恰好和测试集误差的期望一样,这是因为这两个期望的计算采用的都是相同的数据集生成过程。

在使用机器学习算法时,通常不会在数据采样前对参数进行固定,而是先在训练集上进行采样,然后优化参数降低模型的训练误差,最后在测试集上采样获取测试误差。在这个过程中,测试误差期望会大于或等于训练误差期望。以下是决定机器学习算法取得良好效果的两点主要因素:

(1) 低训练误差;

(2) 训练误差和测试误差的差距小。

然而当学习算法在训练集中取得"理想"的结果时,很可能已经把训练样本自身的一些特点当作了所有潜在样本都会具有的一般性质,这样就会导致泛化性能下降,这种现象被称为“过拟合”(Overfitting)。与“过拟合”相对的是“欠拟合”(Underfitting)。“欠拟合”是指学习算法没有充分学习到训练样本中的一般性质。关于过拟合与欠拟合的直观类比如图 5.7 所示。

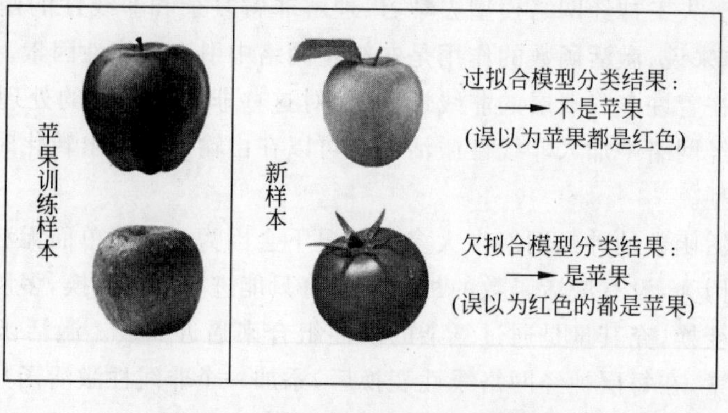

图 5.7　过拟合与欠拟合的直观类比

诸多因素可能导致模型的过拟合，其中最常见的情况是由于模型的学习能力过于强大，以至于把训练样本所包含的不太一般的特性都学到了，而欠拟合则通常是由于学习能力低下造成的。与过拟合相比，欠拟合问题更容易被克服。

5.2.2　过拟合

机器学习表现不佳的原因往往与过拟合或欠拟合数据有关。过拟合指的是模型对于训练数据拟合程度过当的情况。通俗来说，过拟合可以理解成一个模型通过学习获得了很强的应试能力，却无法将应试能力应用于考试以外的领域。若某个模型过度地学习了训练数据中的细节和噪声，以至于模型在新的数据上表现很差，则称过拟合发生了。这意味着训练数据中的噪声或者随机波动也被当作概念被模型学习了。而问题就在于这些概念不适用于新的数据，从而导致模型泛化性能变差。

过拟合更可能在无参数非线性模型中发生，因为学习目标函数的过程是易变的、具有弹性的。同样，许多无参数机器学习算法也包括限制约束模型学习概念多少的参数或者技巧。

例如，决策树就是一种无参数机器学习算法，非常有弹性并且容易受过拟合训练数据的影响。这种问题可以通过对学习后的树进行剪枝来解决，这种方法就是为了移除一些学习到的细节。

过拟合是机器学习面临的关键障碍，各类学习算法都必然带有一些针对过拟合的措施；然而，在机器学习领域过拟合是在所难免的，在训练模型中所能做的只是“缓解”或者减小其带来的风险。

5.2.3　欠拟合

欠拟合是指模型在训练和预测时的表现都不好的情况。一个欠拟合的机器学习模型不是一个良好的模型。欠拟合通常可以直观地在训练数据上表现出来而不被讨论，因为在给定一个评估模型表现的指标的情况下，欠拟合很容易被发现。矫正方法是继续学习并且试着更换机器学习算法。虽然如此，欠拟合与过拟合仍然形成了鲜明的对照。

理想的模型拟合状态应处于欠拟合和过拟合之间，这是优化模型的理想情况，但实际操作中很难平衡模型的欠拟合与过拟合状态。为了理解这个目标，可以观察正在学习训练数据机器学习算法的表现，把这个训练的过程划分为训练过程和测试过程。

随着算法的不断学习，模型在训练数据和测试数据上的误差会有所下降，但是，过长的学习时间可能会让模型在测试数据上的表现下变差。此时，模型可能已经处于过拟合状态，学习到了训练数据中的不恰当细节或噪声，在测试数据集上的错误率开始上升，即模型的泛化能力开始下降。因此，判断训练模型的临界点时，可以选择模型在测试集中的泛化误差刚开始上升时。此时模型在训练集和测试集上的表现都处于良好的状态。但是，这种把控停止训练时机的方法在实践中难以操作。因为在测试数据上运用这个方法时便意味着测试数据集对于模型的训练者来说并不是“未知的”，此时可能会受到人为影响而泄露测试数据的一些相关知识进而对模型的保真性产生影响。

5.2.4 没有免费的午餐定理

在现实任务中，面对同一种需求往往可以采用多种学习算法，而同一种算法也会因为参数配置的不同而生成不同的模型。在模型选择中往往希望用最合适的学习算法和参数配置来解决问题。模型选择该问题的最理想解决方案是对候选模型的泛化误差进行评估，然后选择泛化误差最小的模型。不过，模型的泛化误差通常是无法事先获取的，训练误差由于很容易受过拟合的影响，因此并不适合作为评估标准。

学习理论表明，通过机器学习算法能够从有限个训练集样本中学到泛化的能力。然而通过从一组有限的样本中推断出普适性的规则，显然是具有局限性的。在逻辑推断中，如果想用一个一般性的规则去描述集合中的所有元素，那么该推断中必须具有集合中每个元素的信息，这样的规则会显得十分复杂。在机器学习领域，一般通过概率法则来应对这一问题，从而找到一个对绝大多数样本适用的正确规则，进而避免使用纯逻辑推理得出一个确定性的规则。

上述方法也并不完善，因为它并不能完美解决由有限数据集推断一般性规则的严谨性问题。机器学习的没有免费的午餐定理(No Free Lunch theorem，NFL)表明，没有任何方法可以保证一种机器学习算法在任何情况下总是比其他算法的表现更优秀。即，不存在一个与具体应用无关的、普遍适用的“最优分类器”；学习算法必须要做出一个与问题领域有关的“假设”，分类器必须与问题域相适应。

NFL 定理的前提是，所有问题出现的机会相同，或所有问题同等重要。但实际情况中很难出现这样的情景，在现实中得到的数据、分布情况以及要解决的问题往往都是特定的，因此只需要具体问题具体分析就可以了，而不需要考虑该模型是否能够在解决除该问题以外的其他问题时同样优秀，这样可以让模型更加高效地学习，模型的效果也更好。

机器学习研究的目标不是找一个任何情况都适用或是绝对最优的学习算法，而是需要研究和创造更多的学习算法来应对不同的情况。

5.3 评估方法

模型的选择一般通过测试来对学习模型的泛化误差评估来决定。通过“测试集”(Testing Set)来对模型的学习效果在新样本中的表现进行测试，然后根据测试集上的“测试误差”(Testing Error)评估模型的泛化能力。通常会假设测试样本也是从样本真实分布中独立同分布采样得到的，测试集应该与训练集相互独立(Independent)、同分布(Identically Distributeb)，倘若测试集和训练集不是相互独立同分布的，那么就无法通过机器学习习得一个“合适”的模型，无法准确地对未观测数据进行预测。

需要注意避免在训练集中出现测试样本。不妨设想如下场景：如果将书本的课后习题作为考试的试题，那么考试成绩是否能够有效反映出学习效果呢？显然考试成绩无法真实地反映学生的学习效果，因为训练的题目和测试的题目是一模一样的，只需记忆答案就可以考出较理想的分数，而无法通过这样的测试了解到学生对所学知识的“泛化能力”。

得到泛化性能优秀的模型，就像在通过“1＋1＝2”学会了加法以后，“举一反三”学会求“2＋2”或者“2＋4”等其他加法运算的值。训练样本相当于平时学习的课后习题，测试则相当于单元考试。如果测试样本与训练样本相同，那么很可能造成对学习效果错误的评估。

接下来介绍几种常见的评估方法。

1. 留出法

“留出法”(Hold-out)直接将数据集 D 划分为两个互斥的集合 A 和集合 B。将集合 A 作为训练集 S，集合 B 作为测试集 T，即 $D=A\cup B, A\cap B=\varnothing$。在训练集 S 中训练模型，然后用测试集 T 来评估泛化误差。在划分的时候既要保证两个集合相互独立，也要尽可能地保证这两个数据集数据分布的一致性，避免在划分过程中引入额外的偏差而影响最终结果。

为了保证数据分布的一致性，通常采用“分层采样”(Stratified Sampling)的方式来对数据进行采样。假设的数据中有 m 个正样本、n 个负样本，训练集 S 占数据集 D 的比例为 p，测试集 T 占训练集 D 的比例为 $1-p$，可以通过在 m 个正样本中采 $m\times p$ 个样本作为训练集中的正样本，而通过在 n 个负样本中采 $n\times p$ 个样本作为训练集中的负样本，其余的作为测试集中的样本。若训练集 S 和测试集 T 中样本类别比例差别很大，则会由于训练集数据与测试集数据分布的差异而产生误差。

数据集的错误率求值公式为：

$$错误率 = (错误样本数 / 样本总数) \times 100\%$$

训练精度求值公式为：

$$精度 = 1 - 错误率$$

以照片中的人脸识别为例，正样本为人脸的图片，负样本为人脸周围的环境，负样本的选取往往与任务和场景有关，不能选取与任务毫无关联的内容作为负样本。假设数据集 D 中含有 200 个样本，其中训练集 S 包含 120 个样本，另外 80 个样本划分为测试集 T。模型在被训练集 S 训练后，如果在测试集 T 上有 24 个样本分类错误，那么其错误率为：(错误样本数/样本总数)×100％＝20％，相应地，精度为 1－20％＝80％。

值得注意的是，即使在给定“训练集/测试集”的样本比例后，仍有多种方法对初始数据集 D 进行分割。例如在上述例子中，将数据集 D 中的样本排序，然后把排序靠前的 120 个正例放到训练集中，把排序靠后的 80 个正例放到测试集中，不同的划分比例将导致不同的训练集与测试集的比值，相应的模型评估的结果也会有差别。因此，单次使用留出法得到的估计结果往往不能准确反映实际结果，在使用留出法时，一般要采用若干次随机划分、重复进行实验评估后取平均值作为留出法的评估结果。例如，进行 100 次随机划分，每次产生一个训练/测试集用于实验评估，100 次后就得到 100 个结果，而留出法返回的则是这 100 个结果的平均。留出法将数据集划分成训练集和测试集：若令训练集 S 包含绝大多数样本，则训练出的模型可能更接近于用初始数据集 D 训练出的模型，但由于测试集 T 比较小，评估结果可能不够稳定准确；若令测试集 T 包含较多样本，则会增加训练集 S 与初始数据集 D 差异，被评估的模型与用初始数据集 D 训练出的模型相比可能有较大差别，从而降低了评估结果的保真性(fidelity)，这个问题难以调和。通常将样本中的 60％～80％用于训练，剩余样本用于测试。

2. 交叉验证法

交叉验证法先将数据集 D 通过分层采样分成 N 个大小相似的互斥子集，每个子集尽可能保证数据相互独立和分布一致性，每次用 $N-1$ 个子集的并集作为训练子集，剩下的一个子集作为测试集，通过这样的方法得到 N 组训练/测试集。在 N 次训练和测试后返回这 N 次测试结果的均值。

在进行交叉验证时，其结果的稳定性和保真性在很大程度上受到了 N 的取值的影响。如果在 N 次测试后，测试集的误差很小，则说明模型可能存在问题。一个小规模的测试集意味着平均测试误差估计的统计不确定性，使得很难判断算法 A 是否比算法 B 在给定的任务上做得更好。

当数据集样本非常大时，交叉验证的稳定性和保真性相对更可靠。在数据集样本过少时，可以通过替代方法允许使用所有的样本估计平均测试误差，但计算量有所增加。这些过程是基于在原始数据上随机采样或分离出的不同数据集上进行重复训练和测试的想法。最常见的是 k-折交叉验证过程，例如，将数据集分成 k 个不重合的子集。测试误差可以估计为 k 计算后的平均测试误差。在第 i 次测试时，数据的第 i 个子集用于测试集，其他的数据用于训练集。由此带来的一个问题是不存在平均误差方差的无偏估计，但是通常会使用近似的方法来解决。

5.4 偏差与方差

在机器学习中，不仅需要知道通过实验估计学习算法的泛化性能的方法，也要知道一个学习算法为什么具有这样的性能。在机器学习领域，通常采用“偏差-方差分解”(bias-variance decomposition)的方法来对学习算法泛化能力进行解释。偏差与方差的关系如图 5.8 所示。

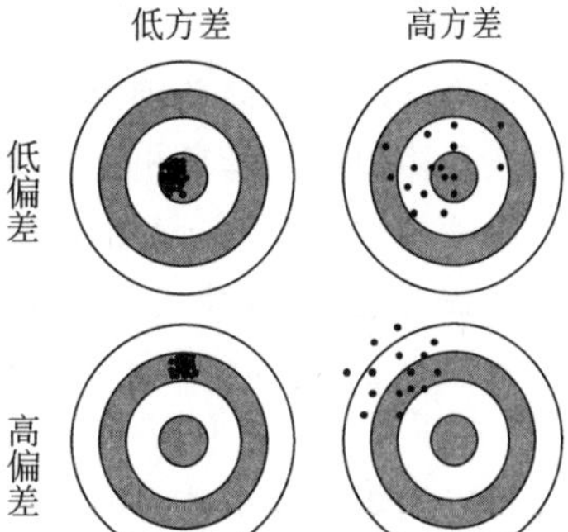

图 5.8　偏差-方差分解的类比

偏差(bias)：用于描述根据训练样本拟合出的模型输出的期望预测与样本真实结果的差距，即算法的样本拟合状态。在偏差上想要取得良好的效果，就像射手射出的箭尽想要可能命中靶心区域，对应图 5.8 中的低偏差(low bias)部分。想要降低偏差，就需要构建复杂化的模型——模型参数增加，而过多的模型参数容易引起过拟合。出现过拟合的情况对应图 5.8 中的高方差(high varience)部分，这种情况就像射手在射箭时太想射中靶心而用力过猛导致手发抖，最终因为射箭时受到较大扰动而导致着箭点分布过于分散。

方差(varience)：用于描述根据训练样本得到的模型在测试集中的表现的变化，即刻画了数据扰动所造成的影响，在方差中取得良好的表现对应图 5.8 中的低方差(low warience)，这就需要简化模型，降低过多的参数带来的过拟合的可能性，但这样也容易产生欠拟合，出现欠拟合的状态类似于图 5.8 中的高偏差部分，相当于着箭点虽然分布密集但是却偏离了靶心区域。

泛化性能是由学习算法的能力、数据的充分性以及学习任务本身的难度所共同决定的。为了保证模型能够取得良好的泛化性能，需要使偏差尽可能小，以充分拟合数据，并且使方差较小，以减少数据扰动产生的影响。

偏差与方差的取舍往往是有冲突的，这称为偏差-方差窘境(bias-variance dilemma)。假设给定一个学习任务，在训练不足时，模型的拟合能力不足，训练数据的扰动不足以使模型产生显著变化，此时偏差将主导泛化错误率；随着训练程度的加深，模型的拟合能力逐渐增强，训练数据发生的扰动渐渐能被模型学到，方差逐渐主导了泛化错误率；在训练程度充足时，模型的拟合能力已非常强，训练数据发生的轻微扰动都会导致模型发生显著变化，此时若模型学习到了训练数据中的非全局特性，便会发生过拟合。具体如图 5.9 所示。

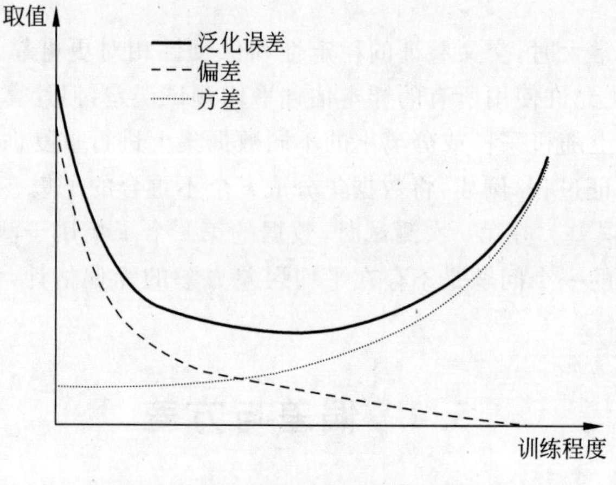

图 5.9 泛化误差与偏差、方差的关系

5.5 监督学习算法

监督学习可以简单理解成给定一组输入数据集 x 和输出数据集 y，让模型习得如何关联输入和输出。通常输出 y 很难自动收集，必须由人来进行“管理”。

线性模型(Linear Model)是机器学习中的一类算法的统称，其形式化定义为：通过给定的样本数据集 D，线性模型试图学习到对于任意的输入特征向量 $\boldsymbol{x}=(x_1,x_2,\cdots,x_n)^{\mathrm{T}}$，模型的预测输出 $f(\boldsymbol{x})$ 都能够表示为输入特征向量 $\boldsymbol{x}$ 的线性函数，即满足：

$$f(\boldsymbol{x})=w_1x_1+w_2x_2+\cdots+w_nx_n+b$$

上式可以用矩阵表达式进行表示，具体如下：

$$f(\boldsymbol{x})=\boldsymbol{w}^{\mathrm{T}}\boldsymbol{x}+b$$

其中 $\boldsymbol{w}=(w_1,w_2,\cdots,w_n)^{\mathrm{T}}$ 和 b 为模型的参数(parameter)，参数是控制系统行为的值，在确定了 $\boldsymbol{w}$ 和 b 的值后，模型便可以确定了。$\boldsymbol{w}$ 可以看作是一组决定每个特征如何影响预测结果的权重(weight),由于权重 $\boldsymbol{w}$ 可以比较直观地表达各属性在预测结果中的重要性,因此线性模型具有良好的可解释性(comprehensibility)。如果特征 x_i 对应的权重 w_i 值为正,则特征值增加,预测值 $f(\boldsymbol{x})$ 相应增加;如果特征 x_i 对应的权重 w_i 值为负,则特征值减少,预测值 $f(\boldsymbol{x})$ 相应减少。特征权重的值越大,对预测值 $f(\boldsymbol{x})$ 的影响就越大;特征权重的值为零,说明它对预测值 $f(\boldsymbol{x})$ 没有影响。

线性模型属于非常基础的机器学习模型结构,主要应用于分类、回归等学习任务中,很多非线性模型也是基于对线性输出结果的非线性变换和层级叠加等操作后得到的。常见的线性模型主要有线性回归、单层感知机和 Logistic 回归。本节将只对线性回归和 Logistic 回归进行讲解,有关单层感知机的内容将在后续章节中单独讲解。

5.5.1 线性回归

回归(Regression)是监督学习任务的一种,形式化定义为:设定由 m 个训练样本数据构成的数据集 D:

$$D=\{(\boldsymbol{x}^1,y^1),(\boldsymbol{x}^2,y^2),\cdots,(\boldsymbol{x}^m,y^m)\}$$

其中,$\boldsymbol{x}^i=(x_1^i,x_2^i,\cdots,x_n^i)$ 表示第 i 个训练数据的输入特征向量,$y^i\in\mathbf{R}$,回归分析的任务是通过训练数据集 D 学习到一个模型 T,使得模型 T 能够尽量拟合训练数据集 D,并且对于新的输入数据 $\boldsymbol{x}$,应用模型 T 能够得到预测结果 $f(\boldsymbol{x})$。回归与分类是监督学习的两种形式,它们的概念很接近,唯一的区别在于:回归的预测值是一个连续的实数,而分类任务的预测值是离散的类别数据。

线性回归是回归学习的一种策略,模型试图通过对训练集 D 的学习,使得输入 $\boldsymbol{x}$ 和预测的输出 $f(\boldsymbol{x})$ 之间具有 $f(\boldsymbol{x})=w_1x_1+w_2x_2+\cdots+w_nx_n+b$ 的线性关系。要确定模型 T,需要确定参数 w 和 b。求解参数首先需要定义一种衡量标准,用于衡量模型的预测值 $f(\boldsymbol{x})$ 与准确值 y 之间的差距,即对损失函数进行定义。在回归任务中,常用的损失函数是均方误差,表达式如下所示:

$$L(w,b)=\frac{1}{m}\sum_{i=1}^{m}(f(\boldsymbol{x}^i)-y^i)^2$$

通过均方误差最小化来求解模型的方法也被称为最小二乘法(Ordinary Least Square Method,OLS)。均方误差有着良好的几何意义,它对应常用的欧几里得距离,即"欧氏距离"(Euclidean distance)。最小二乘法的思想是尝试寻找一条直线,使得训练数据集 D 中的所有样本点到超平面的欧氏距离之和最小,如图 5.10 所示。

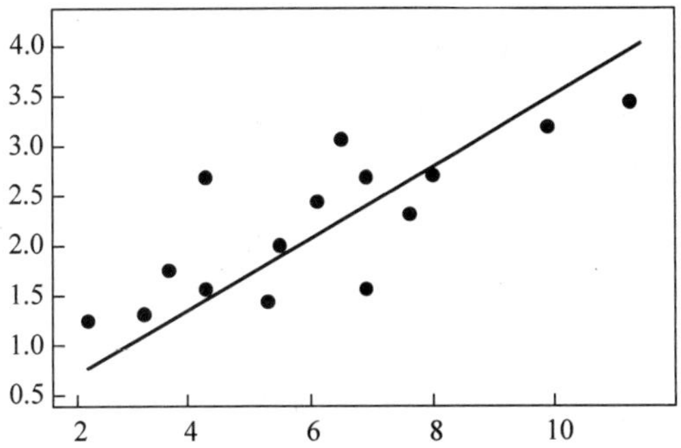

图 5.10 最小二乘法

求解参数 w 和 b 使均方误差最小化的过程称为线性回归模型的最小二乘“参数估计”(parameter estimation)。可以直接利用解析法来求解均方误差中的最小化问题，即根据极值存在的必要条件，对损失函数的参数 w 和 b 进行求导得到参数方程组，令参数方程组等于 0，将最优化问题转化为求解方程组问题。之所以采用解析法来求解，是因为线性回归模型相对简单，在数据量不大且满足一定条件的情况下采用解析法来求解会更加高效，但是在其他情况下采用解析法求解最优化问题是不可行的。

首先，将参数 w 和 b 合并成向量 $\boldsymbol{\theta}$，向量 $\boldsymbol{\theta}$ 满足如下表达式：

$$\boldsymbol{\theta} = (w_1, w_2, \cdots, w_n, b)^{\mathrm{T}}$$

$\boldsymbol{\theta}$ 是一个 $(n+1)$ 维向量，数据集 D 第 i 个训练数据的输入特征向量为：

$$\boldsymbol{X}^i = (x_1^i, x_2^i, x_3^i, \cdots, x_n^i, 1)^{\mathrm{T}}$$

数据集 D 的输入特征向量的矩阵表示形式如下：

$$\boldsymbol{X} = \begin{bmatrix} (\boldsymbol{X}^1)^{\mathrm{T}} \\ (\boldsymbol{X}^2)^{\mathrm{T}} \\ \vdots \\ (\boldsymbol{X}^m)^{\mathrm{T}} \end{bmatrix}$$

$\boldsymbol{X}$ 是一个大小为 $m\times(n+1)$ 维的矩阵，训练数据的预测输出值满足 $f(\boldsymbol{X})=\boldsymbol{\theta X}$。设，输出数据 $\boldsymbol{Y}$ 满足 $\boldsymbol{Y}=(y^1, y^2, \cdots, y^m)^{\mathrm{T}}$。经过新的符号定义，均方误差函数的矩阵表达式如下所示：

$$\boldsymbol{L}(\boldsymbol{\theta}) = \frac{1}{2}(\boldsymbol{\theta X} - \boldsymbol{Y})^{\mathrm{T}}(\boldsymbol{\theta X} - \boldsymbol{Y})$$

利用极值存在的必要条件，对上式的参数 $\boldsymbol{\theta}$ 求导。

$$\begin{aligned}
\nabla_{\boldsymbol{\theta}} L(\boldsymbol{\theta}) &= \nabla_{\boldsymbol{\theta}} \frac{1}{2}(\boldsymbol{\theta X} - \boldsymbol{Y})^{\mathrm{T}}(\boldsymbol{\theta X} - \boldsymbol{Y}) \\
&= \frac{1}{2}\nabla_{\boldsymbol{\theta}}(\boldsymbol{\theta}^{\mathrm{T}}\boldsymbol{\theta X}^{\mathrm{T}}\boldsymbol{X} - \boldsymbol{\theta}^{\mathrm{T}}\boldsymbol{X}^{\mathrm{T}}\boldsymbol{Y} - \boldsymbol{\theta Y}^{\mathrm{T}}\boldsymbol{X} + \boldsymbol{Y}^{\mathrm{T}}\boldsymbol{Y}) \\
&= \frac{1}{2}\nabla_{\boldsymbol{\theta}}\mathrm{Tr}(\boldsymbol{\theta}^{\mathrm{T}}\boldsymbol{\theta X}^{\mathrm{T}}\boldsymbol{X} - \boldsymbol{\theta}^{\mathrm{T}}\boldsymbol{X}^{\mathrm{T}}\boldsymbol{Y} - \boldsymbol{\theta Y}^{\mathrm{T}}\boldsymbol{X} + \boldsymbol{Y}^{\mathrm{T}}\boldsymbol{Y}) \\
&= \frac{1}{2}\nabla_{\boldsymbol{\theta}}(\mathrm{Tr}(\boldsymbol{\theta}^{\mathrm{T}}\boldsymbol{X}^{\mathrm{T}}\boldsymbol{X\theta}) - 2\mathrm{Tr}(\boldsymbol{\theta Y}^{\mathrm{T}}\boldsymbol{X})) \\
&= \frac{1}{2}(2\boldsymbol{\theta X}^{\mathrm{T}}\boldsymbol{X} - 2\boldsymbol{X}^{\mathrm{T}}\boldsymbol{Y}) \\
&= \boldsymbol{X}^{\mathrm{T}}(\boldsymbol{\theta X} - \boldsymbol{Y})
\end{aligned}$$

当 $\boldsymbol{X}^{\mathrm{T}}\boldsymbol{X}$ 为满秩矩阵(full-rank matrix)或正定矩阵(positive definite matrix)时，可令上式的值为 0，从而得到如下表达式：

$$\boldsymbol{\theta} = (\boldsymbol{X}^{\mathrm{T}}\boldsymbol{X})^{-1}\boldsymbol{X}^{\mathrm{T}}\boldsymbol{Y}$$

上式即为解析法的求解公式，其中 $(\boldsymbol{X}^{\mathrm{T}}\boldsymbol{X})^{-1}$ 是矩阵 $(\boldsymbol{X}^{\mathrm{T}}\boldsymbol{X})$ 的逆矩阵。对于新的测试数据，其预测输出为：

$$f(\boldsymbol{X}) = \boldsymbol{\theta}^{\mathrm{T}}\boldsymbol{X}$$

然而，现实任务中 $\boldsymbol{X}^{\mathrm{T}}\boldsymbol{X}$ 不一定是满秩矩阵，在面对大量变量时，其测试数据的数量很可能超过训练样本的数量，这会导致 $\boldsymbol{X}$ 的列多于行数，使得 $\boldsymbol{X}^{\mathrm{T}}\boldsymbol{X}$ 不为满秩矩阵，此时由于因变量过多，可能存在多个解使得均方误差值最小化，此时需要根据学习算法的归纳偏好决定，常见的方法为引入正则化项。

在此提出两种可行的解决欠拟合问题的方法：

(1) 通过挖掘数据中不同特征之间的组合，来获取更多的特征从而避免欠拟合现象。但是，这样做会造成模型的复杂化，降低学习效率，并且这对特征的选取提出了更高的要求。

(2) 通过对线性回归进行局部加权。局部加权线性回归(Locally Weighted Linear Regression，LWR)可以看作对线性回归的一种改良。线性回归采用直线来拟合所有的训练数据，当训练数据不存在线性分布关系时，线性模型得到的结果容易出现欠拟合的现象。LWR 的原理相当简单，只需对原始线性回归损失函数添加一个非负的权重值，新的损失函数如下所示：

$$L(w,b)=\frac{1}{2}\sum_{i=1}^{m}w^i(f(\boldsymbol{X}^i)-\boldsymbol{Y}^i)^2$$

上式中添加的 w^i 即为函数的权重值，它根据要预测的点与数据集中的点的距离来为数据集中的点赋权值。某点距离要预测的点越远，其权重值越小(最小值为 0)，反之则权重值越大(最大值为 1)。权重函数的表达式为：$w^i=\exp\left(-\frac{(\boldsymbol{X}^i-\boldsymbol{X})^2}{2k^2}\right)$。该函数称为指数衰减函数，其中 k 为超参数，它的值决定了权值随距离下降的速率，该函数形式上类似高斯分布，但并没有任何高斯分布的意义。参照最小二乘法的推导过程求得该函数的回归系数，如下所示：

$$\boldsymbol{\theta}=(\boldsymbol{X}^{\mathrm{T}}\boldsymbol{W}\boldsymbol{X})^{-1}\boldsymbol{X}^{\mathrm{T}}\boldsymbol{W}\boldsymbol{Y}$$

$\boldsymbol{W}$ 为对角矩阵，满足 $W_{i,i}=w^i=\exp\left(-\frac{(\boldsymbol{X}^i-\boldsymbol{X})^2}{2k^2}\right)$。

当训练数据较多时，LWR 能够取得较好的训练效果。在线性回归模型中，当通过训练得到参数$\boldsymbol{\theta}$ 的最优解后，只保留参数$\boldsymbol{\theta}$ 的最优解就可以得到新数据的预测输出，因此训练完成后训练数据可以被舍弃，但是，由于使用 LWR 算法训练数据时，不仅需要学习线性回归的参数，还需要学习波长参数，对于每一个预测点，都要重新依据整个数据集计算出一个线性回归模型，这使得算法代价极高。LWR 需要保留全部训练数据，因此相比之下 LWR 需要占用更大的空间。

之前讲到过机器学习的问题往往可以转化成数值最优化问题。有关最优化的算法策略，将会在本章后面进一步讲解。

5.5.2 Logistic 回归

5.5.1 节介绍了通过线性模型来进行回归学习的方法，本节将介绍通过线性模型进行分类学习的方法。Logistic 回归也被称为广义线性回归模型，属于广义线性模型，它与线性回归模型的形式基本相同，通常应用于信用评分模型，判定某个人的违约概率等。

Logistic 回归与线性回归的主要区别为：在线性回归模型中输出一般是连续的，但是对于 Logistic 回归，输入可以是连续也可以是离散的，并且 Logistic 回归的输出通常是离散的，即输出值是有限的。

Logistic 回归与线性回归模型的形式基本上相同。以二元分类为例，输出结果只有 0

或 1，即 $y\in\{0,1\}$。通过线性模型来进行分类学习，其基本思路是在空间中构造一个合理的超平面，将区域内的两类结果进行分隔。多重线性回归直接将 $ax+b$ 作为因变量，即 $y=ax+b$，而 Logistic 回归则通过 Sigmoid 函数将 $ax+b$ 对应到一个隐状态 p，其中 $p=S(ax+b)$，然后根据 p 与 $1-p$ 的大小决定因变量的值，这一点类似于阶跃函数（但阶跃函数具有不连续、不可导的特点，因此采用 Sigmoid 函数）。Sigmoid 函数如下所示：

$$f(x)=\frac{1}{1+e^{-(w^{T}x+b)}}$$

通过 Sigmoid 函数可以将输入数据压缩到区间[0,1]内，得到的结果不是二值输出而是概率值，即当一个 x 发生时，y 被分到 0 或 1 的概率。事实上，最终得到的 y 的值是在[0,1]这个区间上的某个值，然后根据事先设定的一个阈值，通常是 0.5，当 $y>0.5$ 时，就将这个 x 归为 1 类；当 $y<0.5$ 时，将 x 归为 0 类。这个阈值是可以调整的。输入数据分别属于 0 类或者 1 类的概率如下所示。

$$P(y=1\mid x)=f(x)=\frac{e^{w^{T}x+b}}{1+e^{w^{T}x+b}}$$

$$P(y=0\mid x)=1-f(x)=\frac{1}{1+e^{w^{T}x+b}}$$

Sigmoid 函数的导数形式如下所示：

$$\nabla f(x)=f(x)(1-f(x))$$

想要确定 Logistic 回归模型，需要求得其参数 $\boldsymbol{w}$ 和参数 b。Logistic 回归一般使用对数最大似然作为损失函数。

$$L(\boldsymbol{w},b)=\ln\left(\sum_{i=1}^{m}P(y_i\mid x_i;\boldsymbol{w},b)\right)$$

上式中 m 表示训练样本的个数，i 表示第 i 个样本。由于在二元分类问题中 y_i 只存在 0 和 1 两个值，因此 $P(y_i|x_i;\boldsymbol{w},b)$ 可以通过如下形式进行表示。

$$P(y_i\mid x_i;\boldsymbol{w},b)=(f(x_i))^{y_i}(1-f(x_i))^{1-y_i}$$

将上式代入 Logistic 回归模型的损失函数可得：

$$L(\boldsymbol{w},b)=-\sum_{i=1}^{m}(y_i\ln(f(x_i))+(1-y_i)\ln(1-f(x_i)))$$

通过上述方法将 Logistic 回归问题转换成了最小化上述损失函数的最优化问题。

5.5.3　支持向量机

支持向量机（Support Vector Machine，SVM）由 Corinna Cortes 和 Vapnik 于 1993 年提出，并于 1995 年发表，是机器学习中极具代表性的算法。接下来通过一个示例来理解 SVM。假设桌子上有两种不同颜色的球，如图 5.11 所示。

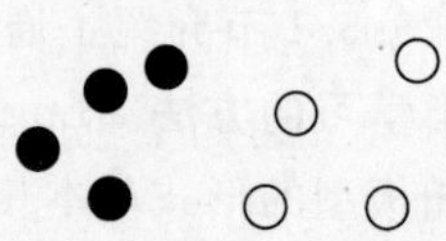

图 5.11　桌子上有两种不同颜色的球

现在用一根线绳将这两种颜色的球分隔开，如图 5.12 所示。

此时在桌上放入了更多的这两种颜色的球，可以看出，有一个球被错误地划分了，如图 5.13 所示。

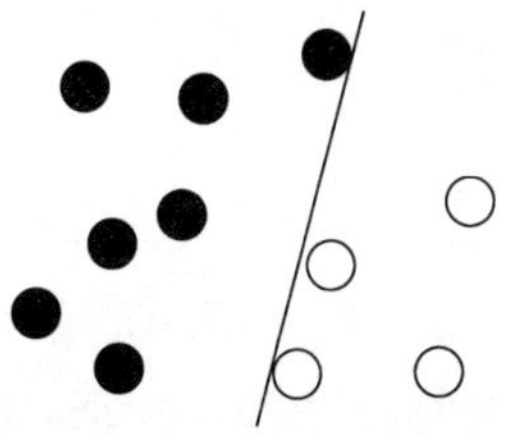

图 5.12　用一根直绳将两种不同颜色的球区分隔开

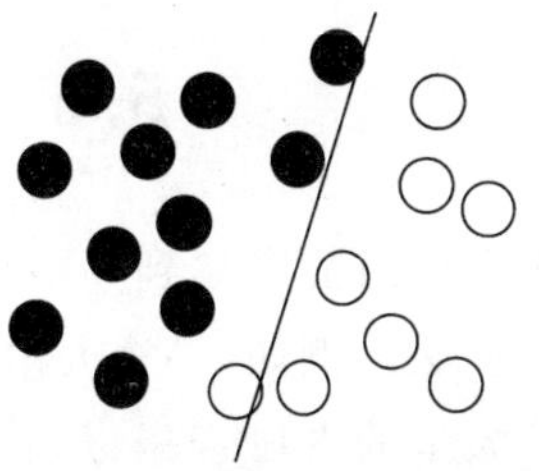

图 5.13　球变多后原来位置的直绳无法再将两类球完全分隔开

支持向量机的作用可以看作是将这根线绳摆放在桌面上最合适的位置，从而保证这两类球之间的间距最大。桌子上加入了更多的球时，支持向量机的作用就是将线绳的位置重新调整为最优分界线的位置，如图 5.14 所示。

有时会出现在平面上无法用直线将两种颜色的球分开的情况，如图 5.15 所示。

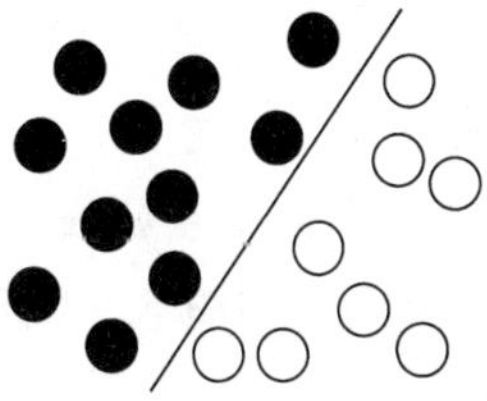

图 5.14　球变多后重新调整直绳位置将两类球完全分隔开

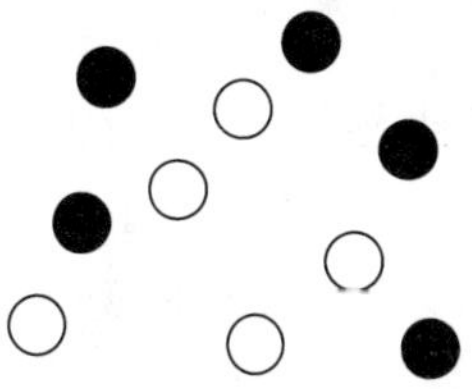

图 5.15　此时显然无法在平面内通过一根直绳将两类球完全分隔开

这种情况下 SVM 的做法类似于将桌子上的球抛起，让它们处于立体空间中，然后在立体空间中找到最合适的位置，用一个平面将两种球分隔开，如图 5.16 所示。

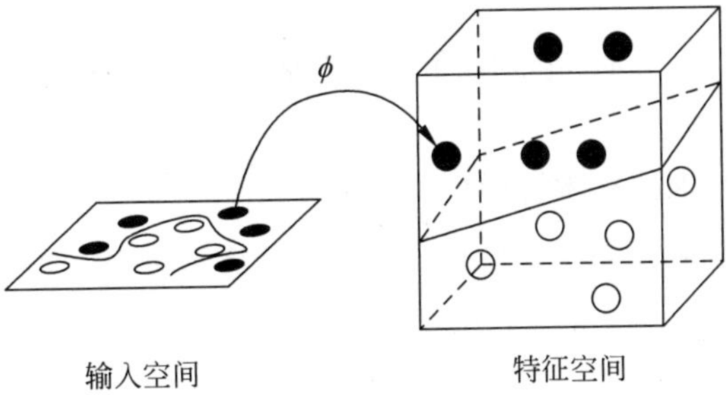

图 5.16　将球由平面抛起在立体空间中找到合适的位置将两类球分隔开

在立体空间中对两种球的分隔，在平面图上看上去是使用一条曲线将两种球分开了。

在支持向量机的概念中，上述的球称为数据，对球进行分隔的线称为分类器，最大间隙称为最优间隔，将球抛起至立体空间中称为核函数，在立体空间中对球进行分隔的平面称为超平面。本书仅需对 SVM 有一个初步了解即可，如果想要深入理解 SVM 的有关内容可以参考机器学习的有关书籍。

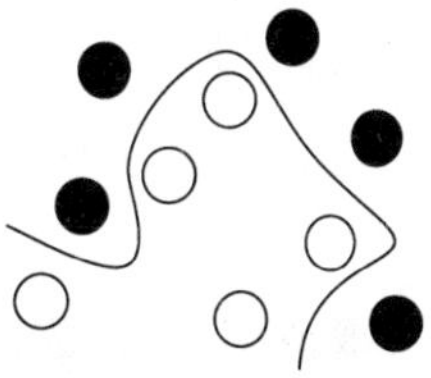

图 5.17　在平面上看到的结果

5.6　无监督学习算法

在实际生活中可能会遇到并不是为了找出某个答案而学习的情形，这种学习过程类似于无监督学习算法。例如，一个人出于爱好去欣赏古典音乐，此时，并不一定有一个明确的目的。在听了大量的古典音乐以后，可能会在这些乐曲中发现一些共性特征，比如编曲风格、演奏方式、旋律和节奏等，在随后的生活中再听到以前没听过的古典音乐时便可以通过其中的某些特征判断出音乐属于哪个流派，其创作时期以及作者。

实际上，在机器学习领域，无监督学习算法与监督学习算法之间并没有严格的区分规范和定义。在无监督学习中，样本数据的标签信息是未知的，无监督学习的目标是从数据中挖掘出数据集中包含的有用特征和规律，从而应用于未知的数据的分析和预测中的过程。

5.6.1　K-均值聚类

K-均值聚类也称作 *K*-means 聚类，是目前最流行的经典聚类方法之一，*K*-均值聚类算法将训练集分成 *K* 个靠近彼此的不同样本聚类，希望找出每一个样本点归属于哪个类，使得各聚类中每一个点到其对应聚类集合的中心距离的平方和最小。如图 5.18 所示。

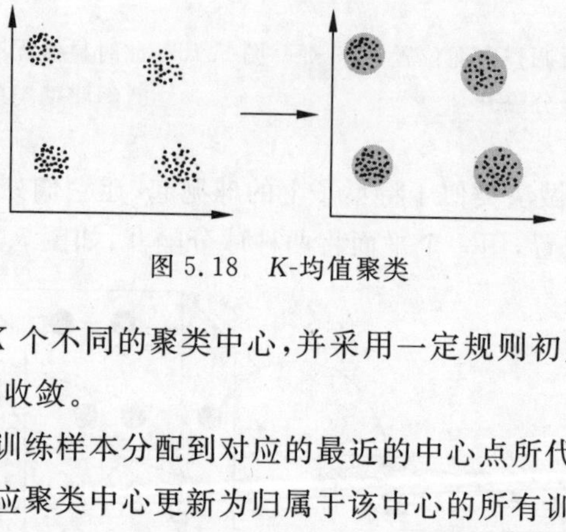

图 5.18　*K*-均值聚类

K-均值聚类先指定 *K* 个不同的聚类中心，并采用一定规则初始化它们的位置，然后迭代交换以下两个步骤直到收敛。

(1) 簇分配：将每个训练样本分配到对应的最近的中心点所代表的聚类。

(2) 移动中心：将对应聚类中心更新为归属于该中心的所有训练样本的均值处。

5.6.2　主成分分析

主成分分析(Principal Components Analysis，PCA)是一种数据降维技术，用于数据预处理，它与线性代数紧密联系。在机器学习中，数据往往以张量的形式表示，算法的复杂度与数据的维数有着密切关系，甚至与维数呈指数级关联，在处理成千上万甚至几十万维的情况时，资源消耗将会是巨大的，因此必须对数据进行降维。PCA 通过正交变换将一组可能存在相关性的变量转换为一组线性不相关的变量，转换后的这组变量被称为主成分。

一般情况下，在数据挖掘和机器学习中，数据被表示为向量。例如，某个淘宝店 2012 年全年的流量及交易情况可被看成一组记录的集合，其中每一天的数据是一条记录，格式如下：

PCA 的思想是通过在大量 n 维原始数据中搜索出 k 个最能代表原始数据的 n 维正交向量($k\leqslant n$)，将这 k 个正交向量投影到一个小得多空间上，从而对原始数据进行降维。通过 PCA 对原始数据进行压缩后，往往可以去除原始数据中的部分噪声，揭示一些难以觉察的特征，并且大幅降低计算量。

首先，对输入数据规范化，使得每个属性都假设数据样本进行了中心化，即将样本的均值变为 0。

设投影到 k 维空间后得到的新数据的坐标系为 $\boldsymbol{W}=\{\boldsymbol{w}^1,\boldsymbol{w}^2,\cdots,\boldsymbol{w}^k\}$，$\boldsymbol{w}^i$ 是标准正交基向量，满足 $\boldsymbol{w}^i\in\mathbf{R}^n$，$\boldsymbol{W}$ 是一个大小为 $n\times k$ 维的正交矩阵(此处如果 n 不等于 k，则该矩阵不是一个严格的正交矩阵)，满足下列条件：

$$\|\boldsymbol{w}^i\|_2=1,\quad \boldsymbol{w}^{i^{\mathrm{T}}}\boldsymbol{w}^j=0(i\neq j)$$

PCA 由选择的解码函数决定，为了简化解码器，通过矩阵乘法将编码映射回 $\mathbf{R}^n$，即 $g(c)=\boldsymbol{W}$，其中 $\boldsymbol{W}\in\mathbf{R}^n$ 是解码矩阵。

先对原始数据零均值化，然后求协方差矩阵，接着对协方差矩阵求特征向量和特征值，这些特征向量组成了新的特征空间。设投影到 k 维空间后的新的坐标系为 $\{\boldsymbol{w}^1,\boldsymbol{w}^2,\cdots,\boldsymbol{w}^m\}$，是一个大小为 $n\times k$ 维的正交矩阵。由矩阵乘法的定义可以知道，投影到 k 维空间的点的坐标为 $\boldsymbol{Z}=\boldsymbol{W}^{\mathrm{T}}\boldsymbol{X}$。通过该坐标系重构数据，将数据集 $\boldsymbol{Z}$ 从 k 维空间重新映射回 n 维空间，得到新的坐标点 $\boldsymbol{X}^*=\boldsymbol{W}\boldsymbol{Z}=\boldsymbol{W}\boldsymbol{W}^{\mathrm{T}}\boldsymbol{X}$。

重构后的点 $\boldsymbol{X}^*$ 与原始数据点之间距离最小，即 PCA 可转化为求解最优问题：

$$\min_{\boldsymbol{W}}\|\boldsymbol{X}-\boldsymbol{X}^*\|_{\mathrm{F}}^2=\min_{\boldsymbol{W}}\|\boldsymbol{X}-\boldsymbol{W}\boldsymbol{W}^{\mathrm{T}}\boldsymbol{X}\|_{\mathrm{F}}^2(\text{约束条件为 }\boldsymbol{W}\boldsymbol{W}^{\mathrm{T}}=\boldsymbol{I})$$

由于使用了相同的矩阵 $\boldsymbol{W}$ 对所有点进行解码，因此不能再孤立地看待每个点，必须采用最小化所有维数和所有点上的误差矩阵的 F 范数。根据 3.7 节中迹运算与 F 范数(对矩阵对应元素的平方和开方)的关系式，可得：

$$\begin{aligned}
\min_{\boldsymbol{W}}\|\boldsymbol{X}-\boldsymbol{X}\boldsymbol{W}\boldsymbol{W}^{\mathrm{T}}\|_{\mathrm{F}}^2&=\min_{\boldsymbol{W}}\mathrm{Tr}((\boldsymbol{X}-\boldsymbol{X}\boldsymbol{W}\boldsymbol{W}^{\mathrm{T}})^{\mathrm{T}}(\boldsymbol{X}-\boldsymbol{X}\boldsymbol{W}\boldsymbol{W}^{\mathrm{T}}))\\
&=\min_{\boldsymbol{W}}\mathrm{Tr}(\boldsymbol{X}^{\mathrm{T}}\boldsymbol{X}-\boldsymbol{X}^{\mathrm{T}}\boldsymbol{X}\boldsymbol{W}\boldsymbol{W}^{\mathrm{T}}-\boldsymbol{X}^{\mathrm{T}}\boldsymbol{X}\boldsymbol{W}\boldsymbol{W}^{\mathrm{T}}+\boldsymbol{X}^{\mathrm{T}}\boldsymbol{X}\boldsymbol{W}\boldsymbol{W}^{\mathrm{T}}\boldsymbol{W}\boldsymbol{W}^{\mathrm{T}})\\
&\quad(\text{循环改变迹运算中相乘矩阵的顺序不影响结果})\\
&=\min_{\boldsymbol{W}}\mathrm{Tr}(-\boldsymbol{X}^{\mathrm{T}}\boldsymbol{X}\boldsymbol{W}\boldsymbol{W}^{\mathrm{T}}-\boldsymbol{X}^{\mathrm{T}}\boldsymbol{X}\boldsymbol{W}\boldsymbol{W}^{\mathrm{T}}+\boldsymbol{X}^{\mathrm{T}}\boldsymbol{X}\boldsymbol{W}\boldsymbol{W}^{\mathrm{T}}\boldsymbol{W}\boldsymbol{W}^{\mathrm{T}})\\
&\quad(\text{与 }\boldsymbol{W}\text{ 无关的项不影响}\min_{\boldsymbol{W}}\text{ 的值})\\
&=\min_{\boldsymbol{W}}\mathrm{Tr}(-2\boldsymbol{X}^{\mathrm{T}}\boldsymbol{X}\boldsymbol{W}\boldsymbol{W}^{\mathrm{T}}+\boldsymbol{X}^{\mathrm{T}}\boldsymbol{X}\boldsymbol{W}\boldsymbol{W}^{\mathrm{T}}\boldsymbol{W}\boldsymbol{W}^{\mathrm{T}})
\end{aligned}$$

由约束条件 $\boldsymbol{W}\boldsymbol{W}^{\mathrm{T}}=\boldsymbol{I}$ 可得：

$$\begin{aligned}
&=\min_{\boldsymbol{W}}\mathrm{Tr}(-2\boldsymbol{X}^{\mathrm{T}}\boldsymbol{X}\boldsymbol{W}\boldsymbol{W}^{\mathrm{T}}+\boldsymbol{X}^{\mathrm{T}}\boldsymbol{X}\boldsymbol{W}\boldsymbol{W}^{\mathrm{T}})\\
&=\min_{\boldsymbol{W}}\mathrm{Tr}(-\boldsymbol{X}^{\mathrm{T}}\boldsymbol{X}\boldsymbol{W}\boldsymbol{W}^{\mathrm{T}})\\
&=\max_{\boldsymbol{W}}\mathrm{Tr}(\boldsymbol{X}^{\mathrm{T}}\boldsymbol{X}\boldsymbol{W}\boldsymbol{W}^{\mathrm{T}})
\end{aligned}$$

上述表达式的优化问题可以通过特征分解进行求解。具体地，最优解是 $\boldsymbol{X}^{\mathrm{T}}\boldsymbol{X}$ 最大特征值对应的特征向量。一般情况下，在生成主成分的基时，矩阵 $\boldsymbol{W}$ 由几个最大的奇异值对应

的 I 个特征向量组成。该结论可以通过归纳法证明。

5.7 本章小结

通过本章的学习,需熟练掌握机器学习的主要基础知识,理解模型学习算法的过程和对模型的评估方法,了解偏差与方差在评估模型中的作用。

5.8 习　　题

1. 填空题

(1) 在机器学习中,任务 T 是指机器学习系统处理________的过程。

(2) 通过为机器学习设定性能的________来评估学习算法的效果。

(3) 当模型过度地学习训练数据中的细节和噪声时,可能引起模型对训练数据的________。

(4) BP 算法虽然称为反向传播,但事实上是一个典型的双向算法,包含了________和________两个流程。

(5) ________的作用是为神经网络中引入非线性因素。

2. 选择题

(1) 在(　　)中取得良好效果的能力被称为泛化。

A. 已观测到的输入数据　　B. 已观测到的输出数据

C. 未观测到的输入数据　　D. 未观测到的输出数据

(2) 在一个识别图片中的猫咪的模型训练中,模型习得(　　)的样本特性更可能属于过拟合情况。

A. 猫咪的毛　　B. 猫咪有两只眼睛

C. 猫咪有 4 条腿　　D. 猫咪有一条黑色的尾巴

(3) 下列图中,黑点表示训练数据,灰色直线表示学到的模型。下列 3 幅图中,反映模型欠拟合状态的是(　　)。

A.　　B.

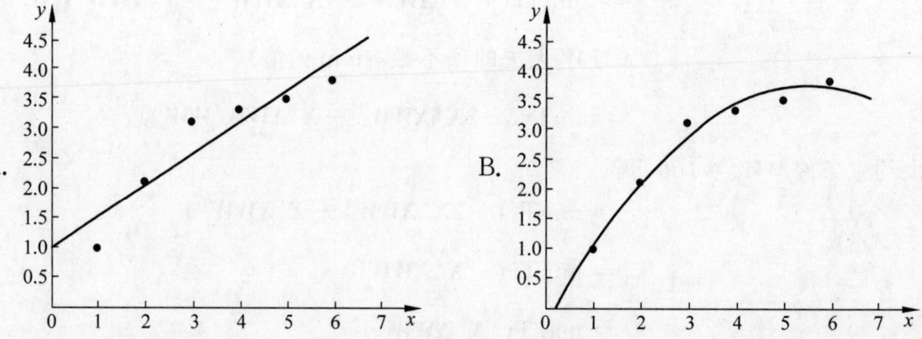

C. 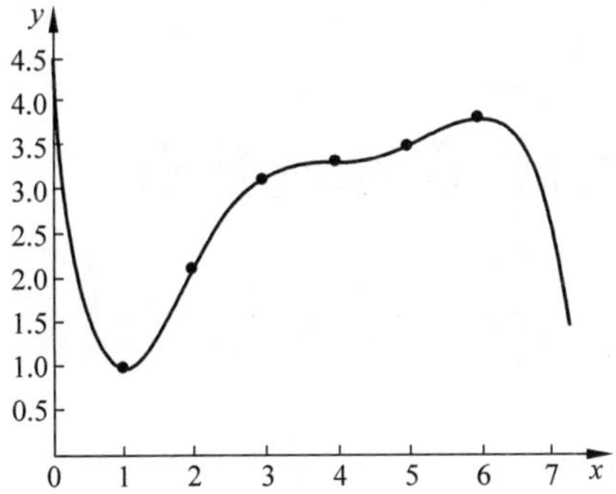

（4）在模型训练中，若训练集 S 包含 200 个样本，测试集 T 包含 100 个样本。模型在被训练集 S 训练后，如果在测试集 T 上有 30 个样本错误，那么其错误率为（　　）。

A. 10％　　B. 15％

C. 30％　　D. 以上结果均不正确

（5）在训练不足时，模型的拟合能力不足时，（　　）主导泛化错误率；随着训练程度的加深，模型的拟合能力逐渐增强，（　　）逐渐主导了泛化错误率。

A. 偏差　偏差　　B. 方差　偏差

C. 偏差　方差　　D. 方差　方差

3. 思考题

（1）简述什么是过拟合、过拟合产生的原因及避免过拟合的方法。

（2）简述偏差与方差在模型评估中的作用和区别。

第6章 数值计算与最优化

本章学习目标

- 理解计算的稳定性；
- 理解数据的稳定性；
- 理解模型性能的稳定性在深度学习中的意义；
- 理解病态条件数的概念；
- 掌握优化算法的方法。

数值计算与最优化理论广泛应用于机器学习、工程设计、生产管理等领域。最优化理论与机器学习的联系十分紧密，机器学习中的模型训练可以看作最优化的过程，通过寻找最优参数，让模型的误差损失函数最小，寻找最优参数的方法被称为最优化方法。本章将分析深度学习领域常用的最优化方法及其原理，并深入学习数值计算与最优化的相关知识。

6.1 计算的稳定性

计算的稳定性是指模型运算性能的鲁棒性(Robustness)。大部分机器学习或者深度学习的最终的目标都可以归为极值优化问题或者求解线性方程组的问题。这两类问题，目前基本上都是基于离散数学和计算机的反复迭代更新来解决的。然而，对数字计算机来说，实数无法在有限内存下精确表示，因此在计算机上进行涉及实数的精确计算是十分困难的。在计算机上实现连续数学的根本困难在于：需要通过有限数量的位模式来表示无限多的实数，这意味着，在计算机中表示实数时，会不可避免地引入近似误差，随着凑整误差的不断累积，最终会引起系统报错或者模型失效。本节将介绍机器学习中几种常见的计算稳定性风险。

6.1.1 上溢和下溢

如果在设计算法时仅仅考虑理论上的可行性而忽略计算机计算时舍入误差的累积，算法最终很可能会在实践中失效。这是因为，计算机无法精确地表示实数造成的舍入误差，很容易引发溢出。溢出是指数据的值超出了数据类型本身的范围限制，即内容超过了容器的极限。溢出可以分为两类：上溢和下溢。

上溢(Overflow)是指大量级的数值被计算机近似为$+\infty$或$-\infty$的情形，这种情况下进一步的运算通常导致这些无限值变为非数字。

下溢(Underflow)是指接近0的浮点数值被计算机四舍五入为0时发生的溢出。例如，通常要避免被零除或避免取零的对数。

由于在机器学习中经常会用到概率，而概率的区间通常在 0 和 1 之间，这使得机器学习更容易遇到下溢问题。许多函数在其参数为零而不是一个很小的正数时才会表现出质的不同。例如，通常要避免被零除或避免取零的对数（通常被视为 $-\infty$）。一些软件环境将在这种情况下抛出异常，有些会返回一个非数字（not-a-number）的占位符。

为了更直观地解释上溢与下溢，在这里通过两个简单的示例帮助大家进一步理解。

在构建神经网络时多个概率相乘的情况非常普遍，设 $P=P_i^{-10}$，$P_i=0.01$，因此有：

$$P = P_i^{-10} = 0.000,000,000,000,000,000,01$$

从上述示例可以看出，P 的概率是一个极小的结果，而这仅仅是 10 个较小的概率相乘的结果，在大型网络中概率间的相互作用远远大于上述示例。在这种情况下，计算机将无法分辨 0 和一个极小数之间的区别而造成下溢，最终导致模型直接失效。

上溢则经常发生于多个较大数的相乘中，目前主流的计算机是 64 位的，因此数值的上限并不高，较大数值间的相乘很容易出现超过计算机的上限的情况。参考如下示例：

$$N = 2^{63} - 1 = 9,223,372,036,854,775,807$$

进一步的运算通常导致这类数值由于舍入误差而近似成无限值的数字，进而变为非数字，导致模型失效。

在实践中大家可能会遇到与如下类似的情形。

在求一个点到一条线的距离时，如果该点距离直线过近，舍入误差可能会使结果变成距离为 0。一种简单可行的解决办法为，定义一个 min 函数，在函数中引入一个常数，在此假设该常数为 10^{-5}；当距离的值过小时，取 min 函数中的常数值作为距离的结果，即限定了点到直线的距离的最小值为 10^{-5}，这样便可以避免由舍入误差造成的下溢。

在实际应用中，还有很多其他的方法可以解决溢出问题，有兴趣的读者可以自行了解，此处不再赘述。

上溢和下溢都是由于计算机的数据容量有限造成的，并不是的算法本身的系统问题造成的。

6.1.2 平滑与 0

在机器学习中，对计算的稳定性产生重大影响的事件除了下溢和上溢以外，还有许多其他情况，例如在朴素贝叶斯（Naive Bayes）算法中可能会遇到某个事件发生的概率为 0 的情况，在连乘等式中，这会造成无论怎样最终结果都为 0 的情况，使得运算失去意义。朴素贝叶斯公式如下所示：

$$P(x \mid c) = P(c)\prod_{i=1}^{d} P(x_i \mid c)$$

判别一个样本点 x 属于事件 c 的概率 $P(x|c)$，为其各项特征 x_i 属于事件 c 的概率的乘积，假设此时下列任何一项等式的值为 0 时，整个乘式的值便为 0：

$$P(x_i \mid c) = 0 \quad 或 \quad P(c) = 0$$

这种情况下虽然最终的乘积为 0，导致概率的值为 0，但实际上这并不意味着事件的真实概率也为 0，而可能是因为训练数据集中没有出现过该事件。这种情况属于计算的不稳定因素。

上述情况的常见解决方法是通过拉普拉斯平滑（Laplace Smoothing）来修正这种计算

中的不稳定因素。即，通过人为的设置，给每种可能性的结果添加一个样本，使得该结果的概率不为0。此时，某个特征取特定值的概率就会被修正为如下形式：

$$\mathrm{Lap}(P(x_i \mid c)) = \frac{|D_{c,x_i}|+1}{|D_c|+N}$$

分子加1，分母加 N，N 代表类别总数。通过这种平滑处理，使得乘式中不再存在值为0的项。类似的处理方式在自然语言处理(NLP)中也常常会用到，比如后续章节将会讲到的 N-gram 模型的语言模型也往往需要平滑来进行处理。

6.1.3 算法稳定性与扰动

机器学习或统计学习在构建模型时，往往必须考虑算法的稳定性(Algorithmic Stability)，即算法对于数据扰动的鲁棒性。模型的泛化误差由偏差(Bias)和方差(Variance)共同决定，而高方差会极大地降低算法的稳定性。如果一个算法在输入值产生微小变化时造成输出值的巨大变化，那么说明该算法是不稳定的。例如，对矩阵求逆(Invertinga Matrix)的过程就属于增加模型不稳定性的行为，应该尽量避免对矩阵求逆。错误的学习率和步长值会增加学习的不稳定性，因此，在训练模型时应该谨慎地选择对应的批量尺寸(Batch Size)和对应的学习速率(Learning Rate)。

当对小批量数据进行学习时，小样本中数据的高方差(High Variance)会导致模型学到的梯度(Gradient)很不精确。在这种情况下，应该使用较低的学习速率提升学习精度。相反地，当对大批数据进行学习时，如果使用过小的学习速率进行学习将导致学习时间过长，并且样本数据集的增大使得模型受到方差影响降低，此时如果适当地提升学习速率，可让学习更高效。

6.2 数据的稳定性

从严格意义上说，数据稳定性(Data Stability)往往特指的是时间序列(Time Series)的稳定性。此处指的是广义上的数据，不仅仅是时间序列。从根本上说，数据的稳定性主要取决于其方差。

6.2.1 独立同分布与泛化能力

泛化能力(Generalization Ability)是衡量学习模型在新样本上拟合能力的一个重要指标。想要确保模型的泛化能力，则必须确保模型所采用的训练数据是基于母体(Population)独立同分布(Independent Identically Distributed)的。

假设存在一个数据集 D，它的分布是1～100的正整数，即 $P=\{1,2,\cdots,100\}$。现在从数据集 D 中分别提取3个样本作为训练数据集：

$$P_1=\{3,9,27,51\},\quad P_2=\{5,25\},\quad P_3=\{1,2,3,4,5\}$$

其中，第1个采样抽取的数字都是3的幂值，第2个采样都是5的幂值，而第3个采样是1～5的整数。在这种采样下，模型很可能无法通过学习这3组数据集而得到良好的泛化能力。因为上述3种采样并不是独立同分布的。独立同分布采样的概念如下所示：

(1) 采样的数据任何时刻的取值都为随机变量，而不是刻意挑选的。

(2) 采样的数据服从同一分布。

因此，保证训练数据的稳定性可以从以下两点入手：

(1) 提升训练数据的样本容量，降低训练结果受方差的影响。

(2) 确保训练数据和母体数据及预测数据来自于一个分布。例如，不能用从奶牛农场中抽取的10头奶牛样本的平均寿命来预测其他农场中公鸡的平均寿命。

稳定的数据可以保证模型的经验误差(Empirical Risk)约等于其泛化误差(Generalization Risk)。

6.2.2 类别不平衡

在处理数据时经常会遇到类别不平衡(Class-imbalance)的问题，例如，在一个二分类问题中，正例样本数量(99例)和反例样本数量(1例)比例悬殊，此时只要让学习方法始终返回一个将新样本预测为正例的模型就可以让预测精度达到99%，然而这样的模型显然没有太多的实际价值。在这种情况下，应该尽可能地避免人为操作使样本的类别分布变得不平衡，这样会违背独立同分布的采样原则。

在面对数据中的不平衡分布问题时，可以采用以下几种比较常见的再平衡方法：

1. 过采样(Over-sampling)

对数据量较少的分类进行重复采样，这种采样方法使得分类器训练集大于初始训练集，需要花费更长的训练时间。其中的代表算法是 Synthetic Minority Over-sampling Technique (简称 SMOTE)，这种算法通过对训练集中比例较少的数据分类进行插值来生成额外的该类数据。

2. 欠采样(Down-sampling)

将数据量较多的分类选择性丢弃一部分，这种采样方法由于舍弃了部分原样本数据使得分类器训练集小于初始训练集，因此训练时间往往远小于过采样法。

值得注意的是，这些应对数据不平衡问题的方法也有自己的弊端。例如，如果简单的对初始样本进行过采样很容易引起模型的严重过拟合；欠采样则会在一定程度上浪费所收集到的数据。数据的不平衡问题其实也属于稳定性问题，这种不平衡可能导致模型产生较大的误差。

6.3 性能的稳定性

评估机器学习模型的稳定性(Stability)和评估深度学习的表现(Performance)有本质上的不同，不能简单地通过评估准确率来确定一个深度学习的模型稳定性。例如，假设一个模型一半的时间表现特别好，剩余的时间表现比较特别差，显然不能将这样的模型用于实际生产中。模型的稳定性主要由数据的方差决定。

一种可行的评估算法模型稳定性的方法是交叉验证法(Cross-validation)。但交叉验证的验证效率过低，需要较长的时间及重复运算。而通过计算学习理论(Computational Learning Theory)可以更好地、更快地对性能的稳定性进行评估。学习理论也称作统计学习理论(Statistical Learning Theory)。在此推荐两个常用的框架。

1. 概率近似正确框架(Probably Approximately Correct Framework,PAC 框架)

PAC 框架主要用于解决在学习算法在多项式函数的时间复杂度下从样本中近似地学到一个概念,并保证误差在一定范围之内的问题。

2. 界限出错框架(Mistake Bound Framework,MBF)

MBF 解决了一个学习模型在学习到正确概念前在训练过程中会失误多少次的问题。

深度学习是一门交叉学科,它不仅需要了解计算机的浮点精度防止溢出,还需要了解统计中的数据采样过程。想要学好深度学习就需要拓展自己的视野,因为还有很多其他领域的知识与深度学习息息相关。

6.4 病态条件数

条件数(Condition Number)是矩阵运算误差分析的基本工具,它可以度量函数由于输入数据的微小变化而变化的敏感性和稳定性,也可以用来检验病态系统。如果一个模型在输入数据发生微小扰动的情况下输出结果产生了剧烈变化,计算结果的信度将受到巨大影响,则称它是病态模型。病态矩阵是指某些列向量之间的相关性过大,即列向量非常接近。例如,在求解线性方程组 $\mathbf{A}x=b$ 的时候,假设矩阵 $\mathbf{A}$ 是一个病态矩阵,存在如图 6.1 所示的两个向量。

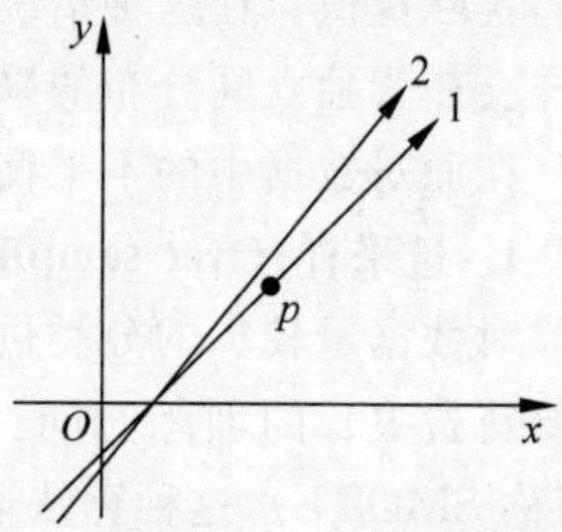

图 6.1 直角坐标系中的两个向量

在列向量 1 上取一个点 p,如果列向量 1 和列向量 2 过于接近,对点 p 进行微小的调整,就有可能使其跑到列向量 2 上,该点的解会因此发生巨大变化。

在此介绍一种判断矩阵是否病态的方法:将矩阵 $\mathbf{A}$ 所有的特征值 λ 求出来以后,然后把所有特征值中的最大的值除以最小值,对这些值求模。根据这个值可以判断一个矩阵是否是病态矩阵。因此,在进行机器学习或者深度学习之前,需要对数据进行筛选。筛选数据的目的之一是为了排除特征向量过于接近的一些数据,让经过筛选后的矩阵在其每一个列向量上有明显的差异,尽量避免产生过于接近的列向量。

6.5 梯度下降算法

大多数深度学习中的算法都会涉及优化问题。优化可以理解为通过调整变量 x 的值从而使某个函数 $f(x)$ 最小化或最大化的过程,通常深度学习中的最优化问题是求最小化 $f(x)$ 的值,最大化问题可以通过最小化 $-f(x)$ 来求得。

梯度下降算法是神经网络最常用的优化方法之一,该算法主要用于快速找到求解函数极小值的下降方向,它之所以被称作梯度算法,是因为该算法通过梯度来求解函数极小值,梯度下降的方向便是调整变量的方向。

假设一个函数 $y=f(x)$,则该函数的一阶导数为 $f'(x)$,梯度算法迭代的方向 d 由 $f'(x)$ 决定。导数 $f'(x)$ 代表 $f(x)$ 在点 x 处的斜率,它指向函数值上升最快的方向。因此,如果把迭代的每一步沿着当前点的梯度方向移动,则可以得到一个逐步减小的极小化序列。

这种技术被称为梯度下降算法，如图 6.2 所示。函数 $y=f(x)$ 极值点在 $f'(x)=0$ 处，通过求解方程 $f'(x)=0$ 的值求得函数的极值点 (x_0, y_0)。

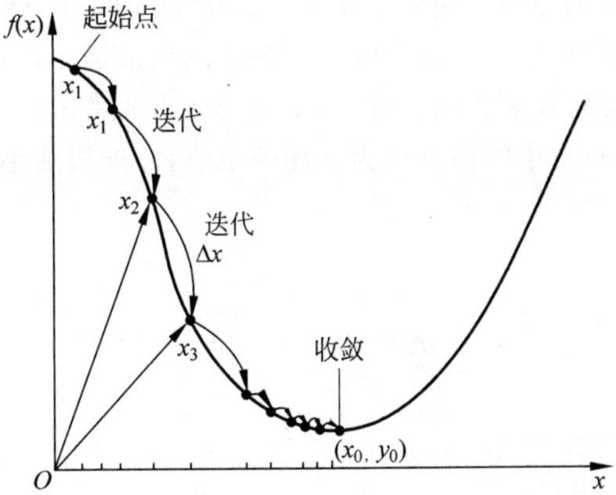

图 6.2　梯度下降算法

在图 6.2 中，梯度下降算法的执行流程为：先在函数曲线上随机选择一个起始点(图中选择了点 x_1)进行求导。然后，每次迭代沿着梯度相反方向调整 x 的值，这样调整 x 的值使得函数的值向着极小值方向移动，经过多次迭代后最终达到图中函数极小值点，即 $f'(x)=0$ 处。每次迭代调整 x 的值的幅度称为步长值，由于步长值的设定很难精确到恰巧到刚好求得函数的极小值，因此梯度下降算法中所求得的极小值往往是真正的极小值附近的值，真正的极小值很可能处在最后两次迭代值之间。步长值的选择会极大地影响梯度下降算法：步长值过小，会增加求得极小值的迭代时间；步长值过大，则很容易错过极小值，最终收敛到错误的点上。

当 $f'(x)=0$ 时，导数将无法提供往哪个方向移动的信息，因此，$f'(x)=0$ 的点称为临界点(critical point)或驻点(stationary point)。一个局部极小点(local minimum)意味着这个点的 $f(x)$ 小于所有邻近点，也就是说，此时无法通过调整 x 的值来进一步减小 $f(x)$ 的值。一个局部极大点(local maximum)，意味着这个点对应的 $f(x)$ 的值大于所有邻近点，在此点处不可能通过移动无穷小的步长来进一步增大 $f(x)$ 的值。有些临界点既不是最小点也不是最大点。这些点被称为鞍点(saddle point)，如图 6.3 所示。

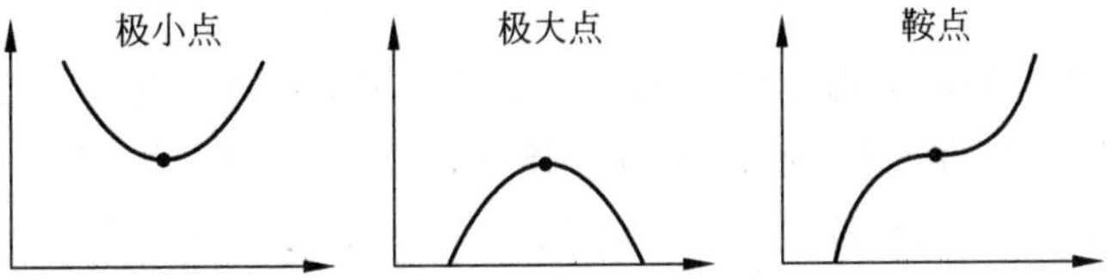

图 6.3　临界点的类型

图 6.3 中的 3 个点均为斜率为零的点，被称为临界点。从图 6.3 中可以看出，这 3 个临界点分别对应了以下 3 种情况：

- 局部极小值点(local minimum)，其值低于相邻点；
- 局部极大值点(local maximum)，其值高于相邻点；
- 鞍点(saddle point)，同时存在更高和更低的相邻点。

在函数 $f(x)$ 上处于全局的绝对极小值的点被称为全局最小值点(global minimum)。一个函数可以存在多个局部极小值,但只存在唯一全局极小值(注意是极小值唯一,而不是极小值点唯一),在实际应用中应避免将不是全局最优的局部极小值点误判为全局最小点。在深度学习中,优化的函数可能包含多个非全局最优的局部极小值点,或许多个被非常平坦的区域包围的鞍点。尤其是在多维的情况下,优化会变得非常困难。因此,在实际情况中通常找到函数 $f(x)$ 的一个非常小的值近似为全局极小值,即近似最小化,如图 6.4 所示。

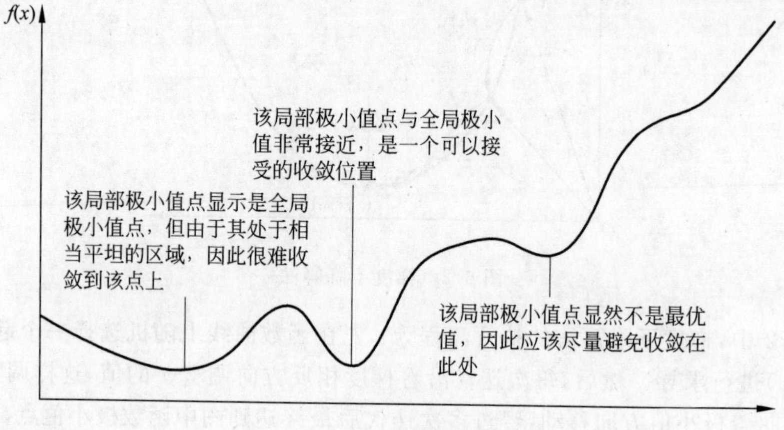

图 6.4　近似最小化

图 6.4 中存在多个局部极小值点或平坦区域,此时,梯度下降算法很难找到全局最小值点。此时可以通过近似最小化操作找到损失函数值的显著极低的点作为全局最小值点。

在深度学习中经常遇到最小化函数具有多维输入的情况。为了"最小化"多维函数,必须让该函数的输出是一维的(标量)。针对具有多维输入的函数,需要用到偏导数(Partial Derivative)。偏导数 $\frac{\partial}{\partial x_i}f(x)$ 用于衡量点 x 处只存在 x_i 增量时函数的变化情况。函数 $f(x)$ 的导数包含所有偏导数的向量,记作 $\nabla_x f(x)$。梯度的第 i 个元素表示函数 $f(x)$ 关于 x_i 的偏导数。在具有多维输入的函数中,临界点为所有梯度元素都为零的点。

6.6　优化算法的选择

绝大部分的机器学习或者深度学习都可以归结为求极值的最优化问题。在求最优化的问题上,有不少十分简单的办法,例如,梯度下降算法,通过求导来判断求极值点的方向。

最优化问题可以理解成寻找极小值或者极大值的问题,这涉及两个重要因素:首先是沿哪个方向寻找极值的问题,其次是如何求出极值的问题以及如何选择合适的步长值。

在 6.1 节中提到过变量因素引起的上溢和下溢对模型训练的影响,在实际操作中,应该注意避免变量造成上溢或下溢。目前有不少软件可以帮助检测数值计算中的上溢和下溢现象,不过通常采用的都是已经基本成熟的算法,或者直接引用了现成的库,大部分情况下这些算法和库已经对容易出现的异常状况做过提前预防,所以减少了实际计算中出现这类问题的可能性。在自主设计新的算法时应该注意上述问题。

目前深度学习系统缺少严格的理论保障。在深度学习中经常涉及"参数调整",这是因为并没有严格的数学证明去规定某一个参数值应该如何设置，只能通过试错的方法将模型逐步调整到“最优”状态。深度学习中算法的主要缺点之一是系统过于复杂，深度神经网络中每一层网络的函数叠加或者相乘，使得对系统的分析变得十分复杂，很难有明确的理论去分析这个系统的各种特征；而简单的函数结构则更容易被精确地分析。之前讲到过的误差只是在较为容易出错的地方起到指导作用，而实际计算过程中可能会遇到各种各样的问题，这时主要依靠自身经验判断。未来应该会有越来越多的数学理论来支持深度学习的系统分析。

在计算过程中，一直存在着计算量和精度之间的矛盾。以梯度下降算法为例，在找到一个求最值的方向后去逼近目标函数，此时如果步长值过大可能会导致系统无法收敛，步长过小可能会花费过多的学习时间。较小的步长值在提高计算精度的同时提高了计算量，过多的计算量对机器性能和计算所花费的时间提出了更高的要求。很多主流算法都尝试在计算量与精度之间进行平衡，既要降低计算量，又要保证精度在一个可接受的范围。许多算法通过引入预处理数据的方法来处理计算量与计算精度之间的矛盾，即，在训练之前对数据进行梳理，尽可能把数据中的噪声和无用数据剔除，这种提前让训练数据变得更加“干净”“整洁”的方法，可以在一定程度上保证在节省计算时间的同时提升计算精度。

6.7 本章小结

本章讲解了开发机器学习算法中常见的数值计算及最优化问题。大家通过对本章及之前内容的学习能够初步了解深度学习相关的数学知识基础，为后续更深入的学习做铺垫。

6.8 习　　题

1. 填空题

(1) 当计算机在计算接近0的数被四舍五入为0时会发生________。

(2) 在使用朴素贝叶斯算法时可能遇到某个事件发生概率为0导致最终结果为0的情况，结合本章所学的知识，此时可以通过________来修正这种计算中的不稳定因素。

(3) 面对数据中的不平衡分布问题时，比较常见的再平衡方法有________方法和________方法。

(4) 数据的________过高是模型不稳定性的罪魁祸首。

(5) 条件数是矩阵运算误差分析的基本工具，它可以用来度量函数相对于输入的微小变化而变化的________，也可以用来检验病态系统________。

2. 选择题

(1) 当计算数值近似于(　　)时会出现上溢。

A. 1　　B. −1　　C. 0　　D. ∞或−∞

(2) 在小样本中，数据的(　　)容易造成模型学习的梯度产生误差。

A. 高偏差　　B. 低偏差　　C. 高方差　　D. 低方差

(3) 提升训练数据的规模可以减少模型受到数据(　　)的影响。

A. 偏差　　B. 方差　　C. 病态条件数　　D. 鲁棒性

(4) 可以通过(　　)保证训练数据的稳定性。

A. 提升母体数据容量

B. 提升训练数据样本容量

C. 保证训练数据与其所属母体数据来自不同分布

D. 以上方法都对

(5) 病态矩阵是指某些列向量之间的相关性过大是指矩阵的列向量之间(　　)。

A. 距离过近　　B. 距离过远　　C. 发生重合　　D. A 和 C 都对

3. 思考题

(1) 请列举两种以上可以用来提高深度学习的模型稳定性的方法及其作用。

(2) 简述梯度下降算法的含义和作用。

第7章 概率图模型

本章学习目标

- 理解概率图模型的概念；
- 掌握贝叶斯网络和马尔可夫网络的概念；
- 掌握条件概率的相关概念；
- 掌握图模型中的推断。

概率图模型(Probabilistic Graphical Model,PGM)是一种通过图结构来表示变量概率依赖关系的理论,它以概率论与图论的知识为基础,通过图结构来表示与模型有关的变量的联合概率分布。本章将对概率图模型的相关内容进行讲解。

7.1 概率图模型

概率图模型是一类通过图结构表达基于概率相关关系的模型的总称,通过图结构来表示与模型有关的变量的联合概率分布,可以解决很多复杂系统的理解和拆分问题。在实际应用中,变量之间往往存在许多独立性或近似独立性的假设,即每一个随机变量只和极少数的随机变量相关联,这就需要用到概率图模型,一种常见的表示形式是:用一个节点表示一个或一组随机变量,节点之间的边表示变量间的概率相关关系。

根据边的性质不同,概率图模型大致可以分为以下两种:

- 贝叶斯网络(Bayesian Network)是基于概率推理的数学模型,也称为有向概率图模型,利用图的节点来表示随机变量,有向也表示随机变量之间的依赖关系。基于概率推理的贝叶斯网络是为了解决模型的不定性和不完整性问题而提出的,它在解决复杂设备不确定性和关联性引起的故障中具有很大的优势,在多个领域获得了广泛应用。贝叶斯网络由Judeapearl教授于20世纪80年代发明,并因此于2012年获得图灵奖。
- 马尔可夫网络(Markov Network)是关于一组具有马尔可夫性质的随机变量X的全联合概率分布模型,也称无向概率图模型。马尔可夫性质是指,在已知“现在”的条件下,“未来”与“过去”彼此独立的特性。具有这种性质的随机过程就叫做马尔可夫过程,其最原始的模型就是马尔可夫链。在马尔可夫网络中未来的状态只受到现在状态的影响,这种影响与过去的状态毫无关联。

概率图模型主要有以下3个特质:

(1) 概率模型图提供了一种相对简单的机制将概率模型的结构可视化,这使得变量之间的复杂关系能够更容易地从图中观测出来,这种机制也可以用于设计新的模型。

(2) 通过概率模型图的帮助，可以更深刻地认识模型的性质，例如各事件的条件独立性质。

(3) 高级模型的推断和学习过程中的复杂计算可以根据图计算表达，概率模型图隐式地承载了背后的数学表达式，这对于描述复杂的实际问题、构建大型的人工智能系统是非常重要的。

概率图模型是深度学习的重要工具之一，马尔可夫网络和贝叶斯网络都可以用于表示数据间的依赖关系。其中，马尔可夫网络可以表示循环依赖等关系，这是贝叶斯网络无法实现的，贝叶斯网络主要用于表示推导关系等。

概率图模型中的每个节点代表一个随机变量，两个节点之间的边分别表示因果关系（有向图模型）和一般约束关系（无向图模型）。概率图模型的最终目的是得到与图结构相关的一系列的概率值。

7.2 生成模型与判别模型

前面章节介绍了有关逻辑回归算法和 SVM 的内容，它们都属于监督学习的范畴，即给定训练数据的标签，通过对已知数据进行学习，实现对未知数据的分布进行预测，这个过程被称作"推断"(Inference)，其核心是如何基于可观测变量推测出未知变量的条件分布。以算法区分，监督学习模型可以分为判别模型(Discriminative Model)和生成模型(Generative Model)。接下来分别对生成模型和判别模型进行进一步讲解。

7.2.1 生成模型

生成模型又称作产生式模型，首先对联合分布概率 $P(X,Y)$ 建模，然后由条件概率公式求取条件概率分布，即 $P(Y|X)=\frac{P(X,Y)}{P(X)}$。

生成模型属于全变量的全概率模型，可以模拟"生成"全部变量的值。在这类模型中一般都有严格的独立性假设，特征是事先给定的，并且特征之间的关系直接体现在公式中。这类模型的优点如下：

(1) 模型之间的关系比较清楚，生成模型得出的是联合分布，不仅能够由联合分布计算条件分布，还可以给出其他信息，例如，可以计算边缘分布。如果一个输入样本的边缘分布很小，那么可以认为这个模型可能不太适合对这个样本进行分类，分类效果欠佳。

(2) 生成模型收敛速度比较快，即当样本数量较多时，生成模型能比判别模型更快地收敛。

(3) 生成模型可以通过增量学习获得，可用于数据不完整的情况。生成模型能够应付存在隐变量的情况，比如混合高斯模型就是含有隐变量的生成方法。

生成模型的缺点如下：

模型的推导和学习过程比较复杂。联合分布提供了更多的信息，同时也需要更多的样本并花费更多的计算资源，尤其是为了更准确地估计类别条件分布，需要大量样本。如果在分类任务中不需要用到类别条件概率，那么此时采用生成模型将会浪费计算资源。

实践证明，多数情况下使用下一节将讲解的判别模型的效果更好。

典型的生成模型有 n 元语法模型、隐马尔可夫模型(Hidden Markov Model,HMM)、朴素的贝叶斯分类器、概率上下文无关文法等。生成模型不仅可以用来预测结果输出 $\text{argmax}_y(P(y|x))$,还可以通过联合分布 $P(x,y)$来生成新的样本数据集(x_i,y_i)。

假设现有训练样本数据集(x,y):(A,a)、(B,a)、(C,a)、(A,a)、(A,b)、(C,b)。通过生成模型得到二维随机变量(x,y)的联合分布律 $P(x,y)$,如表 7.1 所示。

表 7.1 二维随机变量的联合分布律

y \ x	A	B	C
a	$\frac{2}{6}$	$\frac{1}{6}$	$\frac{1}{6}$
b	$\frac{1}{6}$	0	$\frac{1}{6}$

7.2.2 判别模型

判别模型又称作区分式模型,是由训练数据直接求得决策函数 $y=f(x)$或条件分布 $P(y|x)$,符合传统的模型分类思想。判别模型并不关注 x 与 y 之间的生成关系,而是关注在给定输入数据 x 的情况下应该得到什么样的输出数据 y。在这类模型中特征可以任意给定,一般来说,特征是通过函数表示的。这种模型的优点是:处理多类问题或分辨某一类与其他类之间的差异时比较灵活,模型简单,容易建立和学习。其缺点在于模型的描述能力有限,变量之间的关系不清晰,而且大多数判别模型是有监督的学习方法,不能扩展成无监督的学习方法。代表性的判别模型有最大熵模型、条件随机场、支持向量机、最大熵马尔可夫模型(Maximum-entropy Markovmodel,MEMM)、感知机(Perceptron)等。

以 7.2.1 节最后提到的数据集(x,y)为例,判别模型的目标是求得二维随机变量(x,y)的条件分布律 $P(y|x)$,如表 7.2 所示。

表 7.2 二维随机变量的条件分布律

y \ x	A	B	C
a	$\frac{2}{3}$	1	$\frac{1}{2}$
b	$\frac{1}{3}$	0	$\frac{1}{2}$

生成模型与判别模型的本质区别在于:生成模型关注数据是如何生成的;判别模型关注数据类别之间的差别。

7.3 表示理论与推理理论

表示理论主要关注概率图模型中概率语言和图形语言的统一。通常,对概率模型进行图结构的建模需要具备以下 4 个要素:

- 语义，将图的基本元素（节点、边）与概率论的基本元素（随机变量，条件依赖关系）建立联系；
- 结构，确定变量间的依赖关系；
- 实现，确定节点和函数的具体形式，即概率分布的类型；
- 参数，确定分布的具体参数。

用于表示概率模型的图结构一般分为两种：有向无环图模型（Directed Acyclic Graphical Model，DAG）和无向图模型（Undirected Graphical Model，UGM）。其中，前者主要用于表示条件依赖方向更为明显的场合（例如，观测物体的视角决定了可以看到该物体的何种特征），后者主要用于适合描述变量相互依赖的场合（例如，图像降噪过程中相邻像素点像素值接近的约束）。生成模型的代表隐马尔可夫模型（HMM）通常表示为 DAG，而判别模型的代表条件随机场（Conditional Random Field，CRF）则通常表示为 UGM。

给定一系列随机变量及其依赖关系，可以据此得到一个图模型，这个图模型包含了概率模型中的全部依赖关系，但是有可能只包含了一部分独立关系或者条件独立关系，这样的图被称为概率分布的一个 Independence-map（简称 I-map）；如果这个图模型包含了全部独立关系，则被称为 Perfect-map（简称 P-map）。一个优秀的图模型往往可以通过简洁的图结构来表示尽可能多的独立关系。

通常情况下，概率图可以用来解决以下 3 类问题：

(1) 训练概率模型中的参数。

(2) 似然计算——给定参数，估计特定观测值的条件概率。

(3) 识别解码——给定参数和观测值，推测隐变量（例如，数据的类别）的取值。

从观测到的数据中挖掘隐含的知识是深度学习的核心任务之一，而概率图模型是实现这一任务的重要手段。概率图模型结合了图论和概率论两种理论。从图论的角度，概率图模型是一个图，包含节点与边。节点可以分为两类：隐含节点和观测节点。边可以是有向的或者是无向的。从概率论的角度，概率图模型是一个概率分布，图中的节点对应于随机变量，边对应于随机变量的从属关系或者相关关系。

7.4 链式法则和因子分解

链式法则是求复合函数的导数的法则。概率论中，多维随机变量的联合概率分布，可以分解成只有一个变量的条件概率相乘的形式，具体如下：

$$P(x_1, x_2, \cdots, x_n) = P(x_1) \prod_{i=2}^{n} P(x_i \mid x_1, x_2, \cdots, x_{i-1})$$

上述表达式被称为条件概率的链式法则（Chain Rule）或者乘法法则（Product Rule）。接下来通过学生考研成绩的示例来讲解链式法则和因子分解的相关知识。

表 7.3～表 7.7 中变量的含义及取值如下：

D 课程本身难度 0 表示课程简单，1 表示课程难度大；

I 学生智商 0 表示智商一般，1 表示智商高；

G 学生平时成绩 A 表示成绩优秀，B 表示良好，C 表示及格；

C 学生综合素质得分 0 表示分数较低，1 表示分数较高；

M 可否保研 0 表示未获得保研资格，1 表示得到保研资格。

由链式法则可以知道学生例子中的联合分布可以分解为：

$$P(I,D,G,M,C) = P(I)P(D \mid I)P(G \mid I,D)P(M \mid I,D,G)P(C \mid I,D,G,M)$$

考虑到表 7.3～表 7.7 中变量之间的独立性关系，上式可以因式分解为如下形式：

$$P(I,D,G,M,C) = P(I)P(D)P(G \mid I,D)P(M \mid G)P(C \mid I)$$

表 7.3　课程难度 D

D^0	D^1
0.6	0.4

表 7.4　学生智商 I

I^0	I^1
0.7	0.3

表 7.5　学生平时成绩 G

	A	B	C
$I^0 D^0$	0.3	0.4	0.3
$I^0 D^1$	0.05	0.25	0.7
$I^1 D^0$	0.9	0.08	0.02
$I^1 D^1$	0.5	0.3	0.2

表 7.6　学生综合素质得分 C

	C^0	C^1
I^0	0.95	0.05
I^1	0.2	0.8

表 7.7　学生可否保研 M

	I^0	I^1
G^1	0.1	0.9
G^2	0.4	0.6
G^3	0.99	0.01

通过上述表达式将图结构以因子乘积的形式进行表示，使得条件概率的独立性可以直接通过概率分布表达式来表示。在因子模型中，只需要修改与所添加节点相连的节点变量的局部概率模型即可。

接下来对因子分解进行形式化的定义。首先，定义图 G 为在 $X_1,X_2,\cdots,X_n$ 上的一个贝叶斯网络。若 P 可表示为乘积形式，即，$P(X_1,X_2,\cdots,X_n)=\prod_{i=1}^{n}P(X_i \mid Pa_{X_i}^G)$，则称分布 P 是关于图 G 在同一空间上的因子分解。

该乘积式称为贝叶斯网络的链式法则，单个因子 $P(X_i \mid Pa_{X_i}^G)$ 称为一个条件概率分布或局部概率模型。

任何多维随机变量的联合概率分布，都可以分解成只有一个变量的条件概率相乘的形式：

$$P(x_1,x_2\cdots,x_n) = P(x_1)\prod_{i=2}^{n}P(x_i \mid x_1,x_2,\cdots,x_{i-1})$$

链式法则可以直接由条件概率公式推导：

$$P(y \mid x) = \frac{P(y,x)}{P(x)}$$

例如，使用两次定义可以得到 3 个事件的概率链式调用：

$$P(a,b,c) = P(a \mid b,c)P(b,c)$$
$$P(b,c) = P(b \mid c)P(c)$$
$$P(a,b,c) = P(a \mid b,c)P(b \mid c)P(c)$$

7.5 独立性和条件独立性

两个随机变量 x 和 y，如果它们的概率分布可以表示成两个因子的乘积形式，并且一个因子只包含 x，另一个因子只包含 y，则可以称这两个随机变量是相互独立的，$x \perp y$ 表示 x 和 y 相互独立。当且仅当变量 x 和 y 满足下列条件时两者相互独立：

$$P(x,y) = P(x)P(y)$$

独立性是一个相当有用的性质，然而在绝大多数情况下很少会遇到两个相互独立的事件，更常见的情况是：在给定某个条件的情况下两个事件相互独立。$x \perp y \mid z$ 表示 x 和 y 在给定条件 z 时条件独立。在给定 z 的情况下，x 与 y 的条件独立当且仅当满足如下条件时成立：

$$x \perp y \mid z \Leftrightarrow P(x,y \mid z) = P(x \mid z)P(y \mid z)$$

独立和条件独立通常不能相互推导，即两个变量间条件独立无法推导出这二者独立。接下来通过一个例子来进一步解释独立与条件独立。

下雨天往往伴随着天空乌云密布，但乌云密布并不一定会下雨，因为有可能仅仅是阴天而已。用 x 表示下雨的概率，用 y 表示阴天的概率，这两个变量均为二值随机变量，因此，可以列出联合概率分布 $P(x,y)$ 如表 7.8 所示。

表 7.8 二维随机变量的条件分布律

y \ x	0	1
0	0.1	0.1
1	0.1	0.7

由条件概率公式 $P(y|x)=\dfrac{P(x,y)}{P(x)}$ 可知，上述例子的联合概率分布如下：

$$P(x,y) = P(x)P(y \mid x)$$

其中，$P(x)$ 也被称为先验概率(Prior Probability)，$P(y|x)$ 是条件概率分布，称作似然性(Likelihood)。上述表达式通过一种与因果关系更匹配的方式表达了 x 和 y 之间的关系。从数学上来看，可以看得到如表 7.9 和表 7.10 所示的另一种条件概率 $P(x,y)$ 的表示方法。

表 7.9 $P(x)$的先验概率分布

0	1
0.2	0.8

表 7.10 $P(y|x)$的似然性分布

y \ x	0	1
0	0.1	0.1
1	0.1	0.7

通过参数 θ_x 来完全表示先验概率 $P(x)$，设：

$$\theta_x = P(x=1),\quad 1-\theta_x = P(x=0)$$

通过参数 $\theta_{y|x_0}$ 和 $\theta_{y|x_1}$ 来分别表示条件概率 $P(y|x)$中的 $P(y|x=0)$和 $P(y|x=1)$，设：

$$\theta_{y|x_0} = P(y=1 \mid x=0),\quad 1-\theta_{y|x_0} = P(y=0 \mid x=0)$$

$$\theta_{y|x_1} = P(y=1 \mid x=1),\quad 1-\theta_{y|x_1} = P(y=0 \mid x=1)$$

经过参数化表示后可以把含有 4 个值的概率空间表示用 3 个参数进行替代，这种表示方法被称为条件参数化。

使概率分布能更紧凑地表示的前提是：不同的随机变量集合之间存在独立关系。这种独立关系能够简化联合概率分布的表示，从而用更少的参数表达复杂的分布。当大量随机变量相互之间的独立关系错综复杂时，很难将全部的独立性都列举出来。概率图模型的表示理论就是解决概率分布中独立性的问题。

7.6 贝叶斯网络

有向概率图模型又称作贝叶斯网络，利用图的节点来表示随机变量，有向边表示随机变量之间的依赖关系。为了更好地理解有向图在描述概率分布中的作用，可以参考如下情况：

贝叶斯网络与朴素贝叶斯模型建立在相同的直观假设上：通过利用分布的条件独立性来获得紧凑且自然的表示。贝叶斯网络不必限制其分布的表示必须满足朴素贝叶斯模型所隐含的强独立性假设。贝叶斯网络允许根据当前设置中出现的合理的独立性性质灵活地进行概率分布的表示。贝叶斯网络的核心是有向无环图，其节点为论域中的随机变量，在直观上，其边与一个节点对另一个节点的直接影响对应。

现在，使用一个简单的图模型表示方程 $P(a,b,c)=P(c|a,b)P(b|a)P(a)$的右侧部分，如下所述。首先，为每个随机变量 a、b、c 引入一个节点，然后为每个节点关联公式 $P(a,b,c)=P(c|a,b)P(b|a)P(a)$。对于每个条件概率分布，在图中添加一条边进行连接，连接的起点是条件概率的条件中的随机变量所对应节点。因此，对于因子 $P(c|a,b)$，会存在从节点 a、b 到节点 c 的连接，而对于因子 $P(a)$，没有输入的连接。结果如图 7.1 所示。

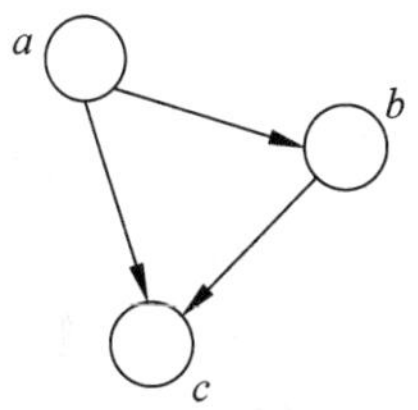

图 7.1 有向图模型

如果存在一个从节点 a 到节点 b 的连接，那么说节点 a 是节点 b

的父节点，节点 b 是节点 a 的子节点。注意，图模型不会形式化地区分节点和节点对应的变量，而是简单地使用同样的符号表示两者。

有向图模型

有向图模型主要为贝叶斯网络。贝叶斯网络属于有向图模型，通过节点表示随机变量，用箭头表示变量之间的依赖关系，如图 7.2 所示，在有向图模型的情况下因果关系就是条件概率。例如 x_1 至 x_4 这条边可以用 $P(x_4|x_1)$ 表示，即在条件 x_1 满足的情况下 x_4 发生的概率。

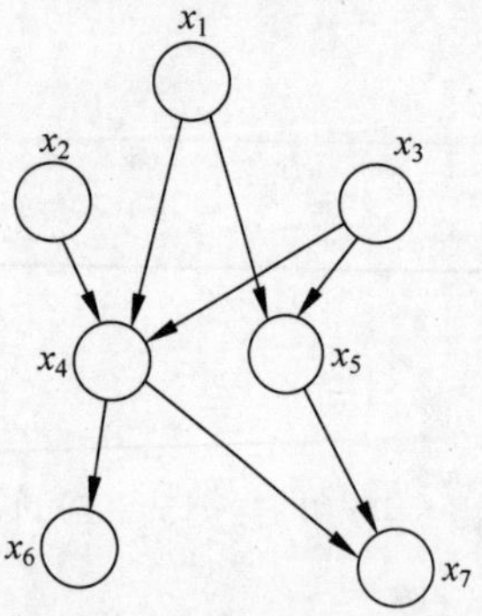

图 7.2 有向概率图模型

根据图 7.2 中有向概率图的结构，图中变量的联合概率分布如下：

$$P(x_1, x_2, \cdots, x_7) = P(x_1)P(x_2)P(x_3)P(x_4 \mid x_1, x_2, x_3)$$
$$P(x_5 \mid x_1, x_3)P(x_6 \mid x_4)P(x_7 \mid x_4, x_5)$$

用一般化的公式给出贝叶斯网络的联合概率分布如下。可以看出，图中有几个节点就会有几个乘积项，每一项都是对应节点在其父节点集合的条件下得到的条件概率。

$$P(x) = \prod_{k=1}^{K} P(x_k \mid Pa_k)$$

以上公式是在图的结构确定的情况下得到的，其中 Pa_k 是 x_k 的所有父节点。以上是贝叶斯网络将联合概率分解为条件概率的方法。假设 a 和 b 在条件 c 成立的前提下独立。下面分 3 种情况分别讨论 a、b、c 这 3 个随机变量在概率图模型中的情况。

1. 尾-尾相连

a 和 b 由中间节点 c 连接，且连接它们的有向边的尾部与 c 节点连接。根据链式法则可以得到 $P(a,b,c)=P(a|c)P(b|c)P(c)$。如图 7.3 左侧的情况为没有任何节点被观测到的情况，此时可以将这个联合概率分布的两条边对 c 进行边缘化，检测 a 和 b 是否独立，边缘化结果如下：

$$P(a,b) = \sum_c P(a \mid c)P(b \mid c)P(c)$$

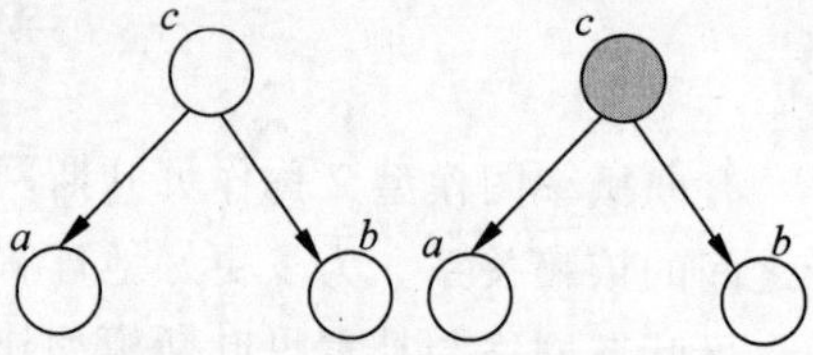

图 7.3 尾-尾相连的概率图

上述结果不能表示成 $P(a,b)=P(a)P(b)$，这说明在没有任何节点被观测到的情况下，a 和 b 不是相互独立的。

图 7.3 中，右侧图中的节点 c 被观测到时，a 和 b 的独立关系可以采用如下公式进行推导：

$$P(a,b \mid c) = \frac{P(a,b,c)}{P(c)} = P(a \mid c)P(b \mid c)$$

可知 a 和 b 发生的概率在 c 成立的情况下是相互独立的。即被观测到的 c 阻断了 a 和 b 之间的联系。

2. 首-尾相连

a 和 b 通过节点 c 相连，且连接它们的两个有向边中一个边的头部和一个边的尾部与 c 节点相连，如图 7.4 所示，对应的联合概率分布可以写成 $P(a,b,c)=P(b|c)P(c|a)P(a)$。

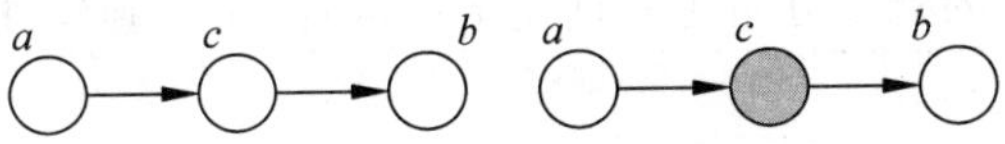

图 7.4　首-尾相连的概率图

这里分两种情况进行讨论。首先是没有任何节点被观测到的情况，对联合概率的两边进行对于 c 变量的边缘化。可以看出，a 和 b 在没有任何节点被观测到的情况下不是相互独立的。

$$P(a,b)=\sum_{c}P(a\mid c)P(b\mid c)P(c)$$

在 c 被观测到的情况下，进行如下推导。可得在 c 被观测到的情况下 a 和 b 是独立的。即被观测到的 c 把 a 和 b 的联系阻断了。

$$\begin{aligned}P(a,b\mid c)&=\frac{P(a,b,c)}{P(c)}\\&=\frac{P(a)P(c\mid a)P(b\mid c)}{P(c)}\\&=P(a\mid c)P(b\mid c)\end{aligned}$$

3. 首-首相连

a 和 b 通过节点 c 相连，且连接它们的两个有向边的头与 c 节点相连。如图 7.5 所示，对应的联合概率分布为 $P(a,b,c)=P(a)P(b)P(c|a,b)$。对于没有任何节点被观测到的情况，联合概率的两边对于 c 进行边缘化得到 $P(a,b)=P(a)P(b)$。说明在没有任何观测值的情况下，a 和 b 是独立的。在 c 被观测到的情况下进行如下推导。

$$\begin{aligned}P(a,b\mid c)&=\frac{P(a,b,c)}{P(c)}\\&=\frac{P(a)P(b)P(c\mid a,b)}{P(c)}\end{aligned}$$

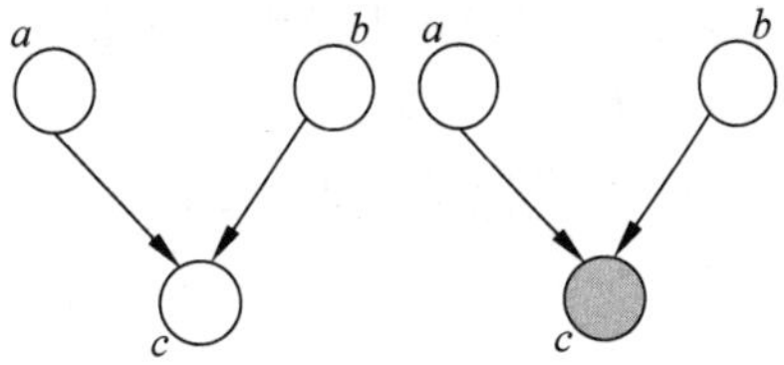

图 7.5　首-首相连的概率图

说明 a 和 b 在 c 被观测到的情况下是有关联的。即没有被观测到的 c 阻断。这组结果恰恰与前面的两种情况相反。

对以上 3 种情况进行总结，进而可以推导出 D-分离(D-Separation)的概念。令 A、B、C 为贝叶斯网络的 3 个节点集，如果图结构中给定 c 时，节点 a 与节点 b 无关，那么给定变量集 C 时，节点 a 是 D-分离于节点 b 的。这个概念是在以上 3 种情况在无交集的节点集上的扩展。假设存在 A、B、C 3 个节点集两两之间交集都为空。

考虑 A 节点集中任何节点到 B 节点集中任何节点的所有的边，满足下面任何一个条件，就说明对应 A 节点集中的节点和 B 节点集中的节点是被阻断的。

(1) A 节点集中的节点和 B 节点集中的节点分别为尾-尾相连或首-尾相连结构的 a 和 b 节点，且 c 节点为集合 C 的元素。

(2) A 节点集中的节点和 B 节点集中的节点分别为首-首相连结构的 a 和 b 节点，且 c 节点或者任何它的后继节点都不是 C 集合的元素。

如果连接 A 和 B 的所有的边都被阻断，则可以说 A 节点集和 B 节点集被 C 节点集 D-分离了。也就是说，在 C 节点集被观测到的情况下 A 节点集和 B 节点集是独立的。

有向图的 D-分离的特性决定了它的结构，其结构确定了所有节点的联合概率分布的分解形式，此时它所能表示的概率分布也是确定的。因此，条件独立性在一个有向图概率模型中占据了核心地位。

讲到首-首相连的情况，就不得不提“解释消除”现象(explain away)。“解释消除”现象是有向概率图模型特有的现象，在此通过汽车的电池、油箱和油表三者的关系为例来讲解“解释消除”的概念。

如图 7.6 所示，B(battery)表示电池是否有电。$B=1$ 表示满电量，$B=0$ 表示无电量。F(fuel)表示车辆的燃料状况。$F=1$ 表示油箱满油，$F=0$ 表示油箱无油。G(gauge)表示油表。$G=1$ 表示油表刻度指示油箱是满油状态，$G=0$ 表示油表刻度指示油箱是无油状态。显然，这是一个由 3 个节点构成的贝叶斯网络。根据定义 $P(B,F,G)=P(B)P(F)P(G|B,F)$，假设通过训练得到了该模型的所有概率。具体数据如下：

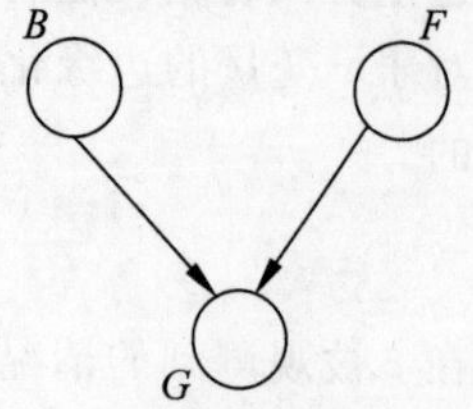

图 7.6　有向概率图的“解释消除”现象

$$P(B=1)=0.9$$
$$P(F=1)=0.9$$
$$P(G=1\mid B=1,F=1)=0.8$$
$$P(G=1\mid B=1,F=0)=0.2$$
$$P(G=1\mid B=0,F=1)=0.2$$
$$P(G=1\mid B=0,F=0)=0.1$$

现在要求得在观测到油表指示油箱为空的情况下，油箱确实空着的概率是多少，即求出 $P(F=0|G=0)$ 的值。

对目标公式进行推导得到表达式：$P(F=0|G=0)=P(G=0|F=0)P(F=0)/P(G=0)$。其中，

$$P(G=0)=\sum_{B\in\{0,1\}}\sum_{F\in\{0,1\}}P(G=0\mid B,F)P(B)P(F)=0.315$$

$$P(G=0\mid F=0)=\sum_{B\in\{0,1\}}P(G=0\mid B,F=0)P(B)=0.81$$

最后求得：

$$P(F=0\mid G=0)=\frac{P(G=0\mid F=0)P(F=0)}{P(G=0)}\approx 0.257$$

其中，

$$P(F=0\mid G=0)=0.257>0.1=P(F=0)$$

从以上结果可知，在 G 被观测到是油表指向油箱无油状态的情况下，油箱真的为空的概率会比没有任何观测的情况大很多。

再考虑一个复杂一些的情况。除了观测到油表指向无油状态，此时油表的电池为无电量，这个时候油箱为空的概率为 $P(F=0|G=0,B=0)$ 的值。

通过公式推导得到如下结果

$$P(F=0\mid G=0,B=0)=\frac{P(G=0\mid B=0,F=0)P(F=0)}{\sum_{F\in\{0,1\}}P(G=0\mid B=0,F)P(F)}\approx 0.121$$

把上面的两种情况放在一起考虑得到如下不等式：

$$P(F=0)=0.1<P(F=0\mid G=0,B=0)=0.121<P(F=0\mid G=0)=0.257$$

当只观测到油表指向空的情况下，油箱为空的概率为 0.257，相对 0.1 提高很多，但是如果同时也观测到油表的电池没有电了，那油箱为空油状态的概率就明显降低了。这种情况比较合情合理：如果油表没有电了，那么油表指针指向的参考价值也就大大降低了。也就是说，油表指针已经不能正常工作了，此时它所提供的数据不准确。此时，称 $B=0$ 的观测值把 $G=0$ 的观测值解释消除(Explain Away)了。但是 $0.121>0.1$，也就是说，油表的指向虽然已经没有多少参考价值了，但是也不能完全不考虑它的观测结果。

7.7 马尔可夫网络

马尔可夫网络(Markov Network)也被称作马尔可夫随机场(Markov Random Field)或者无向图模型(Undirected Graphical Model)。与有向图模型不同，无向图模型的每条边表示由它连接的两个节点存在某种约束关系，不过这种关系并不像有向图中那样明确。假设有一组随机变量 $Y=\{Y_1,Y_2,\cdots,Y_n\}$，具有联合概率分布 $P(Y)$。此联合概率分布可以由一个无向图 $G=(V,E)$ 来表示。其中 V 和 E 分别对应图 G 的节点和边。某个节点 $v_i\in V$ 代表一个随机变量 Y_i，而某一条边 $e\in E$ 代表连接着的两个随机变量之间的关系。马尔可夫随机场是一个有向无环图，要求为每一条边指定方向，用来确定随机变量间的依赖关系。

7.7.1 条件独立性

马尔可夫网络与贝叶斯网络一样，隐含了一系列的独立性假设，接下来通过图 7.7 来展示在无向图模型中体现条件独立性的方法。

想要判断图 7.7 中节点集 A 和节点集 B 是否是在节点集 C 被观测到的情况下独立，首先需要将节点集 C 中的所有节点和与这些节点相关联的边全部删除。然后，观察节点集 A 中的任何节点是否与节点集 B 中的任何节点连通。如果此时节点集 A、节点集 B 之间不存在任何连通的节点，则说明节点集 A 和节点集 B 在节点集 C 被观测到的条件下相互独立。

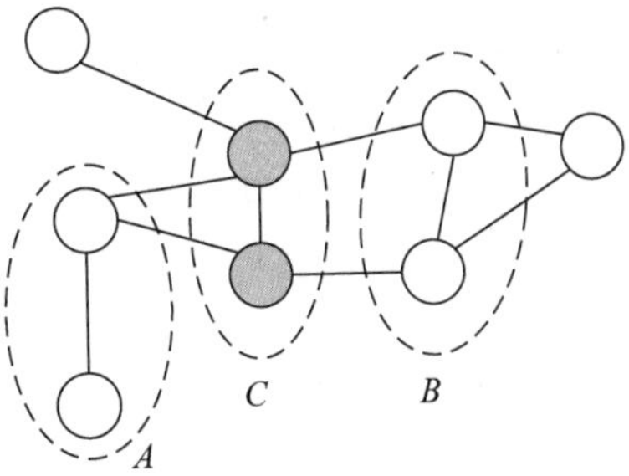

图 7.7　马尔可夫随机场

7.7.2 分解性质

分解性质是指，将联合概率分布 $P(x)$ 表示为在图的局部范围内的变量集合上定义的函数的乘积。假设图结构中的两个节点 x_i 和 x_j 之间不存在直接连接，那么在给定图中其他所有节点的情况下，这两个节点一定是条件独立的。这是因为，对于两个没有直接连接的节点来说，在所有其他的路径都通过了观测的节点的情况下，这些路径都是被阻隔的。这种条件独立可以表示为如下形式：

$$P(x_i,x_j \mid x_{\setminus\{i,j\}}) = P(x_i \mid x_{\{i,j\}})P(x_j \mid x_{\setminus\{i,j\}})$$

上式中 $x_{\setminus\{i,j\}}$ 表示去掉 x_i 和 x_j 的所有 x 的集合。这意味着，联合概率分布的分解要保证两个节点不出现在同一个因子中，从而让属于该图的所有可能的概率分布都满足条件独立性质。

在有向图模型中，可以通过条件概率的性质分解复杂的联合概率，由于在无向图模型中各节点的边没有方向，所以不存在条件概率，在这种情况下，需要引入一个新的概念——子图(Clique)。子图是图中节点的一个子集，在子图中每对节点之间都存在连接。无向图模型中的因式分解是通过子图(最大子图)概念进行的。

图 7.8 是一个无向全连接图，图中存在的子图如下所示：

$$\{x_1,x_2\},\quad \{x_1,x_3\},\quad \{x_2,x_3\},\quad \{x_2,x_4\},$$
$$\{x_3,x_4\},\quad \{x_1,x_2,x_4\},\quad \{x_1,x_3,x_4\}$$

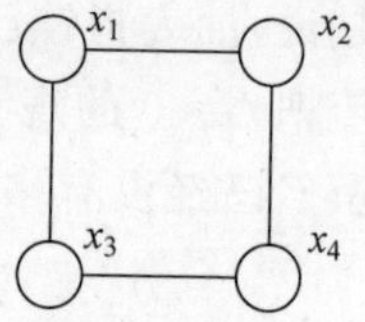

图 7.8　全连接图

最大子图具有如下性质，在一个图模型中，不可能再在该子图中添加任何一个其他节点而不破坏该子图的性质。在图 7.8 中存在如下两个最大子图：

$$\{x_1,x_2,x_4\},\quad \{x_1,x_3,x_4\}$$

通过引入子图的概念，现在可以将联合概率分布分解的因子定义为团块中变量的函数。接下来，定义一个子图为 C，x_C 表示子图中的所有变量的集合。这样该图的联合概率分布就可以通过最大子图的势函数 $\psi c(x_c)$ 的乘积的形式来表示。具体表达式如下：

$$P(x)=\frac{1}{Z}\prod_{C}\psi c(x_c)$$

其中，

$$Z=\sum_{x}\prod_{C}\psi c(x_c)$$

$$\psi c(x_c)\geqslant 0$$

上述表达式中，Z 为规范化因子，对 Z 的计算经常是一个非确定性多项式问题，所以 Z 也是限制无向图模型进一步发展的因素。通常不会直接去计算 Z 的值，而是求其近似值(如采样法)。势函数 $\psi c(x_c)$ 一般根据具体情况进行自定义设置，不过需要注意的是，势函数值必须大于等于 0(概率值不能为负)。上述表达式假设了 $\boldsymbol{x}$ 由离散变量组成，但是这个框架同样适用于连续变量，或者两者结合的情形。此时只需将求和式替换成恰当的求和与积分的组合即可。

常用的一个势函数形式如下：

$$\psi c(x_c)=\exp\{-E(x_c)\}$$

通过指数函数使得函数值恒大于等于 0。上述表达式中 $E(x_c)$ 为能量函数。联合概率分布被定义为势函数的乘积，因此总的能量可以通过将每个最大团块的能量相加的方法得到。

一般情况下，系统的能量值越低，系统越稳定。例如一壶水，加热后，水的能量逐渐上升，分子的运动速度也会随温度上升而加快，当水温达到沸点并持续受热，则水会沸腾。此时，水更容易挥发，状态更加不稳定；反之，温度越低，相应的水中包含的能量也会降低，系统也慢慢趋于稳定。当温度降至冰点以下，水会凝固，此时水的状态更加稳定。通常，一个模型越稳定越好，越低的能量意味着系统越稳定。在能量函数前引入负号的原因，是因为这样便于通过求能量函数极大值得到一个低能量的模型。

7.7.3 图像降噪

本节将通过图像降噪的例子来演示使用势能函数的方法，并进一步理解无向图模型在现实中的作用。

图 7.9 中，左上图为原始图。该图可以用一个二值像素值组成的数组来表示，即每个像素点的取值为 1 或者 −1。右上图为经过某种形式加噪产生的噪音图。加噪的过程可以理解成按一定的比例把图中对应的像素值进行替换(例如，将像素值 1 替换成 −1)。图 7.9 中下方两幅图是分别通过不同的降噪方法降噪得到的图像。该降噪过程的无向图模型如图 7.10 所示。

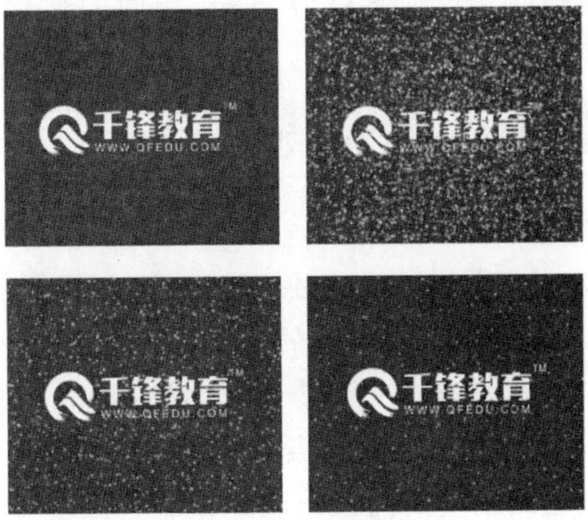

图 7.9　图像降噪

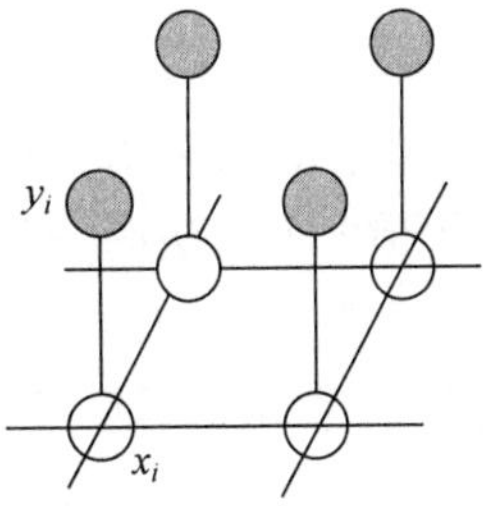

图 7.10　无向图模型

从图 7.10 中可以看到，图中存在两种不同类型的子图，每个子图包含两种变量，子图 $\{x_i, y_i\}$ 存在一个关联的能量函数，表达变量之间的关系。$x_i, i \in (1,2,\cdots,n)$ 表示经过降噪处理后的图像中第 i 个像素点，$y_i, i \in (1,2,\cdots,n)$ 表示噪声图中第 i 个像素点。假设图中的噪声等级较低，因此可以认为 x_i 与 y_i 之间存在强烈的相关性。在此选择一个相对简单的能量函数来表示 x_i 与 y_i 之间的关系，即 $-\eta x_i y_i$，其中 η 是一个正常数。该能量函数的效果是当 x_i 与 y_i 符号相同时，能量函数输出一个较低的能量；当 x_i 与 y_i 符号相反时，能量函数输出一个较高的能量。

剩余的子图由 $\{x_i, x_j\}$ 表示，i 和 j 表示两个相邻的像素点的下标。可以直观地观测到一个图像中相邻两个像素点的颜色大部分都是一样的，这是图像数据的一个重要特性。大部分 x_i 和 x_j 的值需保持相同。在此选择一个相对简单的能量函数来表示 x_i 与 x_j 之间的关系，即 $-\beta x_i x_j$，其中 β 是一个正常数。该能量函数的效果是当 x_i 与 x_j 符号相同时，能量函数输出一个较低的能量；当 x_i 与 x_j 符号相反时，能量函数输出一个较高的能量。

由于势函数是最大子图上的一个任意的非负函数，因此可以将势函数与子图的子集上的任意非负函数相乘。这意味着在降噪操作中，可以在无噪声图像的每个像素值上添加一个额外项 hx_i，从而对模型进行偏置处理使得模型在选择二元像素值的正负值时倾向于选择同一特定符号。

现在 y_i 处于可被观测的状态，而 x_i 的值是经过模型训练后所得的结果，这种情况下的能量函数如下所示。

$$E(x,y) = h\sum_i x_i - \beta\sum_{\{i,j\}} x_i x_j - \eta\sum_i x_i y_i$$

$h\sum_i x_i$ 的作用是尽可能使得还原得到的图像中大部分像素值为 −1。因为大部分像素值为

−1 时，在该项的影响下总体能量函数的值会更低。可以根据实际情况选择是否使用该项(当 $h=0$ 表示不使用该项，这意味着两个状态 x_i 的先验概率是相等的)。

$\beta\sum_{\{i,j\}} x_i x_j$ 的作用体现在，当还原所得的图像中，相邻节点中相同的像素越多，该项的结果就越小，意味着能量函数的值越低，模型越稳定。

$\eta\sum_i x_i y_i$ 的作用是确保被还原的图像中的结构尽可能与加噪的图像保持一致。也就是大部分 x_i 和 y_i 的值要保持相同(相同乘积为 1，否则乘积为 −1)，相同的像素对越多，$\eta\sum_i x_i y_i$ 的值就越小。

通过上述能量函数可以定义 x 和 y 的联合概率分布，具体如下所示：

$$P(x,y)=\frac{1}{Z}\exp\{-E(x,y)\}$$

接下来迭代条件模式(Iterated Conditional Modes，ICM)来获取降噪图像。这种方法是坐标间的梯度上升法的一种应用。通过 y_i 值来初始化对应的 x_i 值，即令 $x_i=y_i$ 对于所有 i 都成立。然后，每次从 $x_i(i=1,2,\cdots,n)$ 中随机选择一个像素，令该像素取与原来值相反，然后计算其能量函数的值。如果能量降低，则保持对该像素值的修改；否则，还原该像素值。通过不断迭代这一操作直到能量函数达到预期的阈值完成降噪。

7.8　图模型中的推断

简单来说，推断是指根据已知条件来判断或查询未知信息。比如医生诊断病人的症状，根据他发烧、出汗等症状，来判断病人最有可能得的疾病。其中，病人的症状为已知条件，而病因便是判断或查询的目标事件。图模型中的推断与此类似，在图模型中可以根据一些可观测节点来推断目标节点条件概率分布或边缘分布。关于条件概率分布之前已有介绍，而边缘分布是指对无关变量求和或积分后得到的结果。例如，在马尔可夫网络中，变量的联合分布通过最大子图的势函数乘积来表示。在给定参数求解某个变量 x 的分布时，实际上便是对联合分布中其他无关变量进行积分的过程，这个过程便被称为“边缘化”。

假设，图模型的变量集为 $x=\{x_1,x_2,\cdots,x_n\}$，将 x 拆分成两个不相交的子集 x_i 和 x_j，推断问题的目标是计算出边缘概率 $P(x_j)$或条件概率 $P(x_j|x_i)$。根据条件概率公式可得：

$$P(x_j\mid x_i)=\frac{P(x_i,x_j)}{P(x_i)}=\frac{P(x_i,x_j)}{\sum_{x_j}P(x_i,x_j)}$$

上式中联合概率分布 $P(x_i,x_j)$可以由概率图模型求得，因此推断问题实际上关注的是计算边缘分布的方法，即求解 $P(x_i)=\sum_{x_j}P(x_i,x_j)$。

概率图模型中推断方法可以概括为精确推断和近似推断两种方法。事实上，对于大多数复杂的深层模型，即使通过结构化图模型进行简化，也是很难实现精确推断的。而近似推断是指在较低的时间复杂度下尽可能地求解目标问题的近似解，这在实际应用中更为常见。

7.8.1　链推断

将图 7.11 中上部的有向链等价转化为下部的无向链。由于有向图中任何节点的父节点数量都不超过一个,因此不需要添加任何额外的链接,并且图结构无论是否有向都表示完全相同的条件依赖性质集合。

图 7.11 中的联合概率分布形式如下所示。

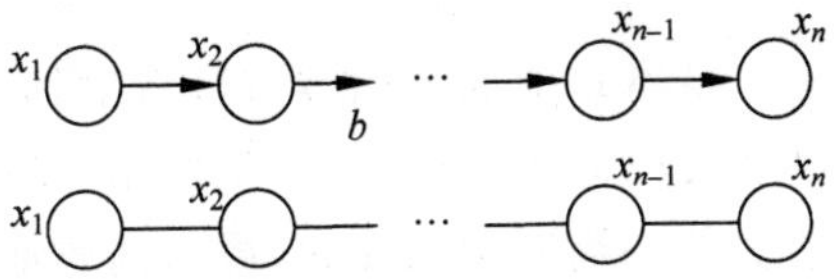

(a) 有向图的例子　　(b) 等价的无向图

图 7.11

$$P(x)=\frac{1}{Z}\phi_{1,2}(x_1,x_2)\phi_{2,3}(x_2,x_3)\cdots\phi_{m-1,m}(x_{m-1},x_m)$$

当 m 个节点表示 m 个离散变量时,每个变量都有 K 个状态。这种情况下的势函数 $\phi_{m-1,m}(x_{m-1},x_m)$ 由一个维度为 $K\times K$ 的表组成,因此联合概率分布有 $(m-1)K^2$ 个参数。请思考寻找边缘概率分布 $P(x_n)$这一推断问题,其中 x_n 是链上的一个具体的节点。由于此时没有观测节点,根据定义,这个边缘概率分布可以通过对联合概率分布在除 x_n 以外的所有变量进行求和的方式得到,即

$$P(x)=\sum_{x_1}\cdots\sum_{x_{n-1}}\sum_{x_{n+1}}\cdots\sum_{x_m}P(x)$$

首先需要计算联合概率分布,然后显式地进行求和。联合概率分布可以表示为一组数,对应于 x 的每个可能的值。因为有 m 个变量,每个变量有 K 个可能的状态,因此 x 有 K^m 个可能的值,从而联合概率的计算和存储以及得到 $P(x_n)$所需的求和过程,涉及的存储量和计算量都会随着链的长度 m 而指数增长。

通过图模型的条件独立性。如果将联合概率分布的分解表达式 $P(x)=\frac{1}{Z}\phi_{1,2}(x_1,x_2)\phi_{2,3}(x_2,x_3)\cdots\phi_{m-1,N}(x_{m-1},x_m)$ 代入到公式 $P(x)=\sum_{x_1}\cdots\sum_{x_{n-1}}\sum_{x_{n+1}}\cdots\sum_{x_m}P(x)$ 中,通过重新整理加和与乘积的顺序,使得需要求解的边缘概率分布可以更加高效地计算。例如,考虑对 x_m 的求和。势函数 $\phi_{m-1,m}(x_{m-1},x_m)$ 是唯一与 x_m 有关系的势函数,因此可以 $\sum_{x_m}\phi_{m-1,m}(x_{m-1},x_m)$ 求和得到一个关于 x_{m-1} 的函数。之后,可以通过该函数进行 x_{m-1}上的求和,这种计算只涉及这个新的函数以及势函数 $\phi_{m-2,m-1}(x_{m-2},x_{m-1})$。同理,$x_1$ 上的求和式只涉及势函数 $\phi_{1,2}(x_1,x_2)$,因此可以单独进行,得到关于 x_2 的函数,以此类推。因为每个求和式都移除了概率分布中的一个变量,因此这可以被看成从图中移除一个节点。

如果使用这种方式对势函数和求和式进行分组,那么可以将需要求解的边缘概率密度写成下面的形式:

$$p(x_n)=\frac{1}{Z}$$

$$\underbrace{\left[\sum_{x_{n-1}}\phi_{n-1,n}(x_{n-1},x_n)\cdots\left[\sum_{x_2}\phi_{2,3}(x_2,x_3)\left[\sum_{x_1}\phi_{1,2}(x_1,x_2)\right]\right]\cdots\right]}_{\mu_\alpha(x_n)}$$

$$\underbrace{\left[\sum_{x_{n+1}}\phi_{n,n+1}(x_n,x_{n+1})\cdots\left[\sum_{x_m}\phi_{m-1,m}(x_{m-1},x_m)\right]\cdots\right]}_{\mu_\beta(x_n)}$$

7.8.2　树

从本章前面的内容可以看出，一个由节点链组成的图的精确推断可以在关于节点数量的线性时间内完成，方法是使用通过链中信息传递表示的算法。这意味着，通过局部信息在更大的一类图中的传递，可以高效地进行推断。这类图被称为树(Tree)。对之前在节点链的情形中得到的信息传递公式进行简单的推广，得到加和-乘积算法(Sum-product algorithm)，它为树结构图的精确推断提供了一个高效的框架。在无向图中，树被定义为满足下面性质的图：任意一对节点之间有且只有一条路径。因此，这类图中是不存在环的。在有向图中，树的定义为：存在一个没有父节点的节点，该节点被称为根(Root)，图中其他所有的节点都有一个父节点。无向树和有向树分别对应图 7.12 中的图(a)和图(b)。

如果有向图中存在具有多个父节点的节点，但是在任意两个节点之间仍然只有一条路径，这种图被称为多树(Polytree)，如图 7.12(c)所示。在这样的图中，存在多个没有父节点的节点，并且对应的无向图会存在环。

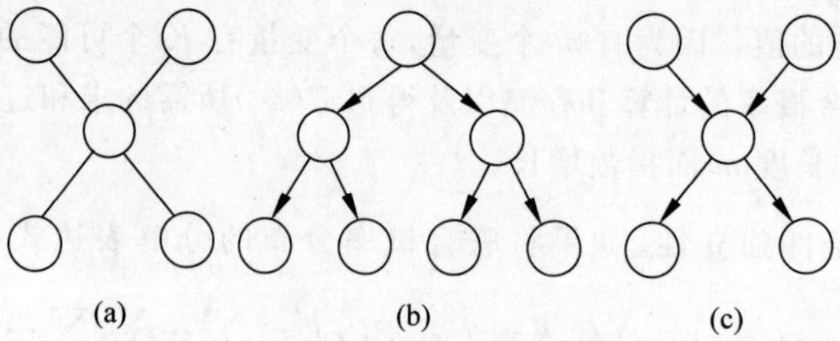

图 7.12　3 类树结构

7.8.3　因子图

在概率图中，求某个变量的边缘分布的问题，可以通过把贝叶斯网络或马尔可夫网络转换成因子图(Facor Graph)来进行简化，然后用加和-乘积算法求解。这是一种高效的求各个变量的边缘分布的方法。

所谓因子图，就是对函数因子分解的表示图，因子图通常包含两种节点，即变量节点和函数节点。因子图通过将一个具有多变量的全局函数进行因子分解，从而得到几个局部函数的乘积，这些局部函数和对应的变量就能体现在因子图上。

将一组变量上的联合概率分布写成因子的乘积形式，具体如下所示：

$$P(x_{n-1},x_n)=\frac{1}{Z}\mu_\alpha(x_{n-1})\phi_{n-1,n}(x_{n-1},x_n)\mu_\beta(x_n)$$

$$P(x)=\prod_s f_s(x_s)$$

其中 x_s 表示变量的一个子集。x_i 表示单独的变量 x_i，每个因子 f_s 是对应的变量集合 x_s 的函数。

在因子图中，概率分布中的每个变量都有一个节点，这与有向图和无向图的情形相同。还存在函数节点，表示联合概率分布中的每个因子 $f_s(x_s)$。最后，在每个因子节点和因子所依赖的变量节点之间存在无向连接。以一个表示为因子图形式的概率分布为例，具体如下所示：

$$P(x)=f_a(x_1,x_2)f_b(x_1,x_2)f_c(x_2,x_3)f_d(x_3)$$

上式可以通过如图 7.13 所示的因子图表示。注意，有两个因子 $f_a(x_1,x_2)$ 和 $f_b(x_1,x_2)$ 定义在同一个变量集合上。在一个无向图中，两个这样的因子的乘积被简单地合并到同一个子图的势函数中。类似地，$f_c(x_2,x_3)$ 和 $f_d(x_3)$ 可以结合到 x_2 和 x_3 上的一个单一势函数中。因子图通过显式地表达这些函数，从而表达出关于分解的更多细节。

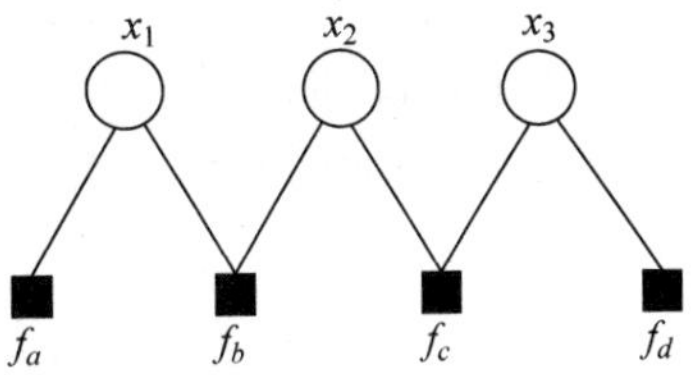

图 7.13　因子图示例

由于因子图由两类不同的节点组成，且所有的连接都位于两类不同的节点之间，所以，因子图通常总可以被画成两排节点(变量节点在上排，函数节点在下排)，同时两排节点之间具有连接，如图 7.14 所示。

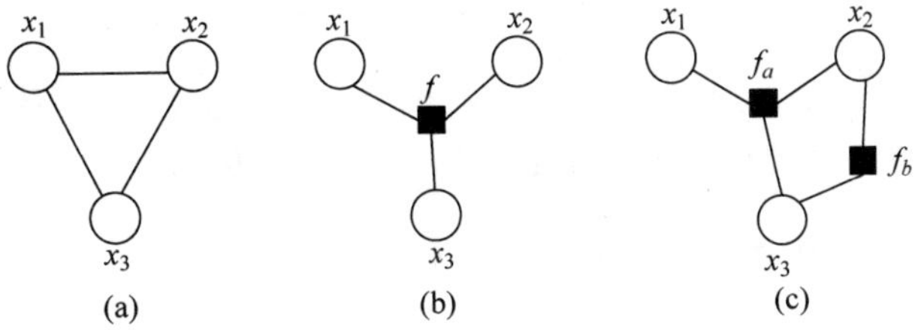

图 7.14　因子图示例(1)

图 7.14 中，图(a)是一个无向图，有一个单一的子图势函数 (x_1,x_2,x_3)；图(b)是一个因子图，因子 $f(x_1,x_2,x_3)=\phi(x_1,x_2,x_3)$，它表示与无向图相同的概率分布。图(c)是一个不同的因子图，表示相同的概率分布，它的因子满足 $f_a(x_1,x_2,x_3)f_b(x_2,x_3)=\phi(x_1,x_2,x_3)$。

如果有一个通过无向图表示的概率分布，可以将其转化为因子图。为了完成这一点，需要构造变量节点，对应于原始无向图，然后构造额外的函数节点，对应于最大子图 x_s。因子 $f_s(x_s)$ 被设置为与子图的势函数相等。值得注意的是，对于同一个无向图，可能存在几个不同的因子图。图 7.15 对这些概念进行了解释。类似地，为了将有向图转化为因子图，构造变量节点对应于有向图中的节点，然后构造函数节点，对应于条件概率分布，最后添加上合适的连接。同一个有向图可能对应于多个因子图。有向图到因子图的转化如图 7.15 所示。

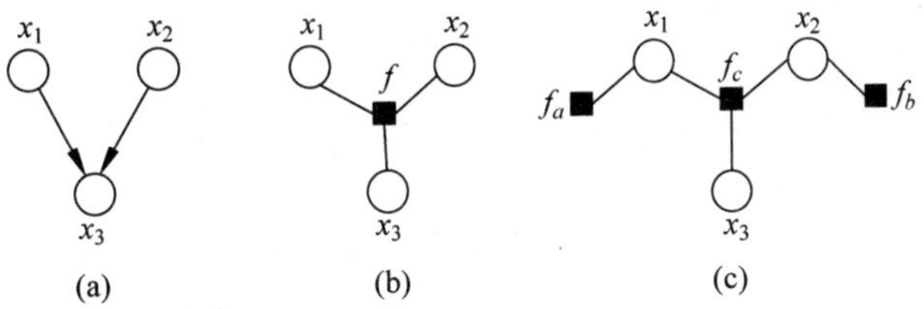

图 7.15　因子图示例(2)

在图 7.15 中，图(a)是一个无向图，有一个单一的团块势函数 (x_1,x_2,x_3)。图(b)是一个因子图，因子 $f(x_1,x_2,x_3)=\phi(x_1,x_2,x_3)$，它表示与无向图相同的概率分布。图(c)是一个不同的因子图，表示相同的概率分布，它的因子满足 $f_a(x_1,x_2,x_3)f_b(x_2,x_3)=\phi(x_1,x_2,x_3)$。

树结构图对于进行高效推断有着重要意义。如果将一个有向树或者无向树转化为因子图，那么生成的因子图也是树(即因子图没有环，且任意两个节点之间有且只有一条边)。在有向多树的情形中，转化为无向图会引入环，而转化后的因子图仍然是树结构，如图 7.16 所示。事实上，有向图中由于连接父节点和子节点产生的局部环可以在转化为因子图时被移除，只需定义合适的函数节点即可。

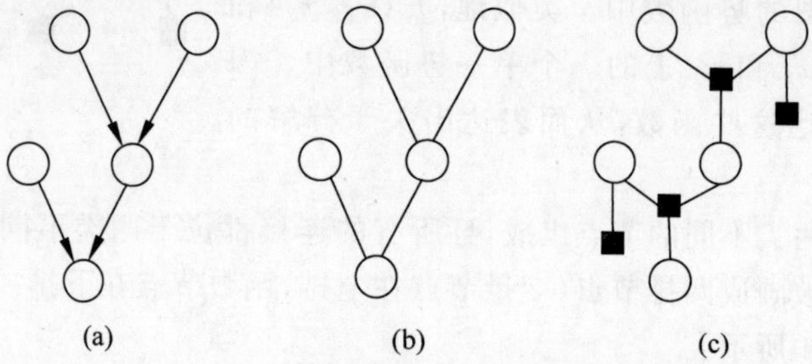

图 7.16 因子图示例(3)

在图 7.16 中，图(a)是一个有向多树；图(b)是一个将多数转化为无向图的结果，展现出环的形成；图(c)将多树转化成因子图的结果，其保留了树结构。

7.8.4 置信传播算法

置信传播(Belief Propagation)算法又称作加和-乘积算法或概率传播(Probability Propagation)算法。该算法是一种在图模型上进行推断的消息传递算法，它提供了一种很有效的计算条件边缘概率的方法，置信传播本质上是消除变量的过程。置信度传播算法利用节点与节点之间相互传递信息而更新当前整个马尔可夫网络的标记状态，是基于马尔可夫网络的一种近似计算。对于马尔可夫随机场中的每一个节点，通过消息传播，把该节点的概率分布状态传递给相邻的节点，从而影响相邻节点的概率分布状态，经过多次迭代后，所有节点的信度不再发生变化，就称此时每一个节点的标记为最优标记，马尔可夫网络也达到了收敛状态。置信传播算法的两个关键过程分别为：

(1)通过加和-乘积算法计算所有的局部消息；

(2)节点之间概率消息在随机场中的传递。

对于马尔可夫网络，一般可以通过置信传播算法收敛得到其最优解。

7.8.5 一般图的精确推断

加和-乘积算法和最大化加和算法提供了树结构图中的推断问题的高效精确解法。然而，在许多实际应用中，必须处理带有环的图。

信息传递框架可以被推广到任意的图拓扑结构，从而得到一个精确的推断步骤，被称为联合树算法(Junction Tree Algorithm)。本书只在此简短地给出算法的关键步骤及各个阶段的大致思想。

如果起始点是一个有向图，那么首先需要将其转化为无向图。如果起始点是无向图，可以直接跳过该步骤。接下来，对图结构进行三角化(Triangulated)，这涉及寻找包含 4 个或者更多节点的无弦环，然后增加额外的连接来消除无弦环。例如，图 7.17 是一个无弦环 *A-C-B-D-A*。

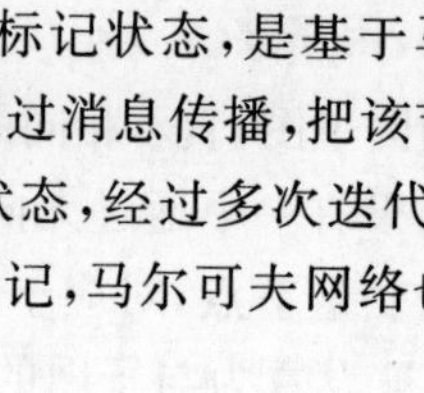

图 7.17 一般图的精确推断

图 7.17 中无弦环在三角化后联合概率分布仍然由同样的势函数乘积定义，但是这些势函数现在被看作是扩展的变量集合上的势函数。接下来，三角化的图结构被用于构建新的树结构无向图，这被称为联合树(junction tree)，它的节点对应于三角化的图的最大团块，它的边将具有相同变量的团块对连接在一起。正确的连接团块对的方法是选择能得到最大生成树(maximal spanning tree)的连接方式。对于连接了某个团块的所有可能的树，该树应该是权值最大的一个，其中各连接的权值数量等于由它所连接的两个团块所共享的节点的数量，树的权值是连接的权值之和。由于三角化步骤的存在，得到的树满足运行相交性质(running intersection property)，即如果一个变量被两个团块所包含，那么它必须也被连接这两个团块的路径上的任意团块所包含。这确保了变量推断在图之间是相容的。最后，一个二阶段的信息传递算法或者等价的置信传播算法，现在可以被应用于这个联合树，得到边缘概率分布和条件概率分布。联合树算法的核心是通过这个算法研究概率的分解性质，使得置信传播能够相互交换，从而可以进行部分求和，避免了直接对联合概率分布的操作。联合树的作用是提供一种组织这些计算的精确高效的方法。值得注意的是，这些完全是通过图操作实现的。

联合树算法对于任意的图都是精确的、高效的。对于一个给定的图，通常不存在比联合树算法计算代价更低的算法。不过，该算法必须对每个节点的联合概率分布进行操作(每个节点对应于三角化的图的一个团块)，因此算法的计算代价由最大团块中的变量数量决定。在离散变量的情形中，计算代价会随着变量的数量呈指数增长。一个值得注意的概念是图的树宽度(treewidth)，它由最大团块中变量的数量定义。事实上，树宽度被定义为最大团块的规模减 1，以此保证一棵树的树宽度等于 1。由于通常情况下，从一个给定的起始图开始，可以构建出多种不同的联合树，因此树宽度由最大团块具有最少变量的联合树来定义。如果原始图的树宽度过大，那么联合树算法将难以施行。

7.8.6 学习图结构

在关于图模型的推断的讨论中，往往会假设图的结构已知且固定。但是，在超出推断范畴的问题中，往往关注于数据推断图结构本身。这需要定义一个可能的结构空间，用来对每个结构评分进行度量。

从贝叶斯观点出发，需要计算图结构上的后验概率分布，以及关于概率分布求均值来进行预测。假设，存在关于第 m 个图的先验概率分布 $P(m)$，那么后验概率分布如下所示：

$$P(m \mid D) \in P(m)P(D \mid m)$$

其中，D 表示一个观测数据集，$P(D|m)$ 提供了每个模型的分数。不过，计算 $P(D|m)$ 涉及对潜在变量的积分或求和，这对大多数模型来说计算量过于庞大。

不同图结构的数量随着节点数量的增加而呈指数增长，因此通常需要借助启发式方法找到合适的候选。学习算法的目的是对图结构进行推测。其本质是一种将数值最大化的方法。其中启发式学习是通过对给定结构加边、减边、逆向边来重新计算分数。图结构的学习算法与概率图模型本身是相对独立的，图结构学习算法更注重于算法以及实际调试。

7.9 本章小结

本章主要对概率图模型的主要两大类别生成模型和判别模型的基本概念进行了讲解，并对其他相关知识进行了梳理。贝叶斯定理和马尔可夫定理在深度学习领域中应用广泛，应该重点掌握。通过前7章的基础学习，相信大家已经对深度学习所需的一些基础知识有了一定的认知，接下来的章节将正式进入神经网络相关的环节。

7.10 习　题

1. 填空题

（1）概率图模型是一类通过________表达基于________关系的模型的总称。

（2）以算法区分，监督学习模型可以分为________模型和________模型。

（3）如果一个图模型只包含了部分独立关系或者条件独立关系，这样的图被称为________；如果这个图模型包含了全部独立关系，则被称为________。

（4）在给定其他事件发生时，某件事情出现的概率被称为________概率。

（5）如果两个随机变量的概率分布可以表示成两个因子的乘积形式，这两个因子分别只包含其中一个随机变量，则可以称这两个随机变量是________。

2. 选择题

（1）对概率模型进行图结构的建模所需要具备的要素不包括以下哪种要素？（　　）

A. 建立图结构与概率论中基本元素之间的联系

B. 确定变量间的依赖关系

C. 确定概率分布的类型

D. 对具体参数进行调整

（2）条件概率的表达式为 $P(Y=y|X=x)=\dfrac{P(Y=y,X=x)}{P(x=x)}$，当（　　）时该表达式有意义。

A. $P(X=x)>0$　　B. $P(X=x)<0$

C. $P(X=x)=0$　　D. $P(X=x)\geqslant 0$

（3）当且仅当事件 x 和 y 满足（　　）时，这两个事件发生的概率相互独立。

A. $P(x|y)=P(y|x)$　　B. $P(x,y)=P(x)P(y|x)$

C. $P(x,y)=P(x)P(y)$　　D. $P(x,y)=P(x)P(x|y)$

（4）如果 a、b 两个变量通过节点 c 相连，且 a、b 都是有向边的头与 c 节点相连，则对应的联合概率分布可以写成（　　）。

A. $P(a,b,c)=P(a|c)P(b|c)$　　B. $P(a,b,c)=P(a)P(b)P(c|a,b)$

C. $P(a,b,c)=P(b|c)P(c|a)P(a)$　　D. $P(a,b,c)=P(a|c)P(b|c)P(c)$

（5）如果有向图中存在具有多个父节点的节点，但是在任意两个节点之间仍然只有一条路径，那么这个图被称为（　　）。

A. 树　　B. 无向树　　C. 有向树　　D. 多树

3. 思考题

（1）写出贝叶斯定理的表达式，并解释各项的含义，说明朴素贝叶斯为什么“朴素”。

（2）简述马尔可夫网络与贝叶斯网络的区别。

第 8 章　前馈神经网络

本章学习目标

- 掌握感知机的构成与作用；
- 掌握基于梯度的学习中的相关概念；
- 掌握激活函数的意义和适用场景；
- 理解随机梯度下降算法。

深度学习是机器学习的一个重要分支，“深度”二字指代了神经网络的层次深度。前馈神经网络(Feedforward Neural Network)是最早被提出的学习模型，也是最简单的神经网络模型之一。通过本章的学习，希望大家初步理解深度学习中的神经网络，为后续章节更复杂神经网络的学习打下基础。

8.1 神　经　元

对于人类神经元的研究由来已久，1904 年，生物学家就已经确认了神经元的组成结构。一个神经元通常具有多个树突，主要用来接收输入信息，每个神经元只有一条轴突，轴突尾端有许多轴突末梢，轴突末梢跟其他神经元的树突产生连接进行信号的传递。人类神经元的结构如图 8.1 所示。

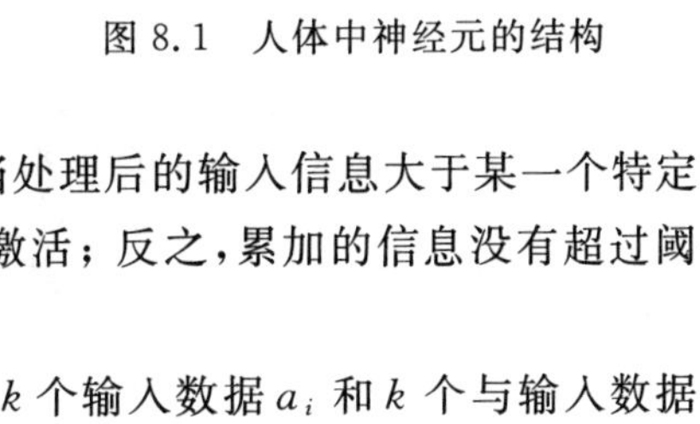

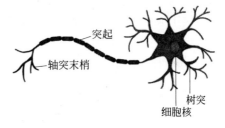

图 8.1　人体中神经元的结构

深度学习中的神经元可被看作一个含有输入信息处理功能和输出信息功能的模型。输入信息的过程可以类比为人类神经元树突接收信息的过程，输入信息经过突触处理后对输入信息进行累加，当处理后的输入信息大于某一个特定的阈值时，轴突会把这类信息传播出去，这时神经元被激活；反之，累加的信息没有超过阈值时，神经元处于抑制状态。

图 8.2 是深度学习中的一个神经元模型，它包含 k 个输入数据 a_i 和 k 个与输入数据一一对应的权重值 w_i、激活函数(求和与激活函数会在本节后续内容中讲解)、偏差值 b 和输出值。

神经元作为神经网络中最小的信息处理单元，它对数据的处理一般分为两个阶段：

(1) 接收来自其他神经元的输入信息，对这些输入信息进行加权处理并传递给下一个阶段。通常称这个阶段为预激活阶段。

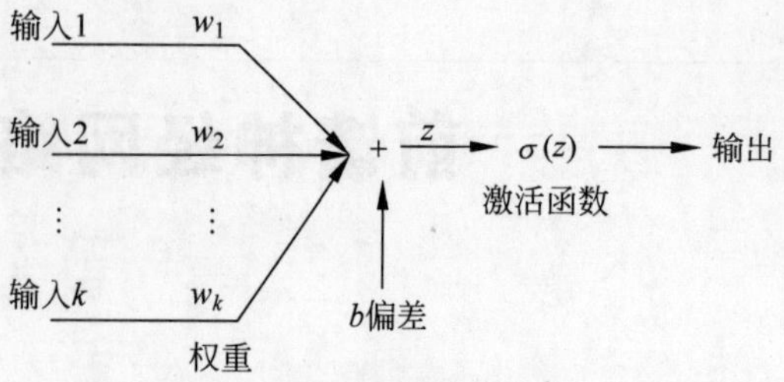

图 8.2　神经元模型

(2) 将预激活的信息传递给激活函数，经过激活函数处理过的数据的返回值通常会被限制在某个特定的区间之内，返回值的大小决定神经元是抑制还是激活，最后将输出数据传递给下一层神经元。

有的神经元在将预处理的输入数据传递给激活函数之前会为数据添加偏差值，这是为了避免网络出现过拟合，其具体用处会在后面进行深入的讲解。

8.2　人工神经网络

前馈神经网络或者多层感知机(Multi-layer Perceptron，MLP)是最早被提出的最简单的神经网络模型，是学习后面章节内容的理论基础。前馈神经网络的目标是实现由输入到输出的映射，例如，对于分类器，$y=f^*(x)$ 将输入 x 映射到一个类别 y。前馈神经网络定义了一个映射 $y=f(x,\theta)$，并且通过学习训练参数 θ 的值，使它能够得到最佳的函数近似。本章将讨论为什么要使用神经网络及深度学习，了解神经网络的基本架构和学习方法，为接下来进一步学习深度学习的各神经网络做铺垫。

神经网络是指按照一定规则连接起来的多个神经元。图 8.3 展示了一个全连接(Full Connected)神经网络。

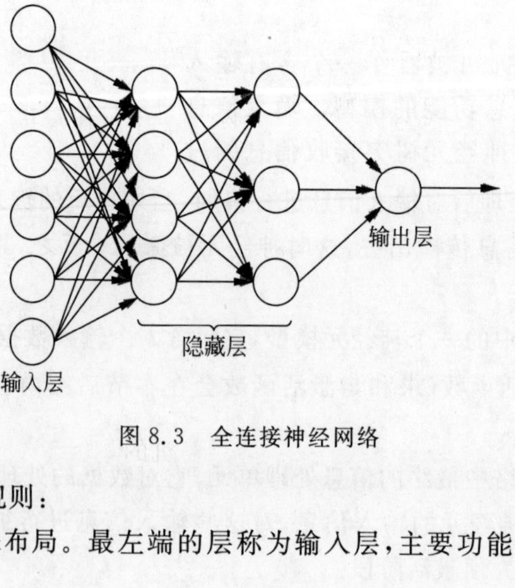

图 8.3　全连接神经网络

神经网络具有以下规则：

(1) 神经元按照层来布局。最左端的层称为输入层，主要功能为接收输入数据；最右端的层称为输出层(Output Layer),从该层获取神经网络的输出数据。输入层和输出层之间的层被称为隐藏层,之所以称为隐藏层,是因为它们对于外部来说是不可见的。

(2) 同一层的神经元之间是相互独立的。

(3) 第 k 层的每个神经元和第 $k-1$ 层的所有神经元相连(即全连接),第 $k-1$ 层神经元的输出就是第 k 层神经元的输入。

(4) 每个连接都存在一个权重参数,正是通过调整这些权重参数来拟合输入数据集。

上述规则定义了全连接神经网络的结构。事实上还存在很多其他结构的神经网络,比如卷积神经网络(CNN)、循环神经网络(RNN),它们都具有不同的连接规则,在后续章节会分别介绍。

8.3 感知机

计算科学家 Rosenblatt 在 1958 年提出了"感知机"理论。感知机属于"单层神经网络",由输入层和输出层构成。感知机算法非常简单:输入层中的"输入单元"负责接收外界输入信息后传输数据,该层不进行计算操作;输出层中的"输出单元"则会对前面一层的输入进行计算后输出计算结果。进行计算的层次称为"计算层",这种只拥有一个计算层的网络被称为"单层神经网络"。感知机的示意图如图 8.4 所示。

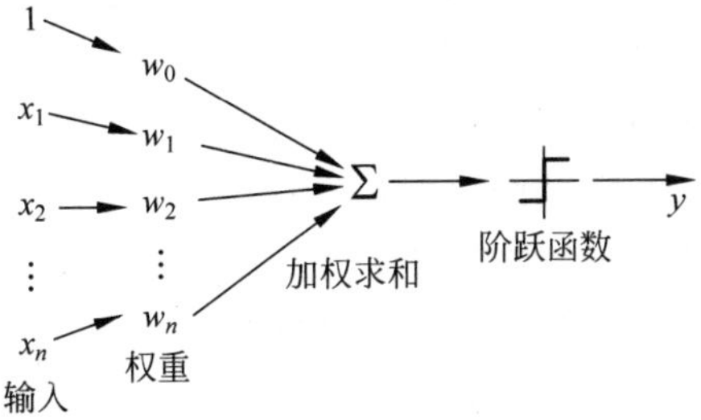

图 8.4 感知机的示意图

由图 8.4 可以看出,感知机主要有以下 3 个组成部分:

输入值是一个感知机,可以接收多个输入,每个输入上有一个权重参数,有时会添加偏置项以降低模型出现过拟后的风险。

激活函数是感知机的激活函数可以有很多选择,比如选择下面这个阶跃函数来作为激活函数:

$$f(x) = \begin{cases} 1, & x > 0 \\ 0, & x \leqslant 0 \end{cases}$$

输出:感知机的输出由下面这个公式来计算。

$$y = f(wx + b)$$

接下来通过感知机实现 and()函数来了解感知机的具体工作方法。通过设计一个感知机来实现 and()函数,表 8.1 是其真值表。

表 8.1 and()函数的真值表

x_1	x_2	Y
0	0	0
0	1	0
1	0	0
1	1	1

表 8.1 中,0 表示 false,1 表示 true。假设 $w_1=0.5, w_2=0.5$,阈值 $b=-0.8$,而激活函数 f 为上面提到的阶跃函数,这时,感知机便实现了 and()函数的功能,接下来对此进行相关验证。

输入上面真值表的第一行,即 $x_1=0$; $x_2=0$,根据公式 $y=f(wx+b)$,输出如下:

$$
\begin{aligned}
y &= f(wx+b) \\
&= f(w_1x_1+w_2x_2+b) \\
&= f(0.5\times 0+0.5\times 0-0.8) \\
&= f(-0.8) \\
&= 0
\end{aligned}
$$

当 x_1 和 x_2 都为 0 时,y 的值也为 0,这一结果与真值表第一行相对应。

前面的布尔运算可被看作二分类问题,即给定一个输入,输出 0(属于分类 0)或 1(属于分类 1)。and 运算是一个线性分类问题,即可以用一条直线把分类 0(false,以叉表示)和分类 1(true,以点表示)分开。事实上,感知机不仅仅能实现简单的布尔运算。它可以拟合任何线性函数,任何线性分类或线性回归问题都可以用感知机来解决。

单层感知机本质上是在高维空间中构建一个超平面 $f(wx+b)$,使得该超平面可以将不同类别的数据集相互分离,它对于线性可分或者近似线性可分的数据集有着较好的分类效果。

然而,感知机却不能实现异或运算,如图 8.5 所示,异或运算不是线性的,无法用一条直线把分类 0 和分类 1 分开。

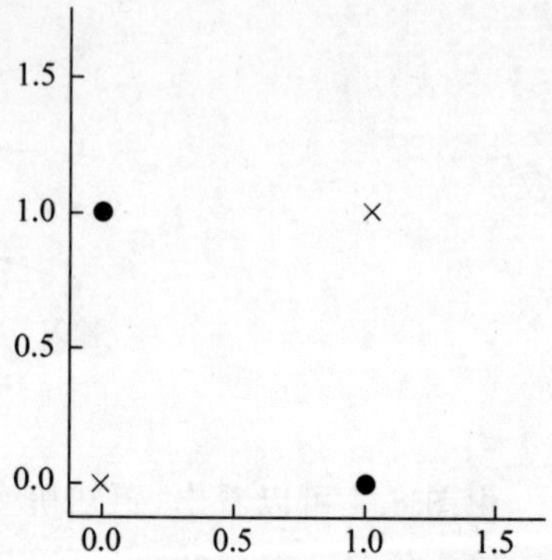

图 8.5 感知机无法处理异或运算

8.3.1 线性单元

感知机在面对非线性可分数据集时,会出现无法收敛的情况,此时训练将永远无法完成(这正是 20 世纪中后期感知机逐渐衰落的原因)。为了解决这一问题,可以通过添加一个线性可导的函数来替代感知机的阶跃函数,经过这种变形的感知机被称为线性单元。线性单元在面对线性不可分的数据集时,会收敛到最佳的近似值处。

现假设线性单元的激活函数为 $f(a)=a$,线性单元如图 8.6 所示。

与感知机相比,替换了激活函数后,线性单元将返回一个实数值而不像感知机那样返回 0 和 1 的分类。因此线性单元主要用来处理回归问题。

机器学习的模型实际上是根据输入数据 x 预测输出 y 的算法。比如,根据一个人的工

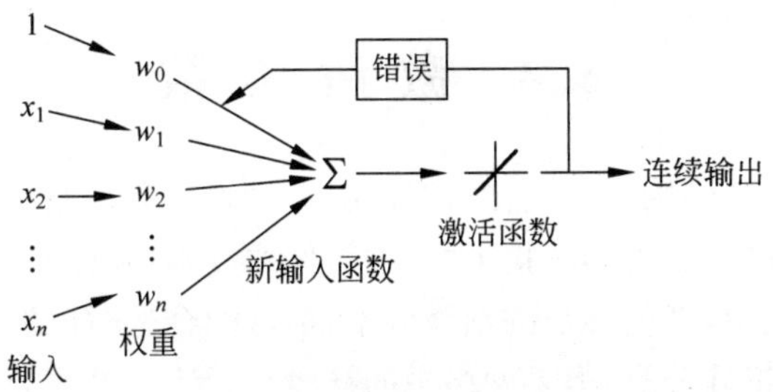

图 8.6　线性单元的示意图

作年限来预测他的收入：

$$y = h(x) = wx + b$$

函数 $h(x)$ 叫作假设，而 w、b 是它的参数。假设参数 $w=1000$，参数 $b=500$，如果一个人的工作年限为 10 年，则模型会预测他的月薪为

$$y = h(x) = 1000 \times 10 + 500 = 5500(\text{元})$$

很显然，这个模型设置的参数过于简单。过于简单的模型往往泛化误差较大。如果将这个人的工作类型、公司情况和职位等特征考虑在内，那么模型的泛化误差可能会降低。可以通过下列特征向量来表示这些特征：

```
x = (10, IT, 千锋, 项目经理)
```

此时，$\boldsymbol{x}$ 向量的特征变成了 4 个，相对应的，权重参数数量也应匹配，w_1、w_2、w_3、w_4 分别对应 4 个特征，模型将变成如下形式：

```
y = h(x) = w₁ × x₁ + w₂ × x₂ + w₃ × x₃ + w₄ × x₄ + b
```

其中，x_1 对应该人的工作年限，x_2 对应行业，x_3 对应公司名称，x_4 对应职位。这种形式的模型便称作线性模型，输出 y 为输入各项特征 $\boldsymbol{x}$ 的线性组合。

8.3.2　感知机的训练

获取参数的权重值和偏置项需要用到感知机训练算法：将权重项初始化为 0，然后，利用下面的算法不断迭代调整参数的值，直到模型收敛。

$$w_i \leftarrow w_i + \Delta w_i$$

其中：

$$\Delta w_i = \eta(t - y)x_i$$

w_i 表示输入 x_i 所对应的权重值；t 表示训练样本的实际值；y 表示感知机的输出值，输出值根据公式 $y=f(wx-b)$ 计算得出；η 表示学习速率 $\eta \in (0,1)$，其作用是控制每一步调整权的幅度。

每次从训练数据中取出一个样本的输入向量，使用感知机计算其输出，再根据上面的规则来调整权重参数。每处理一个样本就调整一次权重参数。经过多轮迭代后(即全部的训练数据被反复处理多轮)，就可以训练出感知机的权重，使模型收敛。

8.4 激活函数

假设在数字识别的神经网络中图像“1”被误认为“7”时，通过细微地调整权重参数和偏差值，使模型变得更准确的分类形状接近“1”的图像的过程，被称作优化神经网络。但是，在一个网络的众多神经元中，任何参数的细微调整，都可能会是输出发生巨大的变化。因此可能出现图像“1”虽然被正确分类，但是网络中的神经元无法学习到为其他数字的图像进行分类的“规则”，这也就使得网络中参数调整变得极其困难。

在神经网络中添加激活函数便引入了非线性因素，使得权重和偏置值的变化对输出的影响降低，因而达到微调网络的目的。这样神经网络就可以应用到众多的非线性模型中，更好地解决较为复杂的问题。如果没有非线性的激活函数，那么每一层输出都是上层输入的线性变化，无论神经网络有多少层，模型都只能处理线性可分问题。

8.4.1 Sigmoid 函数

判断激活函数是否适合所应用模型的标准不在于它能否模拟真正的神经元，而在于能否更方便地优化整个深度神经网络。神经元和感知机本质上是相似的，通常感知机的激活函数是阶跃函数；而神经元的激活函数通常为 Sigmoid 函数（或 Tanh 函数），如图 8.7 所示。

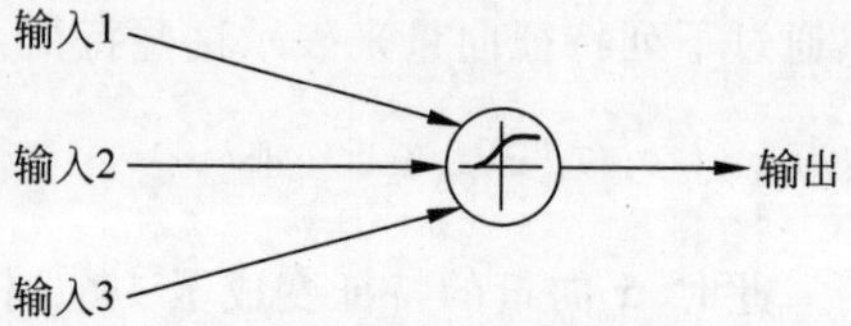

图 8.7 Sigmoid 神经元

神经元可以通过微调权值（weight）和偏置值（bias）让神经网络的输出结果产生相应的细微改变。

Sigmoid 神经元，可以包含多个输入 $x_1, x_2, \cdots, x_n$，它给每一个输入设置对应的权重 $w_1, w_2, \cdots, w_n$ 和一个共有的非线性函数偏置值 b。与感知机的区别在于，Sigmoid 神经元的输入可以是 0～1 的任意值。输出也不只是局限于 0 或 1，而是 $\sigma(wx+b)$。这里的 σ 被称为 Sigmoid 函数，σ 定义如下：

$$\sigma(z)=\frac{1}{1+\mathrm{e}^{-z}}$$

在 $z=\sigma(wx+b)$ 中，将输入参数代入后可得：

$$\frac{1}{1+\exp\left(-\sum_j w_j x_j - b\right)}$$

Sigmoid 函数与阶跃函数在公式上可能相差甚远，但这两者实际上存在不少相似之处。为了更详细地讲解感知机模型和 Sigmoid 神经元，现假设 $z=wx+b$ 为一个极大的正数，此时 $\mathrm{e}^{-z}\approx 0$，Sigmoid 神经元的输出接近于 1；如果 $z=wx+b$ 为极小的负数，那么 $\mathrm{e}^{-z}\to\infty$，即 $\sigma(z)\approx 0$，这两种情况下 Sigmoid 神经元与感知机的阶跃函数相似。但在 z 为一个中等的值时，Sigmoid 函数比阶跃函数更加平滑，具体区别对比图 8.8 和图 8.9 便可看出。

Sigmoid 函数如图 8.8 所示。

Sigmoid 函数比阶跃函数更加平滑，阶跃函数如图 8.9 所示。

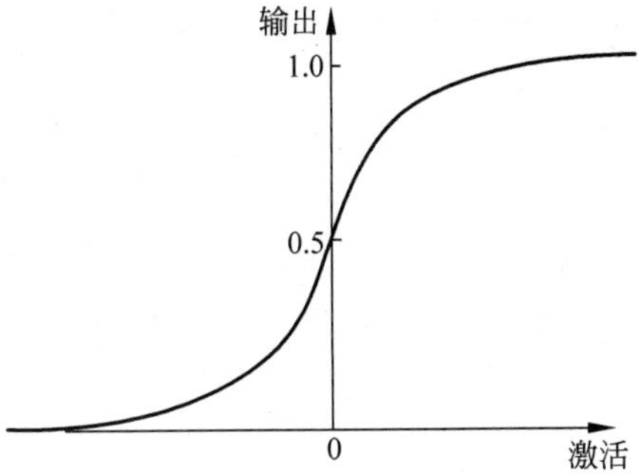

图 8.8　Sigmoid 函数

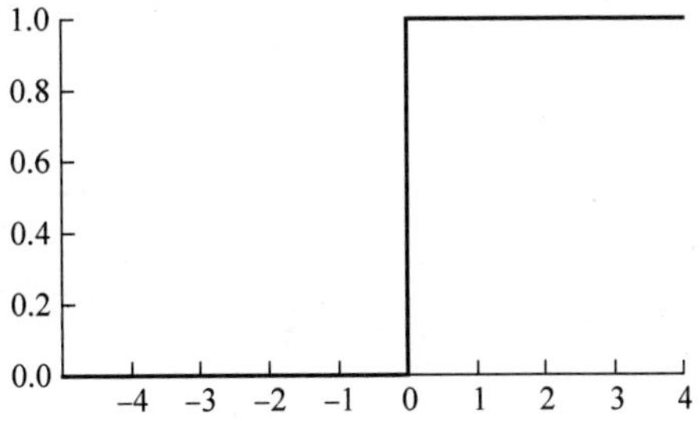

图 8.9　阶跃函数

Sigmoid 函数能够把输入的连续实值"压缩"到 0 和 1 之间。Sigmoid 函数使得权重项 Δw_j 和偏置项 Δb 细微的改变，输出 Δoutput 也只产生细微的变化。Δoutput 可以近似地表示为：

$$\Delta \text{output} \approx \sum_j \frac{\partial \text{output}}{\partial w_j} \Delta w_j + \frac{\partial \text{output}}{\partial b} \Delta b$$

式中 Δoutput 是一个有关于权重(weights)变化量∂w_j 和偏置项 Δb 的线性函数。这种线性函数更有利于网络对权重参数与偏置值进行微调，使得模型可以尽可能地学习到预期的效果。

在数据的特征差异比较复杂或是差异较小时，往往需要细微的分类判断，此时使用 Sigmoid 函数将会取得很好的效果。然而，近年来，Sigmoid 使用逐渐减少，这是因为它具有一些较为突出的缺点，具体说明如下：

(1) 当输入非常大或者非常小的时候，神经元的激活在接近 0 或 1 处时会饱和，在这些区域神经元的梯度接近 0。在反向传播的时候，梯度将会与整个损失函数关于该单元输出的梯度相乘。如果局部梯度接近 0，那么相乘的结果也会接近 0，这样模型将无法收敛。

(2) Sigmoid 函数的输出不是 0 均值，这将导致在学习过程中，上一层的神经元的非 0 均值被作为输入传递给下一层神经元，因此存在较大的误差风险。

(3) Sigmoid 函数的输出值恒大于 0，这会导致模型训练的收敛速度变慢，而深度学习往往需要处理大量的数据，模型的收敛速度过慢将会导致花费更长的时间进行训练。

8.4.2　Tanh 函数

Tanh 函数是 Sigmoid 函数的变形，它是对 Sigmoid 函数的逼近或者近似，是对 Sigmoid 因离散性而导致的难以优化的缺陷的弥补。与 Sigmoid 函数不同的是，Tanh 函数是 0 均值的，它把输出值"压缩"在(−1,1)中。因此，特征差异明显时，Tanh 函数在循环过程中会不断扩大特征效果，在这种情况下 Tanh 函数具有比 Sigmoid 函数更好的收敛效果。

Tanh 函数的数学公式为：

$$\text{Tanh}(x) = \frac{\sinh(x)}{\cosh(x)} = \frac{e^x - e^{-x}}{e^x + e^{-x}} = 2\sigma(2x) - 1$$

在函数的取值范围为(−1,1)时，函数图像如图 8.10 所示。

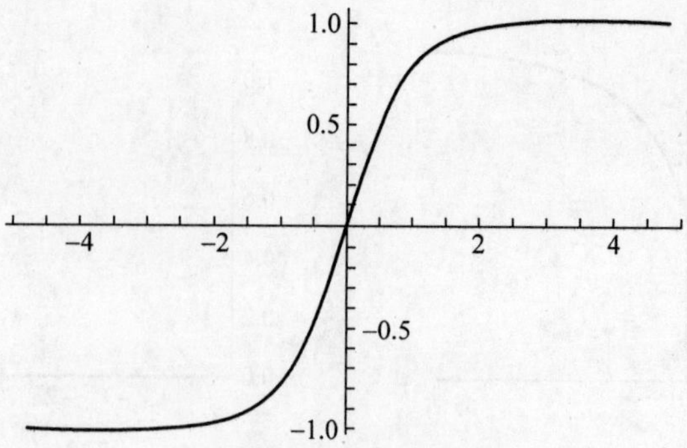

图 8.10 Tanh 函数

Tanh 函数公式中 sinh(x)数学表达式为：

$$\sinh(x)=\frac{e^x-e^{-x}}{2}$$

cosh(x)的表达式为：

$$\cosh(x)=\frac{e^x+e^{-x}}{2}$$

由于 Tanh 函数的导数区间为[0,1]，比 Sigmoid 函数的导数区间大，在反向传播的过程中，衰减速度比 Sigmoid 函数慢。由于 Tanh 函数的导数总小于 1，因此在利用反向传播来最优化神经网络模型时，仍然难以解决梯度消失问题。

8.4.3 ReLU 函数

ReLU 函数目前是最常用的激活函数之一，全称为 Rectified Linear Unit，称为线性修正单元。该函数的表达式为 $y=\max(0,x)$，当 $x>0$ 时，$f'(x)=1$；当 $x\leqslant 0$ 时，$f'(x)=0$。ReLU 函数其实是一个取最大值函数，如图 8.11 所示。

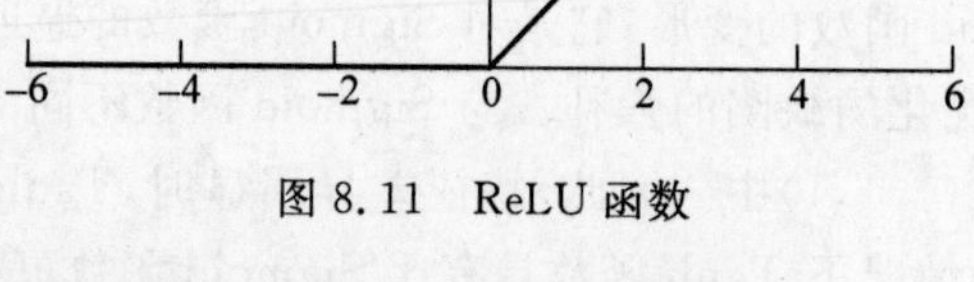

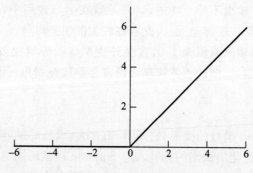

图 8.11 ReLU 函数

ReLU 函数不是全区间可导的。ReLU 具有以下优势：

(1) 在正区间上解决了梯度消失问题。

(2) 单侧抑制。从图 8.11 中可以看出，当输入小于或等于 0 时，神经元处于抑制状态；当输入大于 0 时，神经元处于激活状态，由于只需要判断输出是否大于 0，所以使得 ReLU 函数的计算效率极高。

(3) ReLU 函数会将抑制状态的神经元置 0,这些被置 0 的神经元不会参与后续的计算,这大大提升了其收敛速度,收敛速度快于 Sigmoid 函数和 Tanh 函数。

需要注意的是,ReLU 函数的输出不是 0 均值化的,并且某些神经元会以为 ReLU 函数的置 0 操作导致永远不会被激活,这使得相应的参数永远无法被更新。

8.4.4 Softmax 函数

Softmax 函数在机器学习中有非常广泛的应用。假设存在两个变量 a 和 b,其中 $a>b$,此时如果取两者中的较大值,那么结果必定为 a,b 永远不会被选取。如果希望值最大的那一项可以经常作为比较结果中的最大值,同时偶尔可以让值较小的数也能够作为比较结果中的最大值被选中,此时可以通过 Softmax 函数实现。Softmax 函数所求得的概率与这两个变量自身大小有关,两个数值中较大者出现的概率也越大。Softmax 函数的表达式如下所示:

$$\text{Softmax}(x_i)=\frac{e^{x_i}}{\sum_j e_j^x}$$

通过 Softmax 函数将数据映射成为在[0,1]区间的值,这些值的累加和为 1,在最后选取输出节点的时候,选取 Softmax 值最大的节点作为预测目标。

假设存在一个数组 V,v_i 表示 V 中的第 i 个元素,那么第 i 个元素的 Softmax 值如下所示:

$$\text{Softmax}(v_i)=\frac{e^{v_i}}{\sum_j e^{v_j}}$$

Softmax 函数的值在 $v_i\in[-\infty,0]$区间时,趋向于 0; $v_i\in[0,+\infty]$区间时,趋向于 1。Softmax 函数中引入 e 的幂函数,使得正样本的结果趋近于 1,负样本的结果趋近于 0。Softmax 是连续可导的,消除了拐点,该特性在机器学习的梯度下降算法中具有重要意义,在多类别分类问题中被广泛应用,可以将 Softmax 函数看成 Logistic 函数的一种泛化形式。

在对分类问题中的损失函数进行优化时,要用到梯度下降算法,此时对损失函数的每个权重矩阵求偏导,然后应用链式法则。这个过程的第一步,就是对 Softmax 求导。采用 Sofmax 函数进行梯度求导是非常方便的。

8.5 基于梯度的学习

8.5.1 前馈神经网络的基本概念

前馈神经网络通常由多个函数复合而成。神经网络模型可被看作一个有向无环图。例如,分别将 3 个函数 f_1、f_2 和 f_3 连接在一个链上以形成 $f(x)=f_3(f_2(f_1(x)))$。在这个链式结构中,f_1 对应第一层神经网络,f_2 对应第二层神经网络,以此类推。其中,神经网络的层数称为网络的深度。接下来将进一步详细介绍前馈神经网络的各主要组成部分。

1. 输出层(output layer)

输出层是指前馈神经网络的最后一层。输出层由预激活输出和激活输出两个阶段组成。

2. 单元(unit)

前馈神经网络中每一层由许多并行操作的单元组成,每个单元都是一个感知机。单元与神经元类似,可接收来自其他单元的输入数据,并根据输入数据输出。

3. 隐藏层(hidden layer)

隐藏层是神经网络的核心层,除输入层和输出层以外的其他各层叫作隐藏层,与输出层一样,隐藏层由预激活输出和激活输出两个阶段组成。隐藏层既不直接接受外界的信号,也不直接向外界发送信号。

4. 前馈(feedforward)

在前馈神经网络中,各神经元从输入层开始,逐层接收上一层的输入,输出到下一层,直至输出层,在模型的输出和模型本身之间没有反馈(feedback)连接。当前馈神经网络被扩展成包含反馈连接时,它们被称为循环神经网络(Recurrent Neural Network)。前馈神经网络是许多重要商业应用的基础。例如,用于对照片中的对象进行识别的卷积神经网络就属于前馈神经网络。

8.5.2 随机梯度下降算法

随机梯度下降(Stochastic Gradient Descent,SGD)算法是深度学习中最重要的一种算法。在随机梯度下降算法中,每次迭代只是考虑让该样本点的值趋向最小,而不管其他的样本点,与梯度下降算法相比,这样可以大幅提升计算效率,但是收敛的效果欠佳,通常它只能求得接近局部最优的解,而无法真正达到局部最优解,适用于训练集较大的模型训练。

随机梯度下降主要用来求解类似于如下求和形式的优化问题:

$$f(w)=\sum_{i=1}^{n}f_i(w,x_i,y_i)$$

梯度下降法的表达式如下所示:

$$w_{t+1}=w_t-\eta_{t+1}\nabla f(w_t)=w_t-\eta_{t+1}\sum_{i=1}^{n}\nabla f_i(w_t,x_i,y_i)$$

在梯度下降算法中,对于每个训练实例,都要计算梯度向量$\nabla f(w_t)$。当 n 的取值较大时,每次迭代计算将会花费大量的时间,所以在实际应用中通常会采用随机梯度下降算法。随机梯度下降算法会从所有训练实例中取一个小的采样来估计$\nabla f(w_t)$,表达式如下所示。

$$w_{t+1}=w_t-\eta_{t+1}\nabla f_{i_k}(w_t,x_{i_k},y_{i_k})$$

式中 $i_k\in\{1,2,\cdots,n\}$。

机器学习中模型的良好泛化能力往往需要大量的训练数据集支持,但大型训练集也造成了计算代价的增加。机器学习算法中的损失函数通常可以分解成每个样本损失函数的总和。随机梯度下降算法在训练线性回归模型和支持向量机模型中表现良好。

8.6 本章小结

通过本章的学习,读者应了解感知机、激活函数以及基于梯度的算法等相关概念,这是神经网络相关知识中的基础部分,其中对于感知机应重点掌握其线性单元的构成、作用及使用的局限性，掌握激活函数的应用选择和各类激活函数的优势与局限性。

8.7 习　　题

1. 填空题

(1) 神经网络的训练算法就是将________的值调整到最佳，使得整个网络可以取得最佳的预测结果。

(2) 感知机在面对非线性可分数据集时，会出现无法收敛的情况，此时可以通过添加一个____________________来解决这一问题。

(3) 感知机在面对不可先行分割的数据集时，会存在________的情况。

(4) 判断激活函数是否适合所应用模型的标准不在于它能否________，而在于能否________。

(5) 神经网络的隐藏层在处理数据时分为________和________两个阶段。

2. 选择题

(1) 一般情况下神经元中选择下列选项中的(　　)作为激活函数。

A. Sigmoid 函数　　B. ReLU 函数

C. 阶跃函数　　D. Softmax 函数

(2) Tanh 函数的导数区间为(　　)。

A. $[-1,1]$　　B. $[0,1]$　　C. $[-1,0]$　　D. $[0,+\infty]$

(3) 与 Tanh 函数相比，ReLU 函数不具有下列哪种优势？(　　)

A. 解决了正区间上的梯度消失问题

B. 具有单侧抑制的特性，计算效率极高

C. 收敛速度更快

D. 输出 0 均值化

(4) Softmax 函数的值在 $v_i \in (-\infty,0]$ 区间时趋向于(　　)，$v_i \in [0,+\infty]$ 区间时趋向于(　　)。

A. 1,0　　B. −1,0　　C. 0,−1　　D. 0,1

(5) 同一个深度神经网络，各条件相同的情况下，使用下列 4 种激活函数时，收敛速度最快的是(　　)。

A. Sigmoid 函数　　B. Tanh 函数

C. ReLU 函数　　D. Softmax 函数

3. 思考题

(1) 简述 Tanh 函数与 Sigmoid 函数的区别及其局限性。

(2) 简述人工神经网络中 ReLU 为什么好于 Tanh 函数和 Sigmoid 函数。

第9章 反向传播与梯度计算

本章学习目标

- 了解反向传播的相关概念；
- 掌握反向传播算法的推导方法；
- 掌握梯度计算的方法；
- 理解梯度消失。

目前，反向传播算法是最受欢迎的深度神经网络的模型最优化方法，虽然它可能已不再是计算梯度的唯一最优方式，但目前仍然大量被使用。反向传播算法由 Rumelhart 等人在 1986 年提出，它允许来自损失函数的信息通过网络向后流动，以便计算梯度，是一种以梯度下降为核心的神经网络最优化方法。本章将对反向传播的有关内容进行讲解。

9.1 风险最小化

9.1.1 经验风险最小化

损失函数(Loss Function)是用来衡量模型的预测值与真实值的不一致性的函数，它是一个非负实数值函数，通常用 $L(Y,f(X))$ 表示。损失函数是经验风险函数的核心要素，损失函数的值越小，系统的鲁棒性越好。接下来分别介绍 5 种常用的损失函数。

1. 0-1 损失函数(0-1 Loss Function)

0-1 损失函数用于记录模型分类错误的次数，即预测值 $f(X)$ 与真实值 Y 是否相同，感知机便采用了该函数作为损失函数。其函数表达式如下所示：

$$L(Y,f(X))=\begin{cases}1, & Y\neq f(X)\\ 0, & Y=f(X)\end{cases}$$

0-1 损失函数为非凸函数，在求解过程中只关注预测值与真实值是否相同，这种方法的运用条件过于苛刻。在实际应用中通常不会严格检测预测值是否与真实值完全相同。此时，通过预设一个常数 T，当满足 $|Y-f(X)|<T$ 时即认为预测值与真实值相等，表达式如下所示：

$$L(Y,f(X))=\begin{cases}1, & |Y-f(X)|\geqslant T\\ 0, & |Y-f(X)|<T\end{cases}$$

2. 铰链损失函数(Hinge Loss Function)

铰链损失函数也称作最大间隔目标函数，常用于支持向量机中的最大化间隔分类，其函数表达式为：

$$L(Y,f(X)) = \max(0,1-Y\times f(X))$$

如果被正确分类，则损失值为 0，否则损失值为 $1-Y\times f(X)$ 。在铰链损失函数中不鼓励 $|f(X)|>1$，即不鼓励分类器过度自信，让某个可以正确分类的样本与分隔线的距离超过 1 并不会有任何奖励，这可以让分类器更专注于整体的分类误差。

3. 对数损失函数(Logarithmic Loss Function)

对数损失函数具有单调性，因此在求最优化问题时，对数损失函数的趋势与原始目标一致，在含有乘积的目标函数(例如，极大似然函数)中，通过取对数可以将求解过程转化为更为简便的求和，从而大大简化目标函数的求解过程。此外，由于对数函数是单调递增的，为了转化为最小值问题，通常会在其表达式前添加负号，其函数表达式为：

$$L(Y,f(X)) = -\ln P(Y \mid X)$$

4. 平方损失函数(Square Loss Function)

平方损失函数是一种常见的线性回归模型最优化目标函数，即真实值与预测值之差的平方和，其表达式为：

$$L(Y,f(X)) = (Y-f(X))^2$$

5. 指数损失函数(Exponential Loss Function)

指数损失函数是 0-1 损失函数的一种代理函数，指数损失函数的具体形式如下：

$$L(Y,f(X)) = \exp(-Yf(X))$$

指数损失函数具有单调性、非负性的优良性质，使得其越接近正确结果误差越小，运用指数损失函数的典型分类器是 AdaBoost 算法。需要注意的是，指数损失函数存在误分类样本的权重会指数上升的问题。如果数据样本是异常点，则会极大地干扰后面基本分类器的学习效果，这同时也是 AdaBoost 算法的缺点之一。

以上为 5 种较为常见的损失函数，其他损失函数在此不再一一列出，可以参考相关书籍对未提及的损失函数进行了解。

对于任意给定的损失函数 $L(Y,f(X))$，可以求得平均意义下的期望损失函数，期望损失函数也称为期望风险函数(Expected Risk Function)，其一般表达式为：

$$R_{\exp}(f) = E(L(Y,f(X))) = \int L(y,f(x))P(x,y)\mathrm{d}x\mathrm{d}y$$

在实际应用中，联合分布函数 $P(x,y)$是未知的，因此通常把经验风险最小化作为优化的目标。假设存在训练数据集 $T=\{(x_1,y_2),(x_2,y_2),\cdots,(x_m,y_m)\}$，模型 $f(x)$关于训练数据集 T 的经验风险为：

$$R_{\mathrm{emp}}(f) = \frac{1}{m}\sum_{i=1}^{m}L(y_i,f(x_i))$$

当 m 趋近于无穷大时，下列表达式成立：

$$\lim_{m\to\infty}R_{\mathrm{emp}}(f) = R_{\exp}(f)$$

当样本容量足够大时，经验风险最小化能保证有很好的学习效果，在现实中被广泛采用。当模型是条件概率分布，损失函数是对数损失函数时，经验风险最小化等同于极大似然估计。

9.1.2　结构风险最小化

如果只考虑经验风险，当样本容量较小时，很容易产生过拟合现象。过拟合的极端情况便是模型 $f(x)$ 对训练集中所有的样本数据都有最好的预测能力，但是对于非训练集中的样本数据，模型的预测能力非常不好。

结构风险最小化(Expected Risk Minimum)是对经验风险和期望风险的折中，可以使模型在整个样本集上的期望风险得到控制。在经验风险函数中加入正则化项便是结构风险函数(Structural Risk Function)，其表达式为：

$$R_{\text{struct}}(f) = \frac{1}{m}\sum_{i=1}^{m} L(y_i, f(x_i)) + \lambda J(f)$$

其中，$J(f)$ 表示模型的复杂度，是定义在假设空间上的泛函。模型 f 越复杂，复杂度 $J(f)$ 就越大。复杂度 $J(f)$ 表示了对复杂模型的惩罚。结构风险小的模型往往对训练数据和未知的测试数据都有较好的适应性。例如，贝叶斯估计中的最大后验概率估计就是结构风险最小化的例子。

经验风险越小，往往模型决策函数越复杂，其包含的参数越多，当经验风险函数小到一定程度就会出现过拟合现象。模型决策函数的复杂程度是过拟合的必要条件，降低决策函数的复杂度可以在一定程度上避免过拟合现象，也就是让惩罚项 $J(f)$ 最小化。需要同时保证经验风险函数和模型决策函数的复杂度都达到最小化，可以把两个式子融合从而得到结构风险函数，然后对这个结构风险函数进行最小化。

在结构风险最小化原则下，一个分类器的设计过程包含以下两方面的任务：

(1) 选择一个适当的函数子集，使它对问题来说具有最优的分类能力。

(2) 从这个函数子集中选择一个判别函数，使得经验风险最小。

9.2　梯度计算

梯度本意是一个向量在某一函数某点处沿着该方向的导数取得该点处的最大值，即函数在该点处沿某方向变化最快，变化率最大(为该梯度的模)。9.1 节介绍了常见的损失函数，在最小化损失函数时，由于输入的 x 会逐步添加，因此最小化不可能一步到位。通过选择损失值下降速度最快的方向，尽快让损失值降到最低，使得系统稳定，这就是计算梯度的原因。

反向传播算法的核心是梯度下降。对于多元分类模型，一般采用对数损失函数：

$$L(y_i, f(x_i)) = -\ln P(y_i \mid x_i) = -\ln f(x_i)_{y_i}$$

由此可将结构风险函数简化为下列形式：

$$R_{\text{struct}}(f) = \min_{W,b} -\frac{1}{m}\sum_{i=1}^{m} -\ln f(x_i)_{y_i} + \lambda\Omega(W,b)$$

接下来对上式的参数进行求导。首先把对数损失函数写成通用的向量形式，即

$$L(y_i, f(x_i)) = -\sum_i 1_{(y=i)} \ln f(x)_i = -\ln f(x)_y$$

式中 $1_{(y=i)}$ 为指示函数(Indicator Function)。指示函数是定义在某集合 A 上的函数，表示其中有哪些元素属于子集 B。$1_{(y=i)}$ 满足下式：

$$1_{(y=i)}=\begin{cases}1, & y=i\\ 0, & y\neq i\end{cases}$$

9.2.1 输出层梯度

反向传播算法其实就是链式求导法则的应用，通过反向传播算法来更新参数是一个反向的过程，即首先从输出层出发，一直返回到输入层。本节首先介绍输出层的梯度计算。输出层由预激活输出和激活输出两个阶段组成，因此输出层的梯度也由激活输出梯度和预激活输出梯度两部分构成。

- 输出层激活输出偏导数：

$$\frac{\partial L(f(\boldsymbol{x}),\boldsymbol{y})}{\partial f(x)_i}=\frac{\partial(-\ln f(x)_y)}{\partial f(x)_i}=\frac{-1_{(y=i)}}{f(x)_y}$$

- 输出层激活输出梯度：

$$\begin{aligned}\frac{\partial L(f(\boldsymbol{x}),\boldsymbol{y})}{\partial f(\boldsymbol{x})}&=\frac{\partial(-\ln f(x)_y)}{\partial f(\boldsymbol{x})}\\&=\frac{-1}{f(x)_y}(1_{(y=0)},1_{(y=1)},\cdots,1_{(y=c-1)})^{\mathrm{T}}\end{aligned}$$

设 $e(\boldsymbol{y})=[1_{(y=0)},1_{(y-1)},\cdots 1_{(y=c-1)}]^{\mathrm{T}}$，上式可简化为

$$\frac{\partial L(f(\boldsymbol{x}),\boldsymbol{y})}{\partial f(\boldsymbol{x})}=\frac{-e(\boldsymbol{y})}{f(x)_y}$$

- 输出层预激活输出偏导数：

$$\begin{aligned}\frac{\partial L(f(\boldsymbol{x}),\boldsymbol{y})}{\partial a^{L+1}(x)_i}&=\frac{\partial(-\ln f(x)_y)}{\partial a^{L+1}(x)_i}=\frac{\partial(-\ln f(x)_y)}{\partial f(x)_y}\frac{\partial f(x)_y}{\partial a^{L+1}(x)_i}\\&=\frac{-1}{f(x)_y}\frac{\partial f(x)_y}{\partial a^{L+1}(x)_i}\end{aligned}$$

其中 $f(x)_y$ 满足：

$$f(x)_y=\mathrm{softmax}(a^{L+1}(x)_y)=\frac{\exp(a^{L+1}(x)_y)}{\sum_{k=0}^{c-1}\exp(a^{L+1}(x)_k)}$$

将上式代入输出层预激活输出偏导数表达式中，通过链式求导可化简为：

$$\begin{aligned}\frac{\partial L(f(\boldsymbol{x}),\boldsymbol{y})}{\partial a^{L+1}(x)_i}&=\frac{\partial(-\ln f(x)_y)}{\partial a^{L+1}(x)_i}\\&=\frac{\partial(-\ln f(x)_y)}{\partial f(x)_y}\frac{\partial f(x)_y}{\partial a^{L+1}(x)_i}\\&=\frac{-1}{f(x)_y}\frac{\partial f(x)_y}{\partial a^{L+1}(x)_i}\\&=\frac{-1}{f(x)_y}\left[\frac{\partial}{\partial a^{L+1}(x)_i}\frac{\exp(a^{L+1}(x)_y)}{\sum_{k=0}^{c-1}\exp(a^{L+1}(x)_k)}\right]\\&=\frac{-1}{f(x)_y}\left[\frac{\frac{\partial}{\partial a^{L+1}(x)_i}\exp(a^{L+1}(x)_y)}{\sum_{k=0}^{c-1}\exp(a^{L+1}(x)_k)}-\right.\end{aligned}$$

$$\frac{\exp\left(a^{L+1}(x)_y\right)\left(\dfrac{\partial}{\partial a^{L+1}(x)_i}\sum_{k=0}^{i-1}\exp\left(a^{L+1}(x)_k\right)\right)}{\left(\sum_{k=0}^{c-1}\exp\left(a^{L+1}(x)_k\right)\right)^2}\Bigg]$$

$$=\frac{-1}{f(x)_y}\left[\frac{1_{(y=i)}\exp(a^{L+1}(x)_y)}{\sum_{k=0}^{c-1}\exp\left(a^{L+1}(x)_k\right)}-\frac{\exp\left(a^{L+1}(x)_y\right)\exp\left(a^{L+1}(x)_i\right)}{\left(\sum_{k=0}^{c-1}\exp\left(a^{L+1}(x)_k\right)\right)^2}\right]$$

$$=\frac{-1}{f(x)_y}\left[1_{(y=i)}f(x)_y-f(x)_yf(x)_i\right]$$

$$=-\left(1_{(y=i)}-f(x)_i\right)$$

根据上述推导求得输出层预激活输出偏导数值为$-(1_{(y=i)}-f(x)_i)$。

- 输出层预激活输出梯度。

对下式扩展可得输出层预激活梯度：

$$\frac{\partial L(f(\boldsymbol{x}),\boldsymbol{y})}{\partial a^{L+1}(x)_i}=-\left(e(\boldsymbol{y})-f(\boldsymbol{x})\right)$$

上式中 $e(\boldsymbol{y})=[1_{(y=0)},1_{(y=1)},\cdots,1_{(y=c-1)}]^{\mathrm{T}}$，$f(\boldsymbol{x})=[f(x)_0,f(x)_1,\cdots,f(x)_{c-1}]^{\mathrm{T}}$。简化上式后可得：

$$\frac{\partial L(f(\boldsymbol{x}),\boldsymbol{y})}{\partial f(\boldsymbol{x})}=\frac{-e(\boldsymbol{y})}{f(x)_y}$$

9.2.2　隐藏层梯度

与输出层相比，隐藏层的梯度求导过程相对更加复杂。在此首先推导出与输出层相连的第 L 层隐藏层的梯度，然后根据该推导过程得出隐藏层中第 k 层的梯度公式。

- 隐藏层激活输出偏导数：

$$\frac{\partial L(f(\boldsymbol{x}),\boldsymbol{y})}{\partial h^L(x)_i}=\frac{\partial-\ln f(x)_y}{\partial h^L(x)_i}$$

上式中，$h^L(x)_i$ 表示第 L 层隐藏层的第 i 个神经元的激活输出，第 L 层的隐藏层中每个神经元都与第 $L+1$ 层相关联，L 层与 $L+1$ 层的关系满足下列等式：

$$a^{L+1}(x)_j=\sum_{i=1}^{n_L}\left(w_{ij}^{L+1}h^L(x)_i\right)+b_j^{L+1}$$

通过链式法则推导出如下表达式：

$$\frac{\partial L(f(\boldsymbol{x}),\boldsymbol{y})}{\partial h^L(x)_i}=\sum_{j=0}^{c-1}\left(\frac{\partial L(f(\boldsymbol{x}),\boldsymbol{y})}{\partial a^{L+1}(x)_j}\frac{\partial a^{L+1}(x)_j}{\partial h^L(x)_i}\right)$$

将上式代入隐藏层激活输出偏导数求值公式得：

$$\frac{\partial L(f(\boldsymbol{x}),\boldsymbol{y})}{\partial h^L(x)_i}=\frac{\partial-\ln f(x)_y}{\partial h^L(x)_i}=\sum_{j=0}^{c-1}\left(\frac{\partial-\ln f(x)_y}{\partial a^{L+1}(x)_j}\frac{\partial a^{L+1}(x)_j}{\partial h^L(x)_i}\right)$$

根据 9.2.1 节的推导，上述表达式中等号右边的第一项可以表述为如下形式：

$$\frac{\partial-\ln f(x)_y}{\partial a^{L+1}(x)_j}=-\left(1_{(y=j)}-f(x)_j\right)$$

等号右边第二项可以通过对下式求导获得：

$$\frac{\partial a^{L+1}(x)_j}{\partial h^L(x)_i} = w_{ij}^{L+1}$$

将上述两项代入下列表达式：

$$\frac{\partial L(f(\boldsymbol{x}),\boldsymbol{y})}{\partial h^L(x)_j} = \frac{\partial -\ln f(x)_y}{\partial h^L(x)_i} = \sum_{j=0}^{c-1}\left(\frac{\partial -\ln f(x)_y}{\partial a^{L+1}(x)_j}\frac{\partial a^{L+1}(x)_j}{\partial h^L(x)_i}\right)$$

得到如下表达式：

$$\frac{\partial L(f(\boldsymbol{x}),\boldsymbol{y})}{\partial h^L(x)_i} = (\boldsymbol{W}_{i,*}^{L+1})^{\mathrm{T}}\left(\frac{\partial -\ln f(x)_y}{\partial a^{L+1}(\boldsymbol{x})}\right) = -\boldsymbol{W}_{i,*}^{L+1}(e(\boldsymbol{y})-f(\boldsymbol{x}))$$

- 隐藏层激活输出梯度：

隐藏层梯度公式为

$$\frac{\partial L(f(\boldsymbol{x}),\boldsymbol{y})}{\partial h^L(\boldsymbol{x})} = -\boldsymbol{W}^{L+1}(e(\boldsymbol{y})-f(\boldsymbol{x}))$$

其中 $\boldsymbol{W}^{L+1}$ 为一个大小为 $n_L\times c$ 的矩阵，$(e(\boldsymbol{y})-f(\boldsymbol{x}))$ 是一个大小为 $c\times 1$ 的向量，因此有：

$$\frac{\partial L(f(\boldsymbol{x}),\boldsymbol{y})}{\partial h^L(\boldsymbol{x})} = \left(\frac{\partial L(f(\boldsymbol{x}),\boldsymbol{y})}{\partial h^L(x)_1},\frac{\partial L(f(\boldsymbol{x}),\boldsymbol{y})}{\partial h^L(x)_2},\cdots,\frac{\partial L(f(\boldsymbol{x}),\boldsymbol{y})}{\partial h^L(x)_{n_L}}\right)^{\mathrm{T}} \in \mathbf{R}^{n_L}$$

- 隐藏层预激活输出偏导数：

$$\frac{\partial L(f(\boldsymbol{x}),\boldsymbol{y})}{\partial a^L(x)_i} = \frac{\partial -\ln f(x)_y}{\partial a^L(x)_i} = \frac{\partial -\ln f(x)_y}{\partial h^L(x)_i}\frac{\partial h^L(x)_i}{\partial a^L(x)_i}$$

根据之前的推导，上述表达式中 $\frac{\partial -\ln f(x)_y}{\partial h^L(x)_i} = \frac{\partial L(f(\boldsymbol{x}),\boldsymbol{y})}{\partial h^L(x)_i}$，因为

$$\frac{\partial L(f(\boldsymbol{x}),\boldsymbol{y})}{\partial h^L(x)_i} = -\boldsymbol{W}_{i,*}^{L+1}(e(\boldsymbol{y})-f(\boldsymbol{x}))$$

所以

$$\frac{\partial -\ln f(x)_y}{\partial h^L(x)_i} = -\boldsymbol{W}_{i,*}^{L+1}(e(\boldsymbol{y})-f(\boldsymbol{x}))$$

等号右边第二项可通过对下列表达式求导获得。对下列表达式求导：

$$\frac{\partial L(f(\boldsymbol{x}),\boldsymbol{y})}{\partial h^L(\boldsymbol{x})} = -\boldsymbol{W}^{L+1}(e(\boldsymbol{y})-f(\boldsymbol{x}))$$

得

$$\frac{\partial h^L(x)_y}{\partial a^L(x)_i} = g'(a^L(x)_i)$$

将左右两项代入隐藏层预激活输出偏导数表达式中可得：

$$\frac{\partial L(f(\boldsymbol{x}),\boldsymbol{y})}{\partial a^L(x)_i} = -\boldsymbol{W}_{i,*}^{L+1}(e(\boldsymbol{y})-f(\boldsymbol{x}))g'(a^L(x)_i)$$

- 隐藏层预激活输出梯度：

$$\frac{\partial L(f(\boldsymbol{x}),\boldsymbol{y})}{\partial a^L(\boldsymbol{x})} = \frac{\partial L(f(\boldsymbol{x}),\boldsymbol{y})}{\partial h^L(\boldsymbol{x})}\frac{\partial h^L(\boldsymbol{x})}{\partial a^L(\boldsymbol{x})}$$

将隐藏层梯度公式代入上式可得：

$$\frac{\partial L(f(\boldsymbol{x}),\boldsymbol{y})}{\partial a^L(\boldsymbol{x})} = (-\boldsymbol{W}^{L+1}(e(\boldsymbol{y})-f(\boldsymbol{x})))\cdot(g'(a^L(x)_1),g'(a^L(x)_2),\cdots,g'(a^L(x)_{n_L}))$$

在上述表达式中，运算符号“·”表示点积运算。

接下来对第 k 层隐藏层对应的梯度进行推导。由于反向传播算法从输出层开始，根据

前面讲到的求解第 k 层隐藏层的梯度进行如下求解。

- 第 t 层的隐藏层激活输出偏导数为：

$$\frac{\partial L(f(\boldsymbol{x}),\boldsymbol{y})}{\partial h^{t}(x)_{i}}$$

其中 $t=k+1,k,\cdots,L,L+1$；$i=1,2,\cdots,n_{t}$。

- 第 t 层的隐藏层激活输出梯度为：

$$\frac{\partial L(f(\boldsymbol{x}),\boldsymbol{y})}{\partial h^{t}(\boldsymbol{x})}$$

其中，$t=k+1,k,\cdots,L,L+1$。

- 第 t 层的隐藏层预激活输出偏导数为：

$$\frac{\partial L(f(\boldsymbol{x}),\boldsymbol{y})}{\partial a^{L}(x)_{i}}$$

其中 $t=k+1,k,\cdots,L,L+1$；$i=1,2,\cdots,n_{t}$。

- 第 t 层的隐藏层预激活输出梯度为：

$$\frac{\partial L(f(\boldsymbol{x}),\boldsymbol{y})}{\partial a^{t}(\boldsymbol{x})}$$

其中 $t=k+1,k,\cdots,L,L+1$。

根据 $\frac{\partial L(f(\boldsymbol{x}),\boldsymbol{y})}{\partial h^{L}(x)_{i}}=(W_{i,*}^{L+1})^{\mathrm{T}}\left(\frac{\partial-\ln f(x)_{y}}{\partial a^{L+1}(\boldsymbol{x})}\right)=-W_{i,*}^{L+1}(e(\boldsymbol{y})-f(\boldsymbol{x}))$，可以求出第 k 层隐藏层激活输出偏导数为：

$$\frac{\partial L(f(\boldsymbol{x}),\boldsymbol{y})}{\partial h^{k}(x)_{i}}=W_{i,*}^{k+1}\left(\frac{\partial-\ln f(x)_{y}}{\partial a^{k+1}(\boldsymbol{x})}\right)$$

根据 $\frac{\partial L(f(\boldsymbol{x}),\boldsymbol{y})}{\partial h^{L}(\boldsymbol{x})}=-\boldsymbol{W}^{L+1}(e(\boldsymbol{y})-f(\boldsymbol{x}))$ 可以求出第 k 层隐藏层激活输出梯度为：

$$\frac{\partial L(f(\boldsymbol{x}),\boldsymbol{y})}{\partial h^{k}(\boldsymbol{x})}=\boldsymbol{W}^{k+1}\left(\frac{\partial-\ln f(x)_{y}}{\partial a^{k+1}(\boldsymbol{x})}\right)$$

根据 $\frac{\partial L(f(\boldsymbol{x}),\boldsymbol{y})}{\partial a^{L}(x)_{i}}=-W_{i,*}^{L+1}(e(\boldsymbol{y})-f(\boldsymbol{x}))g'(a^{L}(x)_{i})$ 可以求出第 k 层隐藏层预激活输出偏导数为：

$$\frac{\partial L(f(\boldsymbol{x}),\boldsymbol{y})}{\partial a^{k}(x)_{i}}=-\frac{\partial-\ln f(x)_{y}}{\partial h^{k}(x)_{i}}g'(a^{k}(x)_{i})$$

根据 $\frac{\partial L(f(\boldsymbol{x}),\boldsymbol{y})}{\partial a^{L}(\boldsymbol{x})}=(-\boldsymbol{W}^{L+1}(e(\boldsymbol{y})-f(\boldsymbol{x})))\times(g'(a^{L}(x)_{1}),g'(a^{L}(x)_{2}),\cdots,g'(a^{L}(x)_{n_{L}}))$ 可以求出第 k 层隐藏层预激活输出梯度为：

$$\frac{\partial L(f(\boldsymbol{x}),\boldsymbol{y})}{\partial a^{k}(\boldsymbol{x})}=\frac{\partial-\ln f(x)_{y}}{\partial a^{k}(\boldsymbol{x})}=\frac{\partial L(f(\boldsymbol{x}),\boldsymbol{y})}{\partial h^{k}(\boldsymbol{x})}\times(g'(a^{k}(x)_{1}),g'(a^{k}(x)_{2}),\cdots,g'(a^{k}(x)_{n_{k}}))$$

9.2.3　参数梯度

根据前面两节所介绍的输出层和隐藏层的梯度计算过程，现在开始推导参数梯度。神经网络的参数由相邻两层的权重参数 $\boldsymbol{W}$ 和每一个神经元的偏置值 b 组成，其中

$$\boldsymbol{W}=(\boldsymbol{W}^{1},\boldsymbol{W}^{2},\cdots,\boldsymbol{W}^{L+1})$$

$$b=(b^1,b^2,\cdots,b^{L+1})$$

对于任意的 $W_{i,j}^k$，满足下列表达式：

$$\frac{\partial L(f(\boldsymbol{x}),\boldsymbol{y})}{\partial \boldsymbol{W}_{i,j}^k}=\frac{\partial-\ln f(x)_y}{\partial \boldsymbol{W}_{i,j}^k}=\frac{\partial-\ln f(x)_y}{\partial a^k(x)_j}\frac{\partial a^k(x)_j}{\partial \boldsymbol{W}_{i,j}^k}$$

其中 $a^k(x)_j$ 的值如下所示：

$$a^k(x)_j=b_j^k+\sum_i \boldsymbol{W}_{i,j}^k h^{k-1}(x)_i$$

因此有下列表达式成立：

$$\frac{\partial a^k(x)_j}{\partial \boldsymbol{W}_{i,j}^k}=h^{k-1}(x)_i$$

所以

$$\frac{\partial L(f(\boldsymbol{x}),\boldsymbol{y})}{\partial \boldsymbol{W}_{i,j}^k}=\frac{\partial-\ln f(x)_y}{\partial \boldsymbol{W}_{i,j}^k}=\frac{\partial-\ln f(x)_y}{\partial a^k(x)_j}h^{k-1}(x)_i$$

如果把上式用矩阵的形式表示，则对于任意的 $\boldsymbol{W}^k$，有以下表达式成立：

$$\frac{\partial L(f(\boldsymbol{x}),\boldsymbol{y})}{\partial \boldsymbol{W}^k}=\frac{\partial-\ln f(x)_y}{\partial \boldsymbol{W}^k}=\left(\frac{\partial-\ln f(x)_y}{\partial a^k(\boldsymbol{x})}\right)^{\mathrm{T}}h^{k-1}(\boldsymbol{x})$$

其中 $h^{k-1}(\boldsymbol{x})=(h^{k-1}(x)_1,h^{k-1}(x)_2,h^{k-1}(x)_3,\cdots,h^{k-1}(x)_{n_{k-1}})^{\mathrm{T}}$。

若 $h^{k-1}(\boldsymbol{x})\in\mathbf{R}^{n_{k-1}\times 1}$，$\frac{\partial-\ln f(x)_y}{\partial a^k(\boldsymbol{x})}\in\mathbf{R}^{n_{k-1}\times 1}$，则有 $\frac{\partial L(f(\boldsymbol{x}),\boldsymbol{y})}{\partial \boldsymbol{W}^k}\in\mathbf{R}^{n_{k-1}\times n_k}$，且有如下表达式成立：

$$\left(\frac{\partial L(f(\boldsymbol{x}),\boldsymbol{y})}{\partial \boldsymbol{W}^k}\right)_{ij}=\frac{\partial L(f(\boldsymbol{x}),\boldsymbol{y})}{\partial \boldsymbol{W}_{i,j}^k}$$

同理可得，对于任意的偏置值 b_j^k 有如下表达式成立：

$$\frac{\partial L(f(\boldsymbol{x}),\boldsymbol{y})}{\partial b_j^k}=\frac{\partial-\ln f(x)_y}{\partial b_j^k}=\frac{\partial-\ln f(x)_y}{\partial a^k(x)_j}\frac{\partial a^k(x)_j}{\partial b_j^k}=\frac{\partial-\ln f(x)_y}{\partial a^k(x)_j}$$

对 b_j^k 求导，满足 $\frac{\partial a^k(x)_j}{\partial b_j^k}=1$。如果把上式用矩阵的形式表示，对于任意的 b^k，有如下表达式成立：

$$\frac{\partial L(f(\boldsymbol{x}),\boldsymbol{y})}{\partial b^k}=\frac{\partial-\ln f(x)_y}{\partial b^k}=\frac{\partial-\ln f(x)_y}{\partial a^k(\boldsymbol{x})}$$

9.2.4 梯度消失和梯度爆炸

梯度消失(Vanishing Gradient)也称作梯度弥散。含有浮点数的运算经常要面对梯度弥散或消失的问题。反向传播算法是逐层对函数偏导相乘的过程，因此在神经网络层数较深时，最后一层的输出值可能会因为乘了很多小于 1 的数而最终趋近于 0，从而导致层数比较浅的权重无法更新，这便是梯度消失。

接下来，以 Sigmoid 函数为例，对梯度消失的原因进行分析，Sigmoid 函数的导数如图 9.1 所示。

从图 9.1 中可以看到，当导数的值最大时 $\sigma'(0)=\frac{1}{4}$。如果采用标准方法来初始化网络

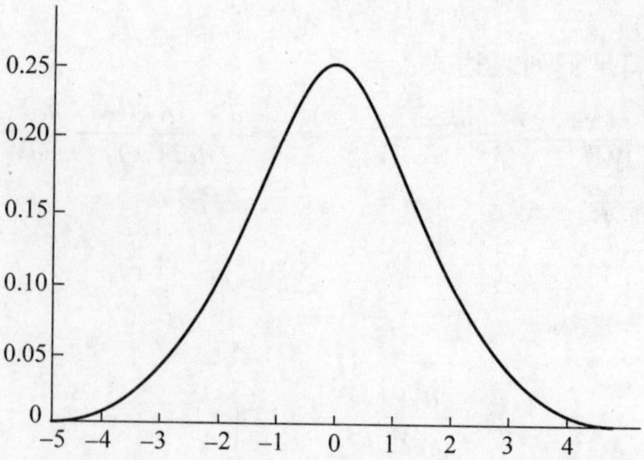

图 9.1 Sigmoid 函数的导数

中的权重,便会引入一个均值为 0、标准差为 1 的高斯分布。因此,所有的权重通常会满足 $|w_i|<1$,从而有 $w_i\sigma'(z_j)<\frac{1}{4}$。具体过程如图 9.2 所示。

$$\frac{\partial C}{\partial b_1}=\sigma'(z_1)\overbrace{w_2\sigma'(z_2)}^{<\frac{1}{4}}\overbrace{w_3\sigma'(z_3)}^{<\frac{1}{4}}\underbrace{w_4\sigma'(z_4)\frac{\partial C}{\partial a_4}}$$

↕ 相同的部分

$$\frac{\partial C}{\partial b_3}=\sigma'(z_3)\overbrace{w_4\sigma'(z_4)\frac{\partial C}{\partial a_4}}$$

图 9.2 初始化网络中的权重

梯度的计算随着层数的增加而呈指数级的递减趋势,离输出层越远,该层的梯度变化比后一层梯度变化越小,这使得靠近输入层的梯度变化变得非常缓慢,从而引起了梯度消失问题。解决上述梯度消失问题的一种方法是将权重初始化值增大,但这可能会造成另一种极端情况——梯度爆炸。更好的办法是引入 ReLU 激活函数代替 Sigmoid 激活函数来解决梯度消失的问题。使用 Sigmoid 函数作为激活函数的神经网络都会因为该激活函数本身的局限性而在梯度更新时受到影响,产生梯度消失或者梯度爆炸的问题。

9.3 反向传播

反向传播(Back Propagation)算法是利用链式法则递归计算表达式的梯度的方法,它在多层神经网络的训练中具有重要意义,理解反向传播算法对于设计、构建和优化神经网络非常关键。反向传播经常被误解为神经网络的整个学习算法,事实上,在神经网络领域它只用于梯度计算,该算法适用于大多数简化多变量复合求导的过程。

反向传播由前向传导和后向传导两个操作构成,前向传导利用当前的权重参数和输入数据,由输入层向输出层方向计算预测结果,然后根据预测结果与真实值求得损失函数;反向传导通过前向操作求得的损失函数由输出层向输入层方向求解网络的参数梯度。

反向传播算法的流程如下所示:

(1) 求得输出层梯度

$$\frac{\partial L(f(\boldsymbol{x}),\boldsymbol{y})}{\partial a^{L+1}(\boldsymbol{x})}=-(e(\boldsymbol{y})-f(\boldsymbol{x}))$$

(2) 计算参数梯度，表达式中 $k\in\{L+1,L,\cdots,1\}$：

$$\frac{\partial L(f(\boldsymbol{x}),\boldsymbol{y})}{\partial \boldsymbol{W}^k}=\frac{\partial -\ln f(x)_y}{\partial \boldsymbol{W}^k}=h^{k-1}(\boldsymbol{x})\left(\frac{\partial -\ln f(x)_y}{\partial a^k(\boldsymbol{x})}\right)^{\mathrm{T}}$$

$$\frac{\partial L(f(\boldsymbol{x}),\boldsymbol{y})}{\partial b^k}=\frac{\partial -\ln f(x)_y}{\partial b^k}=\frac{\partial -\ln f(x)_y}{\partial a^k(\boldsymbol{x})}$$

(3) 计算第 $k-1$ 层隐藏层的激活和预激活梯度。

$$\frac{\partial L(f(\boldsymbol{x}),\boldsymbol{y})}{\partial h^k(\boldsymbol{x})}=\boldsymbol{W}^{k+1}\left(\frac{\partial -\ln f(x)_y}{\partial a^{k+1}(\boldsymbol{x})}\right)$$

$$\frac{\partial L(f(\boldsymbol{x}),\boldsymbol{y})}{\partial a^k(\boldsymbol{x})}=\frac{\partial L(f(\boldsymbol{x}),\boldsymbol{y})}{\partial h^k(\boldsymbol{x})}\times(g'(a^k(x)_1),g'(a^k(x)_2),\cdots,g'(a^k(x)_{n_k}))$$

9.4 本章小结

本章主要介绍了风险最小化的相关知识以及梯度消失和梯度爆炸的原因，并详细讲解了反向传播的基本概念和推导过程，通过本章的学习，希望大家可以深入了解深度学习中的反向传播的相关知识。

9.5 习题

1. 填空题

(1) ________是用来衡量模型的预测值与真实值的一致性的函数。

(2) 结构风险函数是在经验风险函数后添加一个________得到的函数。

(3) 梯度下降算法通过选择损失值下降最快的方向，让损失值快速________，使得系统稳定。

(4) 可以通过将权重初始值________来解决梯度消失的问题，但这种方法可能会造成梯度的激增。

(5) 反向传播算法是利用________法则递归计算表达式的梯度的方法。

2. 选择题

(1) 在实际应用 0-1 损失函数中，通常预设一个常数 T，当满足(　　)时即可认为预测值与真实值相等。

A. $|Y-f(X)|<T$　　B. $|Y-f(X)|=T$

C. $|Y-f(X)|>T$　　D. $|Y-f(X)|\neq 0$

(2) 下列(　　)表达式为对数损失函数的表达式。

A. $L(Y,f(X))=\max(0,1-Y\times f(X))$　　B. $L(Y,f(X))=(Y-f(X))^2$

C. $L(Y,f(X))=-\ln P(Y|X)$　　D. $L(Y,f(X))=\exp(-Yf(X))$

(3) 经验风险越小，模型决策函数越复杂，当经验风险函数过小时会(　　)。

A. 引起模型欠拟合　　B. 引起模型过拟合

C. 降低模型决策函数复杂程度　　　　D. A 和 C 都对

(4) 反向传播算法的核心是(　　)。

A. 结构风险　　　　B. 梯度下降

C. 梯度爆炸　　　　D. 梯度消失

(5) 在反向传播中，前向传导利用当前的权重参数和输入数据，由(　　)方向计算预测结果；反向传导通过前向操作求得的损失函数由(　　)方向求解网络的参数梯度。

A. 输入层向输出层　　输入层向输出层

B. 输入层向输出层　　输出层向输入层

C. 输出层向输入层　　输出层向输入层

D. 输出层向输入层　　输入层向输出层

3. 思考题

(1) 梯度下降法找到的一定是下降速度最快的方向吗？

(2) 简述可以解决梯度消失和梯度爆炸的方法。

第 10 章　自编码器

本章学习目标

- 理解自编码器的含义和学习过程；
- 理解几种常见编码器的作用；
- 了解预训练自编码器和随机编码器。

Hinton 教授等人在 1989 年就已经开始了对自编码器的研究，但直到 2006 年，深度学习的再次兴起才让自编码器被大家熟知。传统自编码器主要用于特征学习，用来初始化神经网络的权重参数，这种逐层预训练初始化参数的方法比传统的对称随机初始化参数方法效果更好。目前，自编码器主要应用于特征提取和非线性降维两个领域。自编码器可以被看作是前馈网络的一种特殊情况，并且可以使用与训练前馈神经网络完全相同的技术进行训练。本章将对自编码器的相关内容进行深入讲解。

10.1　自编码器概述

自编码器(Auto Encoder，AE)是一种无监督的学习算法，主要用于数据的降维或者特征的抽取。在深度学习中，自编码器可用于在训练阶段开始前，确定神经网络权重矩阵的初始值。这种通过逐层预训练和微调得到的初始化参数要比传统的对称随机初始化参数更快收敛，并且缓解了反向传播算法在深层网络的训练中梯度消失的问题。

自编码器的主要应用有特征提取和非线性降维两个功能。自编码器往往并不关心输出的内容，而是关注于隐藏层中的编码环节，即从输入到编码的映射 f。在编码 $\boldsymbol{y}$ 和输入 $\boldsymbol{x}$ 不同的情况下，系统仍能保证输出 $\tilde{\boldsymbol{x}}$ 与输入数据 $\boldsymbol{x}$ 尽可能一致，这说明编码 $\boldsymbol{y}$ 已经通过与输入数据 $\boldsymbol{x}$ 完全不同的表示方式承载了 $\boldsymbol{x}$ 的特征。这个过程被称为特征提取。自编码器是由输入层、隐藏层和输出层构成的前馈神经网络结构，结构如图 10.1 所示。

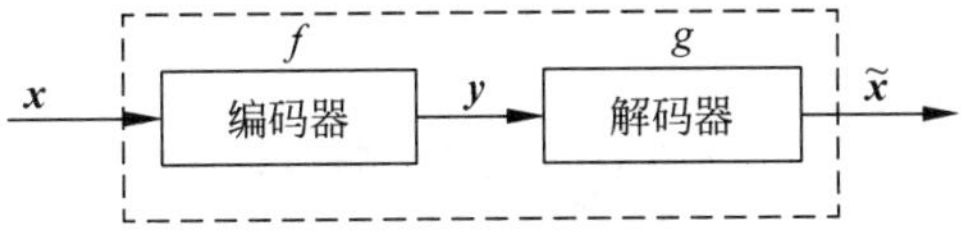

图 10.1　自编码器的结构

图 10.1 所示的结构便是自编码器的基本模型，它由左侧编码器(Encoder)和右侧解码器(Decoder)两部分组成，这两个结构都是用于接收输入信号后输出转换信号。编码器将输入信号 $\boldsymbol{x}$ 转换成编码信号 $\boldsymbol{y}$，其过程如下式所示：

$$\boldsymbol{y} = f(\boldsymbol{W}^{\mathrm{T}}\boldsymbol{x} + b)$$

上式中 f 是激活函数。

解码器是将编码信号 $\boldsymbol{y}$ 转换成输出信号 $\tilde{\boldsymbol{x}}$。自编码器的目的是让最终的输出信号 $\tilde{\boldsymbol{x}}$ 尽可能地还原输入信号 $\boldsymbol{x}$ 的原始特征，其过程如下式所示。

$$\tilde{\boldsymbol{x}} = f((\boldsymbol{W}')^{\mathrm{T}} g(\boldsymbol{x}) + b')$$

上式中，$\tilde{\boldsymbol{x}}$ 可以看作在给定编码 $\boldsymbol{y}$ 时，对 $\boldsymbol{x}$ 的预测，$\tilde{\boldsymbol{x}}$ 要尽可能地还原输入数据 $\boldsymbol{x}$；$\boldsymbol{W}'$ 满足 $\boldsymbol{W}'=\boldsymbol{W}^{\mathrm{T}}$（表达式中的撇号不表示矩阵转置），被称为捆绑权重（Tied Weights），逆映射的权重矩阵 $\boldsymbol{W}'$ 通常选择约束成正向映射的转置。对重构误差的衡量取决于在给定编码时，对输入的适当的分布假设。如果输入神经元是一个任意实数，则通常采用均方误差来定义损失函数，如下式所示：

$$L(\boldsymbol{x},\tilde{\boldsymbol{x}}) = \| \boldsymbol{x} - \tilde{\boldsymbol{x}} \|^2$$

如果输入被解释为位向量或位概率向量，则可以使用输入与重构的交叉熵来定义损失函数，如下式所示：

$$L(\boldsymbol{x},\tilde{\boldsymbol{x}}) = -\sum_{k=1}^{n} [x_k \log \tilde{x}_k + (1-x_k)\log(1-\tilde{x}_k)]$$

利用梯度下降等最优化算法，可以求得模型的最优参数 $\boldsymbol{W}$、b、b'。可以看出，自编码器并不关注输出结果，其核心是隐藏层。

10.2 欠完备自编码器

10.1 节提到，自编码器的训练中通常不会关注解码器的输出，而是关注自编码器从输入数据中提取的有用的特征 $\boldsymbol{y}$。从自编码器获得有用特征的一种方法是对 $\boldsymbol{y}$ 的维度进行限制，让网络以更小的维度来描述原始数据并尽量不损失原始数据的信息，从而得到被压缩的输入层的数据，这种编码维度小于输入维度的自编码器称为欠完备（Undercomplete）自编码器。欠完备自编码器将根据维度限制，只对数据中最显著的特征进行提取。学习过程可以简单地描述为最小化损失函数的过程，表达式如下所示：

$$L(\boldsymbol{x}, g(f(\boldsymbol{x})))$$

其中 L 是一个损失函数，用于度量 $g(f(\boldsymbol{x}))$ 与 $\boldsymbol{x}$ 的相似性，如均方误差。当解码器是线性的且选择均方误差作为损失函数时，欠完备自编码器的学习效果相当于主成分分析（PCA）。在这种情况下，自编码器会学习到训练数据的主元子空间，如果编码器和解码器容量过大，此时自编码器往往只会执行复制任务而不会学习到任何有关数据分布的有用信息。

10.3 常见的几种自编码器

10.3.1 降噪自编码器

降噪自编码器（Denoising Autoencoder）是一种将破损的数据作为输入进行训练，来预测原始未损坏数据作为输出的自编码器。它的主要目的是增强自编码器提取和编码特征的鲁棒性，由 10.2 节的内容可知，自编码器的目的是让最终的输出信号 $\tilde{\boldsymbol{x}}$ 尽可能地还原原始

输入数据 $\boldsymbol{x}$ 的原始特征。然而，当输入层数据 $\boldsymbol{x}$ 受到噪声的影响时，输入数据本身可能并不是真实的原始分布，这时通过自编码器得到的初始模型往往不能正确地拟合真实的数据。降噪自编码器便是为了处理这种由噪声造成数据偏差的网络结构。

降噪是指在输入层与隐藏层之间添加对噪声的处理结构，以一定概率分布(通常使用二项分布)去除原始输入矩阵的噪声，即对矩阵的每个值进行随机置 0 处理，由此得到经过处理后的数据$\hat{\boldsymbol{x}}$。然后按照这个新的数据$\hat{\boldsymbol{x}}$去计算解码 $\boldsymbol{y}$，最终得到输出$\tilde{x}$，并将$\tilde{x}$与原始 $\boldsymbol{x}$ 做误差迭代优化模型。降噪自编码器的损失函数与自编码器的损失函数相同，并满足如下特性。

(1) 当 x_k 为一进制时：

$$L(\mathbf{W},b,c) = -\sum_{k=1}^{n}\left[x_k \log \hat{x}_k + (1-x_k)\log(1-\hat{x}_k)\right]$$

(2) 其他情况下：

$$L(\mathbf{W},b,c) = \frac{1}{2}\sum_{k=1}^{n}(x_k - \hat{x}_k)^2$$

降噪自编码器的损失函数与自编码器的损失函数是一样的，这意味着降噪自编码器的目标仍然是尽可能地优化隐藏层，让输出 $\tilde{x}$尽可能近似原始输入数据 $\boldsymbol{x}$。

图 10.2 中左侧图像为采用未降噪数据进行训练后的结果，右侧图为通过降噪处理后的数据进行训练后的结果。可以看出，将采用未降噪数据训练的结果与采用降噪数据训练的结果进行对比，可以看出，采用降噪后的数据的训练结果中权重噪声更小。

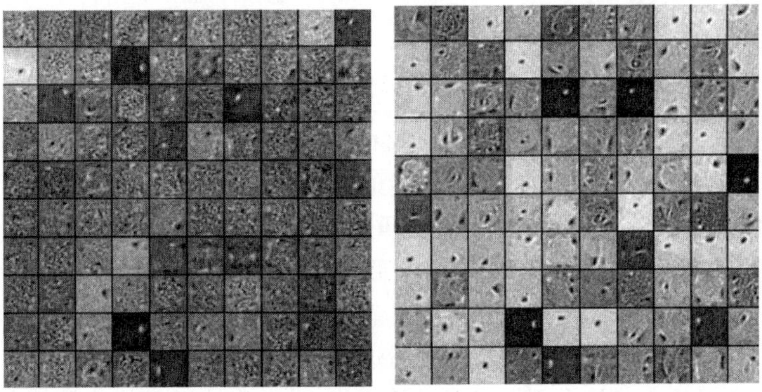

图 10.2　降噪前后对比

降噪数据在一定程度上降低了训练数据与测试数据的误差。输入数据的部分信息被剔除后使得降噪数据在一定程度上更接近测试数据，这样可以提高模型训练出的模型的鲁棒性，如图 10.3 所示。

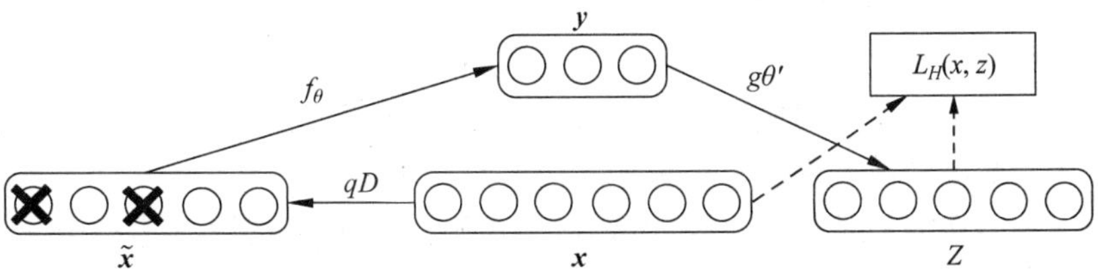

图 10.3　对降噪后的数据进行训练

目前使用率较高的构建$\tilde{x}$的方式主要是马斯克噪声(Mask noise)，即原始数据中部分数据缺失。设置一个噪声阈值 p，满足 $0<p<1$，每次生成一个大小为 0～1 的浮点数 r，当 $r<p$ 时，令$\hat{x}=0$。这一点有着很强的实际意义，比如当图像部分像素被遮挡、文本数据中有漏掉的单词时，可以更好地拟合数据。

接下来通过图 10.4 来帮助大家理解降噪自编码器的鲁棒性。假设原始数据 $\boldsymbol{x}$ 的分布为图 10.4 中的流形曲线，经过噪声处理后，得到的降噪数据$\hat{x}$将偏离于流形曲线，然后通过自编码器来尽可能地将输出数据$\tilde{x}$还原成经过噪声处理后的数据$\hat{x}$，由于经过噪声处理后的数据$\hat{x}$与真实分部之间存在误差，所以自编码网络通过对噪声数据$\hat{x}$的学习增强了对数据噪声的容忍度，从而提升了模型的鲁棒性。

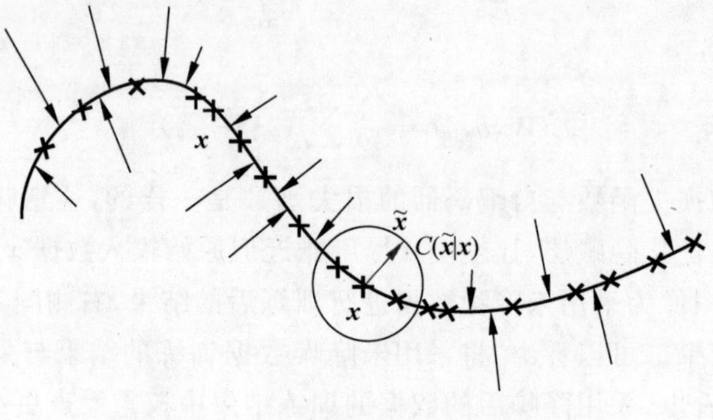

图 10.4　二维空间中的一维流形分布

10.3.2　稀疏自编码器

稀疏编码的概念来自于神经生物学。神经生物学认为，在漫长的进化过程中，哺乳动物具备了能够快速、准确地以低代价来认知图像的视觉神经能力。例如，人眼看到的每幅画面都包含了上亿像素，然而在神经系统中存储和重建时，每幅图像实际只花费了很少的代价。

稀疏自编码器(Sparse Auto Encoder)仿照这一机制，将一个输入数据表示为一组基的线性组合，通过其中少量的几个基来尽可能准确地表示该数据。稀疏性是指，矩阵中的许多列与当前的学习任务无关，通过特征选择去除这些无关信息，使得模型可以在一个更小的矩阵上学习，降低学习难度。如果不把隐藏层稀疏化，当隐藏神经元的数量较大时，模型将受到大量无关数据影响而很难学习到数据中有用的信息。通过隐藏层的稀疏化可以让自编码器在隐藏神经元数量较多时更高效地学习到数据中的有用信息。设稀疏编码中，输入数据为 $\boldsymbol{x}^t$，通过编码器得到编码信号为 $\boldsymbol{y}^t$，输出信号为$\tilde{\boldsymbol{x}}^t$。稀疏自编码器的输入数据、编码信号和输出信号满足以下性质：

- 如果隐藏层向量是稀疏的，那么向量 $\boldsymbol{y}^t$ 应该尽可能多地含有 0 元素；
- 输出层数据$\tilde{\boldsymbol{x}}^t$ 能够尽可能还原输入层数据 $\boldsymbol{x}^t$；

由于稀疏编码能够学习到输入数据的稀疏特性，其被广泛运用于无监督的特征提取中。稀疏特征在大多数的特征上取值为 0，仅有少部分特征非 0。

稀疏自编码器在训练时将编码层的稀疏惩罚项 $\Omega(\boldsymbol{h})$和重构误差相结合，表达式如下所示：

$$L(\boldsymbol{x},g(f(\boldsymbol{x})))+\Omega(\boldsymbol{h})$$

上式中 $g(f(\boldsymbol{x}))$ 是解码器的输出，h 是编码器的输出，$h=f(\boldsymbol{x})$。

稀疏自编码器通常用于学习特征，以便用于其他任务，如分类。稀疏正则化的自编码器必须反映训练数据集的独特统计特征。以这种方式训练，执行附带稀疏惩罚的复制任务可以得到能学习到有用特征的模型。

权重衰减和其他正则惩罚可以理解成最大后验估计，正则化的惩罚对应于模型参数的先验概率分布 θ。正则化的最大似然对应最大化 $P(\theta|\boldsymbol{x})$，相当于最大化 $\log P(\theta|\boldsymbol{x})+\log P(\theta)$。$\log P(\boldsymbol{x}|\theta)$ 为一般化的数据似然项，参数的对数先验项 $\log P(\theta)$ 则包含了对 θ 特定值的偏好。

整个稀疏自编码器框架是对带有潜变量的生成模型的近似最大似然训练。假如有一个带有可见变量 $\boldsymbol{x}$ 和潜变量 $\boldsymbol{y}$ 的模型，且具有明确的联合分布 $P_{\text{model}}(\boldsymbol{x},\boldsymbol{y})=P_{\text{model}}(\boldsymbol{y})P_{\text{model}}(\boldsymbol{x}|\boldsymbol{y})$。对数似然函数可分解为如下形式：

$$\log P_{\text{model}}(\boldsymbol{x}) = \log \sum_{h} P_{\text{model}}(\boldsymbol{y},\boldsymbol{x})$$

上式中 $\boldsymbol{y}$ 是参数编码器的输出，这个 $\boldsymbol{y}$ 不是根据优化结果推断出的最优解。因此，根据这个规则选择的 $\boldsymbol{y}$，对其最大化，如下所示：

$$\log P_{\text{model}}(\boldsymbol{y},\boldsymbol{x}) = \log P_{\text{model}}(\boldsymbol{y}) + \log P_{\text{model}}(\boldsymbol{x} \mid \boldsymbol{y})$$

上式中 $\log P_{\text{model}}(\boldsymbol{y})$ 可以通过稀疏诱导，如拉普拉斯先验，得到下列表达式：

$$P_{\text{model}}(y_i) = \frac{\lambda}{2}\mathrm{e}^{-\lambda|y_i|}$$

通过绝对值惩罚表示对数先验，得：

$$\Omega(\boldsymbol{y}) = \lambda\sum_{i} \mid y_i \mid - \log P_{\text{model}}(\boldsymbol{y}) = \sum_{i}\left(\lambda \mid y_i \mid - \log\frac{\lambda}{2}\right) = \Omega(\boldsymbol{y}) + \text{const}$$

上式中的常数项只与 λ 相关。通常将 λ 视为超参数，即使去掉该项也不会影响参数学习。从稀疏性导致 $P_{\text{model}}(\boldsymbol{y})$ 学习成近似最大似然的结果可以看出，稀疏惩罚项并不是正则项。

强制稀疏可以防止自编码器处处具有低的重构误差。

10.3.3 栈式自编码器

栈式自编码器（Stacked AutoEncoders，SAE）也称作堆栈自编码器或堆叠自编码器。前馈神经网络的一个重要特性是其能够逐层地学习原始数据的特征，每层网络将前一层的输出作为输入，增加网络的深度可以让模型学习到更加抽象的特征，从而适应更复杂的分类等任务。自编码器属于前馈神经网络，因此通过堆叠自编码器从而增加网络深度也能让其发挥更大的优势。

10.1 节中提到，单个自编码器通过输入层→隐藏层→输出层的三层网络从原始数据开始，得到简单的确认表示，然后在此基础上构建更加复杂的结构表示。自编码器通常不关注输出的内容，可以将自编码器表示为如图 10.5 所示形式。

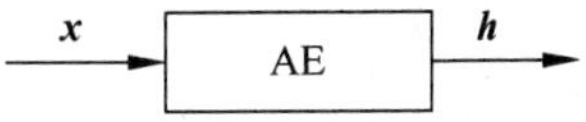

图 10.5　简化后的自编码器

SAE 的一个重要应用是通过逐层预训练来初始化网络权重参数，从而提升深层网络的收敛速度和降低梯度消失的影响。通过对第 i 个自编码器进行训练，得到输入层数据 x^i 的隐藏层表示 h^i，以及输出层的表示 $\widetilde{x}^l$。在此基础上构建第 $i+1$ 个自编码器。由于自编码器并不关注输出，因此可以舍弃第 i 个自编码器的输出数据 $\tilde{x}_l$。根据已经得到的特征表达 h^i，将其作为原始信息训练第 $i+1$ 个自编码器，得到新的特征表达，即 $x^{i+1}=h^i$，通过迭代这个过程便构成了栈式自编码器。当把多个自编码器堆叠起来之后就会得到如图 10.6 所示的一个系统。

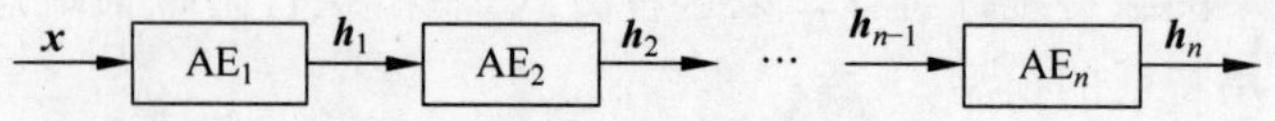

图 10.6　栈式自编码器结构

整个网络的训练是逐层进行的，先训练网络 $\boldsymbol{x}\rightarrow \mathrm{AE}_1\rightarrow \boldsymbol{h}_1$，得到 $\boldsymbol{x}\rightarrow \boldsymbol{h}_1$ 的变换，然后再训练 $\boldsymbol{h}_1\rightarrow \mathrm{AE}_1\rightarrow \boldsymbol{h}_2$，得到 $\boldsymbol{h}_1\rightarrow \boldsymbol{h}_2$ 的变换，最终组成栈式自编码器。这个过程类似于一层层往上盖楼房。SAE 通过下面 3 个阶段作用于整个网络。

1. 用无监督学习学习无标签数据的特征

在前面章节介绍的神经网络中，输入数据都是有标签的，可以根据模型输出的损失值来调整网络中各层的参数，直到收敛。但这种训练方式在学习无标签数据时是很难收敛的。自编码器通过调整编码器的参数 $\boldsymbol{W}$ 和解码器的参数 $\boldsymbol{W}'$，达到重构误差最小的目的，如图 10.7 所示。自编码器学习的是无标签数据，所以误差的来源就是还原的数据 $\tilde{\boldsymbol{x}}$ 与原始输入数据 $\boldsymbol{x}$ 之间的误差。

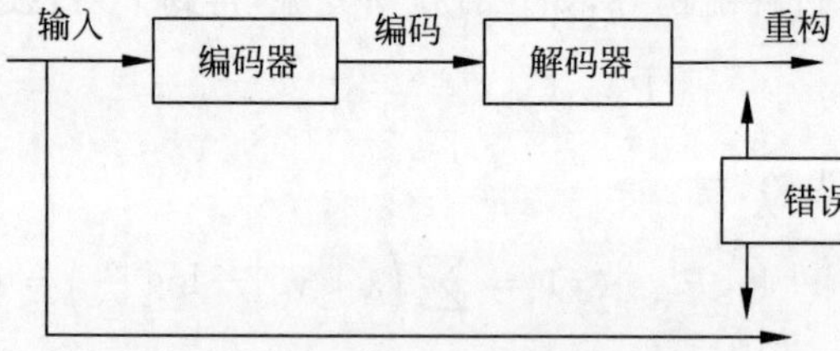

图 10.7　学习无标签数据的特征

2. 逐层训练

通过第一步，编码器提取特征可以得到编码 $\boldsymbol{y}$，通过重构误差最小化让这一层的输出尽可能保留了原始数据 $\boldsymbol{x}$ 的全部特征。解码器的训练与编码器的训练方式相同，将编码器的输出作为解码器的输入信号，最小化重构误差，可以得到解码器的参数 $\boldsymbol{W}'$，并得到解码器输出的解码信号，也就是解码器中原始输入信息通过解码器后的输出，以此类推，构成多层的自编码器网络。在每一层的训练中，上一层中编码器和解码器的参数都是固定的。

3. 有监督环境下的微调

通过第 2 个步骤已经得到了一个多层的网络。每一层都会得到与原始输入的不同表达，这种过程类似于人的视觉系统——逐级抽象图像的特征信号最终将其还原成实际所看到的图像。

至此，该自编码器还无法完成数据分类的任务，因为它还没有学习如何将输入数据与某个类对应，只是学会了如何去重构或者复现它接收的输入数据。为了实现分类，可以在自编码器的最顶部的编码层添加一个分类器（例如 SVM 等），然后通过标准的多层神经网络的监督训练方法（梯度下降算法）进行训练。通过有标签样本的监督学习进行微调。此时应区分两种不同的情况：一种是只调整分类器；另一种则通过有标签样本的训练进行模型的优化。在拥有充足的数据样本时，通过有标签样本微调整个系统往往能取得更好的学习效果。模型训练完成后，该网络便可以用来完成分类任务了。

10.4 本章小结

本章主要对自编码器的相关知识进行了讲解，通过对本章的学习希望大家能够初步掌握自编码器的基本概念，了解常见的几种自编码器类别以及它们之间的差异。

10.5 习　　题

1. 填空题

(1) 自编码器是一种________的学习算法。

(2) 单个自编码器通过________层、________层、________层这 3 层网络组成。

(3) 编码维度________输入维度的自编码器称为欠完备自编码器。

(4) 降噪自编码器是一种将________数据作为输入进行训练，来预测________数据作为输出的自编码器。

(5) 自编码器的主要应用有________和________两个方面。

2. 选择题

(1) 编码器将输入信号 $\boldsymbol{x}$ 转换成编码信号 $\boldsymbol{y}$，其过程表达式为(　　)。

A. $\boldsymbol{y}=f(\boldsymbol{W}^{\mathrm{T}}\boldsymbol{x}+b)$　　B. $\boldsymbol{y}=f(\boldsymbol{W}'^{\mathrm{T}}\boldsymbol{x}+b)$

C. $\boldsymbol{y}=f(\boldsymbol{W}^{\mathrm{T}}\boldsymbol{x}+b')$　　D. $\boldsymbol{y}=f(\boldsymbol{W}'\boldsymbol{x}+b')$

(2) x_k 为二进制时，降噪自编码器一般采用交叉熵来定义损失函数，其损失函数表达式可以是(　　)。

A. $L(\boldsymbol{x}\tilde{\boldsymbol{x}})=-\sum_{k=1}^{n}[x_k\log\tilde{x}_k+(1-x_k)\log(1-\tilde{x}_k)]$

B. $L(\boldsymbol{x}\tilde{\boldsymbol{x}})=\|\boldsymbol{x}-\tilde{\boldsymbol{x}}\|^2$

C. $L(\boldsymbol{x}\tilde{\boldsymbol{x}})=\|\tilde{\boldsymbol{x}}-\boldsymbol{x}\|^2$

D. $L(\boldsymbol{x}\tilde{\boldsymbol{x}})=-\dfrac{1}{2}\sum_{k=1}^{n}[\boldsymbol{x}-\tilde{\boldsymbol{x}}]^2$

(3) 栈式自编码器在下列哪个领域表现更好？(　　)

A. 预训练来初始化网络权重参数　　B. 解决神经网络中的过拟合

C. 对数据进行分类　　D. 有监督学习标签数据

(4) 当解码器是线性的且 L 是均方误差，欠完备自编码器的学习效果相当于(　　)。

A. 支持向量机　　B. 主成分分析

C. 自编码器　　D. 稀疏自编码器

(5) 稀疏自编码器简单地在训练时重构误差表达式为(　　)。

A. $L(\boldsymbol{x},g(f(\boldsymbol{y})))+\Omega(\boldsymbol{y})$　　B. $f(\boldsymbol{W}^{\mathrm{T}}\boldsymbol{x}+b')$

C. $\log\sum_{h}P_{\mathrm{model}}(\boldsymbol{y},\boldsymbol{x})$　　D. $\dfrac{\lambda}{2}\mathrm{e}^{-\lambda|y_i|}$

3. 思考题

(1) 简述自编码器的主要优点及不足。

(2) 简述稀疏自编码器的含义及作用。

第11章 玻尔兹曼机及其相关模型

本章学习目标

- 理解玻尔兹曼机和受限玻尔兹曼机的概念；
- 掌握能量模型、能量函数、势函数以及相应的概率分布；
- 理解边缘分布与条件分布；
- 理解对比散度。

玻尔兹曼机是由 Hinton 和 Sejnowski 提出的一种随机递归神经网络，最初作为一种广义的“联结主义”被引入深度学习领域，主要用于对二值向量上的任意概率分布进行学习。随着深度学习技术的不断发展，玻尔兹曼机的变体(包含其他类型的变量)早已超过了最原始的玻尔兹曼机的流行程度。玻尔兹曼机及其变体常被用于深度学习模型的预训练数据和无监督学习。本章深入分析玻尔兹曼机和受限玻尔兹曼机的表示、推断和学习理论。

11.1 玻尔兹曼机

11.1.1 玻尔兹曼机概述

玻尔兹曼机(Boltzmann Machine，BM)是一个无监督学习算法，属于典型的无向概率图模型，在 BM 的结构图中，顶点表示随机变量，所有节点由无向边连接，无向边表示变量间的依赖关系，节点集则分为可视层节点集 V 和隐藏层节点集 H，具体如图 11.1 所示。可视层主要用于输入数据；隐藏层主要用于对输入数据进行降维和特征提取等操作。

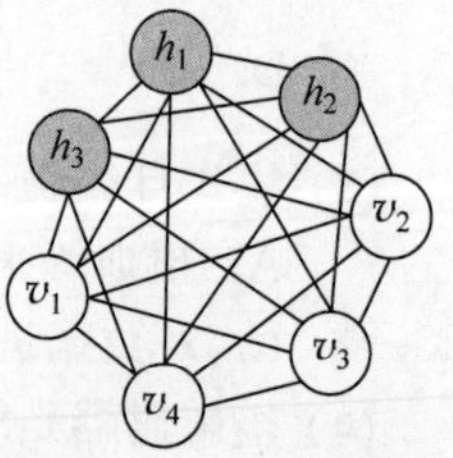

图 11.1 玻尔兹曼机

在玻尔兹曼机的神经网络中，每个神经元的输出结果只有 0 或 1 这两种状态，输出结果的取值由概率统计法则决定。BM 中所采用概率统计法则的表达式与著名统计力学家玻尔兹曼(Boltzmann)提出的玻尔兹曼分布类似，因而得名玻尔兹曼机。在玻尔兹曼机及后面介绍的相关变型中，可视层用于接收可观察样本数据集合，可视层节点集的值 $v=\{v_1, v_2, \cdots, v_n\}$，其中 n 对应可视层神经元的数量，v_i 表示可视层第 i 个神经元的值。隐藏层用于对输入数据的抽象，隐藏层节点集的值 $h=\{h_1, h_2, \cdots, h_m\}$，其中 m 表示隐藏层神经元数据，h_j 表示隐藏层的第 j 个神经元的值。

玻尔兹曼机是一种可以用随机神经网络来解释的概率图模型，与之前所学的反向传播算法(需要一个输入数据和一个理想的输出作为目标)不同，玻尔兹曼机只需要输入数据，该算法试图建立一个有关输入数据集合的模型，并通过该集合来拟合输出数据。在梯度下降算法中，使用反向传播算法的神经网络的神经元越多，对应的权重矩阵也就越大，每个权值可视为一个自由度或者变量。自由度越高，变量越多，意味着模型更加复杂，模型的学习能力也越强。但是，模型的学习能力越强，对噪声越敏感，也更容易出现过拟合现象。另一方面，使用梯度下降搜寻最优解时按照梯度的负方向进行搜索，在面对多变量的误差曲面时，就像在连绵起伏的山峰间“下山”，变量越多，下降过程中可能遇到的山峰和山谷也越多，梯度下降法追求网络误差或能量函数降低的特性极容易使模型陷入局部的一个小山谷而停止搜索，错过真正的最优解。这就是常规的梯度下降算法在解决多维度的优化问题中最常见的局部最优问题。不同于之前学习的梯度下降算法，玻尔兹曼机属于随机网络算法，它是通过一定的概率保证搜索陷入局部最优时能够具有一定的“爬”出局部最优解的能力，玻尔兹曼机具有了梯度下降算法所欠缺的避免陷入局部最优解的能力，同时当搜索进入全局最优时不会因为该能力而错过全局最优解。接下来通过图 11.2 来对比梯度下降算法和随机网络算法的差异。

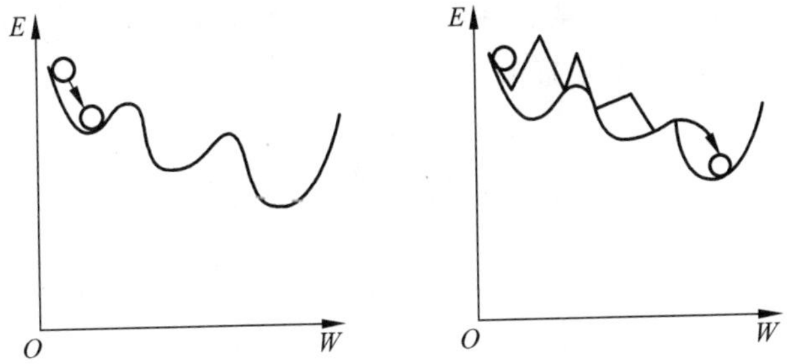

图 11.2　梯度下降算法与随机神经网络算法对比

图 11.2 中左侧为梯度下降算法，右侧为随机神经网络算法。随机神经网络与其他神经网络的区别主要有以下两点。

1. 学习阶段

不同于其他网络，随机神经网络依靠概率分布来对网络参数进行调整，而不是根据确定性算法调整参数值。

2. 运行阶段

随机神经网络不是按确定性的网络方程进行状态演变，而是按概率分布判断状态的转移。神经元的净输入不能决定其状态取 1 还是取 0，但能决定其状态取 1 还是取 0 的概率。

11.1.2　受限玻尔兹曼机

BM 在非监督环境下的学习能力非常强，可以学习到输入数据中蕴含的复杂规则，但是这种无差别的全连接结构让训练的效率非常低下，因此在后来的发展中衍生出了一种简化版的结构——受限玻尔兹曼机。

自 1986 年受限玻尔兹曼机(Restricted Boltzmann Machine，RBM)以簧风琴(Harmonium)之名面世之后，很快便成为了深度概率模型中重要的成员。受限制的玻尔兹曼机是包含一层可视层和单层隐藏层的无向概率图模型，它的出现缓解了玻尔兹曼机训练代价过高且效率低下的问题。RBM 可以通过反复堆叠的方式形成具有一定深度的模型。

在 RBM 的网络结构中，仅保留了玻尔兹曼机中可视层神经元 v 与隐藏层神经元 h 之间的无向边，去除了可视层内各神经元间的连接和隐藏层内各神经元间的连接，将完全图简化为完全二分图，具体如图 11.3 所示。

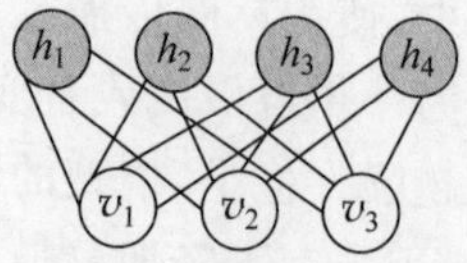

图 11.3 受限玻尔兹曼机

图 11.3 中的模型便是一个二分图。RBM 的每一个可视层神经元的输入数据类型可以是二进制数值 0 或 1，也可以是任意实数。隐藏层神经元用来提取可视层数据的隐式特征，一般为二进制数值，当隐藏层神经元的值为 1 时，神经元处于激活状态；值为 0 时，神经元处于非激活或抑制状态，隐藏层的值服从伯努利分布。本书将只对二值玻尔兹曼机进行讲解，即可视层 v 和隐藏层 h 皆为二进制。可视层神经元与隐藏层神经元的连接权重参数矩阵为 $\boldsymbol{W}$，当可视层神经元个数为 n，隐藏层含有神经元个数为 m 时，矩阵 $\boldsymbol{W}$ 的维数为 $n\times m$，w_{ij} 表示 v_i 与 h_j 的连接权重。隐藏层神经元与 v_i 相连的权重参数向量表示为$\boldsymbol{W}_{i,*}=(w_{i1},w_{i2},\cdots,w_{im})^{\mathrm{T}}$。可视层神经元的偏置参数 $\boldsymbol{a}=(a_1,a_2,\cdots,a_n)^{\mathrm{T}}$ 是一个 n 维向量，a_i 表示可视层神经元 v_i 的偏置值。隐藏层神经元的偏置参数 $\boldsymbol{b}=(b_1,b_2,\cdots,b_m)^{\mathrm{T}}$ 是一个 m 维向量，b_i 表示隐藏层神经元 h_j 的偏置值。

11.2 能量模型

能量模型(Energy-Based Model，EBM)是概率图中一种具有普适意义的模型，通过为随机变量集合定义一个能量值(标量)，从而获取该集合中随机变量间的依赖关系。能量模型可以理解为一种模型框架，在它的框架下包含了传统的判别模型和生成模型，图变换网络(Graph-transformer Networks)、条件随机场、最大化边界马尔可夫网络等。EBM 通过对变量的每个配置施加一个有范围限制的能量来获得变量之间的依赖关系。EBM 有两个主要的任务：推断(Inference)和学习(Learning)。“推断”主要是在给定观察变量的情况下，学习到使模型能量值最小化的隐变量集合。“学习”主要是定义变量集的能量函数，根据能量函数求得图模型中每个子图的势函数然后根据无向图的马尔可夫独立性将势函数转化成随机变量的概率分布。

训练能量模型的过程就是不断改变标量能量的过程，能量模型在数学上期望的意义可以理解为：如果一个变量集合被认为是合理的，那么它应该具有较少的能量，结构比较稳定，这意味着其所偏好的变量取值上有较小的能量值。

11.2.1 能量函数

在能量模型中，往往通过为随机变量集合定义一个能量值来获取该集合中随机变量间的依赖关系。以图 11.3 为例，假设$\boldsymbol{v}$ 表示可视层节点集；$\boldsymbol{h}$ 表示隐藏层节点集；$\boldsymbol{W}$ 表示可视层神经元与隐藏层神经元的连接权重参数；$\boldsymbol{a}$ 表示可视层神经元的偏差参数；$\boldsymbol{b}$ 表示隐藏层神经元的偏置参数。在一组给定的状态$\{\boldsymbol{v},\boldsymbol{h}\}$下，RBM 的能量函数 $E(\boldsymbol{v},\boldsymbol{h})$的表达式如下所示：

$$E(\boldsymbol{v},\boldsymbol{h})=-\sum_i a_i v_i-\sum_i b_j h_j-\sum_i\sum_j v_i w_{ij} h_j$$

RBM 能量函数的矩阵形式如下所示：

$$E(\boldsymbol{v},\boldsymbol{h}) = -\boldsymbol{a}^{\mathrm{T}}\boldsymbol{v} - \boldsymbol{b}^{\mathrm{T}}\boldsymbol{h} - \boldsymbol{v}^{\mathrm{T}}\boldsymbol{W}\boldsymbol{h}$$

能量模型源于统计力学，它描述整个系统的某种状态。当系统稳定时，系统能量较小；系统越不稳定，系统能量越大。例如，一个孤立的物体，其内部各处的温度不尽相同，那么热量就从温度较高的地方流向温度较低的地方，最后达到各处温度都相同的状态，也就是热平衡的状态。

接下来，以随机变量集$\{v_i,h_j\}$为例，进一步解释能量函数的具体含义。

(1) 假设，此时网络中 a_iv_i 和 b_jh_j 的值固定。那么根据能量函数可知，当 $w_{ij}>0$ 时，能量函数 $E(v_i=1,h_j=1)$取最小值，这意味着此时的能量配置使得网络中 v_i 和 h_j 同时取 1 的概率较高；当 $w_{ij}<0$ 时，能量函数 $E(v_i=0,h_j=0)$取最小值，这意味着此时的能量配置使得 v_i 和 h_j 中至少有一个为 0 的概率较高。

(2) 假设，此时网络中 b_jh_j 和 $v_iw_{ij}h_j$ 的值固定。那么根据能量函数可知，当 $a_iv_i>0$ 时，有 $E(v_i=0,h_j)>E(v_i=1,h_j)$，这表示此时的能量配置使得网络中 $v_i=1$ 的概率较高；当 $a_iv_i<0$ 时，有 $E(v_i=0,h_j)<E(v_i=1,h_j)$，这表示此时的能量配置使得网络中 $v_i=0$ 的概率较高。

(3) 假设，此时网络中 a_iv_i 和 $v_iw_{ij}h_j$ 的值固定。那么由能量函数可知，当 $b_jh_j>0$ 时，有 $E(v_i,h_j=0)>E(v_i,h_j=1)$，这表示此时的能量配置使得网络中 $h_j=1$ 的概率较高；当 $b_jh_j<0$ 时，有 $E(v_i,h_j=0)<E(v_i,h_j=1)$，这表示此时的能量配置使得网络中 $h_j=0$ 的概率较高。

上面的解释反映了神经网络中参数的取值对网络的影响，需要注意的是，在实际操作中这三者往往同时变化并影响着网络的状态，因此，在具体操作中应该尽可能做到让所有参数确保网络在所有偏好变量取值组合上有较小的能量值。

11.2.2 能量函数与势函数

无向概率图模型为图中的每一个最大团集合定义了势函数，势函数是一个非负函数，描述了变量集合间的相互关系。势函数与能量函数的区别在于：能量函数的取值范围可以是任意实数值，而势函数是一个非负函数。为了确保势函数的非负性，通常选择用指数函数来表示势函数，具体如下所示：

$$\psi_Q(X_Q) = \mathrm{e}^{-E(X_Q)}$$

上式中，Q 表示图模型中的一个最大子图，X_Q 表示该子图中包含的所有随机变量。在受限玻尔兹曼机中，由于同层的神经元之间不存在连接，因此任意一对相连的可视层神经元 v_i 和隐藏层神经元 h_j 都是其所在图模型中的一个最大子图。此时最大子图$\{v_i,h_j\}$的势函数表达式如下：

$$\psi_Q(v_i,h_j) = \mathrm{e}^{-E(v_i,h_j)} = \mathrm{e}^{a_iv_i+b_jh_j+v_iw_{ij}h_j}$$

11.2.3 势函数与概率分布

本书之前讲过在马尔可夫网络中，多个变量之间的联合概率分布基于“最大子图”分解为多个势函数的乘积。在 RBM 网络中，假设所有子图构成的集合为 C，对于集合 C 中任意最大子图 $Q(Q\in C)$，所包含的节点集合 X_Q。在已知可视层节点集的值的情况下，所有的隐藏节点之间是条件独立的（隐藏层内节点间不存在连接），有 $P(\boldsymbol{h}|\boldsymbol{v})=P(h_1|\boldsymbol{v})p(h_2|\boldsymbol{v})\cdots$

$P(h_n|\boldsymbol{v})$。同理，在已知隐藏层节点集的值的情况下，所有的可视节点都是条件独立的。同时，又由于所有的 v_i 和 h_j 满足玻尔兹曼分布，其联合概率分布因子分解表示形式如下：

$$P(\boldsymbol{v},\boldsymbol{h}) = \frac{1}{Z}\prod_{Q\in C}\psi_Q(X_Q) = \frac{1}{Z}\mathrm{e}^{-E(\boldsymbol{v},\boldsymbol{h})}$$

上式中的 Z 称作归一化因子，也叫配分函数(Partition Function)，其表达式如下所示：

$$Z = \sum_{\boldsymbol{v}\in\{0,1\}^n}\sum_{\boldsymbol{h}\in\{0,1\}^m}\mathrm{e}^{-E(\boldsymbol{v},\boldsymbol{h})}$$

配分函数 Z 的作用是保证 $P(\boldsymbol{v},\boldsymbol{h})$ 的取值满足 $0\leqslant P(\boldsymbol{v},\boldsymbol{h})\leqslant 1$。计算 Z 的朴素方法(对所有状态进行穷举求和)计算上可能是难以处理的，除非有巧妙设计的算法可以利用概率分布中的规则来更快地计算 Z。在受限玻尔兹曼机的情况下，学者 Long 和 Servedio 正式证明配分函数 Z 是难以求解的，这意味着归一化联合概率分布 $P(\boldsymbol{v})$ 同样难以评估。

由 11.2.2 节的内容可知，模型的联合概率分布的因子表达式可以通过如下形式表示：

$$\prod_{Q\in C}\psi_Q(X_Q) = \prod_{Q=\{v_i,h_j\}\in C}\mathrm{e}^{a_iv_i+b_jh_j+v_iw_{ij}h_j} = \prod_{i=1}^{n}\prod_{j=1}^{m}\mathrm{e}^{a_iv_i+b_jh_j+v_iw_{ij}h_j}$$

上式中 n 表示可视层神经元数量，m 表示隐藏层神经元数量。根据指数函数的幂性质进一步化简上述表达式：

$$\prod_{Q\in C}\psi_Q(X_Q) = \left(\prod_{i=1}^{n}\mathrm{e}^{a_iv_i}\right)\left(\prod_{j=1}^{m}\mathrm{e}^{b_jh_j}\right)\left(\prod_{i=1}^{n}\prod_{j=1}^{m}\mathrm{e}^{v_iw_{ij}h_j}\right)$$

上式的矩阵表达式见如下所示：

$$\prod_{Q\in C}\psi_Q(X_Q) = \mathrm{e}^{\boldsymbol{a}^{\mathrm{T}}\boldsymbol{v}}\mathrm{e}^{\boldsymbol{b}^{\mathrm{T}}\boldsymbol{h}}\mathrm{e}^{\boldsymbol{v}^{\mathrm{T}}\boldsymbol{W}\boldsymbol{h}} = \mathrm{e}^{-E(\boldsymbol{v},\boldsymbol{h})}$$

将矩阵表达式代入模型的联合概率分布表达式中可得：

$$P(\boldsymbol{v},\boldsymbol{h}) = \frac{\mathrm{e}^{-E(\boldsymbol{v},\boldsymbol{h})}}{Z}$$

上述过程即为玻尔兹曼分布的推导过程，$P(\boldsymbol{v},\boldsymbol{h})=\dfrac{\mathrm{e}^{-E(\boldsymbol{v},\boldsymbol{h})}}{Z}$ 即受限玻尔兹曼机中的联合概率分布因子分解表示。玻尔兹曼分布具有以下两个特征：

- BM 处于某一状态的概率主要取决于此状态下的能量，能量越低概率越大；
- BM 处于某一状态的概率还取决于势能，势能越高，不同状态出现的概率越接近，网络能量较容易跳出局部极小进而继续寻找全局最小；势能越低，不同状态出现的概率差别越大，网络能量较不容易改变，避免网络出现难以收敛的情况。

11.3　近似推断

概率推断的核心任务就是基于联合概率分布，计算某分布下的某个函数的期望或者计算边缘概率分布、条件概率分布等。然而，对于大多数深层模型，即使通过结构化的图模型来简化也难以处理这些推断问题。图模型使得用合理数量的参数来表示复杂的高维分布成为可能，但是用于深度学习的图模型并不满足这样的条件，从而难以实现高效推断。在深度学习中，这通常涉及变分推断，通过寻求尽可能接近真实分布的近似分布 $Q(\boldsymbol{h}|v)$ 来逼近真实分布 $P(\boldsymbol{h}|\boldsymbol{v})$。

11.3.1 边缘分布

对于两层的 RBM 模型，边缘分布 $P(\boldsymbol{v})$ 是指只考查可视层神经元集合 $\boldsymbol{v}$，并对无关的隐藏层神经元集合 $\boldsymbol{h}=(h_1,h_2,\cdots,h_m)$ 进行求和后得到的结果。同理，边缘分布 $P(\boldsymbol{h})$ 是指只考查隐藏层神经元集合 $\boldsymbol{h}$，对无关的可视层神经元集合 $\boldsymbol{v}=(v_1,v_2,\cdots,v_n)$ 进行求和后得到的结果。在实际应用中，边缘推断可以用于输入数据的重构：在输入数据的真实分布 $P(\boldsymbol{v})$ 未知的情况下，通过 RBM 的训练，构造出输入数据的近似概率分布 $Q(\boldsymbol{v})$，训练目标是使 $Q(\boldsymbol{v})$ 的值尽可能逼近 $P(\boldsymbol{v})$ 的值，当训练收敛时 RBM 可以作为一个生成模型，利用学习得到的预测概率分布 $Q(\boldsymbol{v})$ 来生成新的样本数据集。

在无监督学习中，接收到的输入数据通常是无标签的，对于给出的任意训练数据集原始生成概率分布的预测就需要用到边缘分布的相关知识。边缘分布概率公式如下所示：

$$
\begin{aligned}
p(\boldsymbol{v}) &= \sum_{\boldsymbol{h}} p(\boldsymbol{v},\boldsymbol{h}) = \sum_{\boldsymbol{h}\in\{0,1\}^m} \frac{1}{Z}\mathrm{e}^{-E(\boldsymbol{v},\boldsymbol{h})} \\
&= \frac{1}{Z}\sum_{\boldsymbol{h}\in\{0,1\}^m} \mathrm{e}^{\boldsymbol{a}^{\mathrm{T}}\boldsymbol{v}+\boldsymbol{b}^{\mathrm{T}}\boldsymbol{h}+\boldsymbol{v}^{\mathrm{T}}W\boldsymbol{h}} \\
&= \frac{1}{Z}\mathrm{e}^{\boldsymbol{a}^{\mathrm{T}}\boldsymbol{v}}\sum_{h_1\in\{0,1\}}\cdots\sum_{h_m\in\{0,1\}} \mathrm{e}^{\boldsymbol{b}^{\mathrm{T}}\boldsymbol{h}+\boldsymbol{v}^{\mathrm{T}}W\boldsymbol{h}} \\
&= \frac{1}{Z}\mathrm{e}^{\boldsymbol{a}^{\mathrm{T}}\boldsymbol{v}}\sum_{h_1\in\{0,1\}}\cdots\sum_{h_m\in\{0,1\}} \mathrm{e}^{\Sigma_j b_j h_j+\boldsymbol{v}^{\mathrm{T}}W_{*,j}h_j} \\
&= \frac{1}{Z}\mathrm{e}^{\boldsymbol{a}^{\mathrm{T}}\boldsymbol{v}}\sum_{h_1\in\{0,1\}}\cdots\sum_{h_m\in\{0,1\}} \left(\prod_{j=1}^{m}\mathrm{e}^{b_j h_j+\boldsymbol{v}^{\mathrm{T}}W_{*,j}h_j}\right) \\
&= \frac{1}{Z}\mathrm{e}^{\boldsymbol{a}^{\mathrm{T}}\boldsymbol{v}}\left(\sum_{h_1\in\{0,1\}}\mathrm{e}^{b_1 h_1+\boldsymbol{v}^{\mathrm{T}}W_{*,1}h_1}\right)\cdots\left(\sum_{h_m\in\{0,1\}}\mathrm{e}^{b_m h_m+\boldsymbol{v}^{\mathrm{T}}W_{*,m}h_m}\right)
\end{aligned}
$$

由于在 RBM 中 $\boldsymbol{h}$ 的取值只能为 0 或 1，因此 $\sum\limits_{h_j\in\{0,1\}}\mathrm{e}^{b_j h_j+\boldsymbol{v}^{\mathrm{T}}W_{*,j}h_j}=1+\mathrm{e}^{b_j+\boldsymbol{v}^{\mathrm{T}}W_{*,j}}$，代入上面的表达式后可以化简为如下形式：

$$
\begin{aligned}
\frac{1}{Z}\sum_{\boldsymbol{h}\in\{0,1\}^m}\mathrm{e}^{-E(\boldsymbol{v},\boldsymbol{h})} &= \frac{1}{Z}\mathrm{e}^{\boldsymbol{a}^{\mathrm{T}}\boldsymbol{v}}\left(\sum_{h_1\in\{0,1\}}\mathrm{e}^{b_1 h_1+\boldsymbol{v}^{\mathrm{T}}W_{*,1}h_1}\right)\cdots\left(\sum_{h_m\in\{0,1\}}\mathrm{e}^{b_m h_m+\boldsymbol{v}^{\mathrm{T}}W_{*,m}h_m}\right) \\
&= \frac{1}{Z}\mathrm{e}^{\boldsymbol{a}^{\mathrm{T}}\boldsymbol{v}}(1+\mathrm{e}^{b_1+\boldsymbol{v}^{\mathrm{T}}W_{*,1}})\cdots(1+\mathrm{e}^{b_m+\boldsymbol{v}^{\mathrm{T}}W_{*,m}}) \\
&= \frac{1}{Z}\mathrm{e}^{\boldsymbol{a}^{\mathrm{T}}\boldsymbol{v}}\prod_{j=1}^{m}(1+\mathrm{e}^{b_j+\boldsymbol{v}^{\mathrm{T}}W_{*,j}}) \\
&= \frac{1}{Z}\mathrm{e}^{\boldsymbol{a}^{\mathrm{T}}\boldsymbol{v}}\mathrm{e}^{\sum_{j=1}^{m}\ln(1+\mathrm{e}^{b_j+\boldsymbol{v}^{\mathrm{T}}W_{*,j}})} \\
&= \frac{1}{Z}\mathrm{e}^{\boldsymbol{a}^{\mathrm{T}}\boldsymbol{v}+\sum_{j=1}^{m}\ln(1+\mathrm{e}^{b_j+\boldsymbol{v}^{\mathrm{T}}W_{*,j}})}
\end{aligned}
$$

11.3.2 条件分布

作为无向概率图模型 RBM 的二分图结构满足马尔可夫独立性，其条件分布满足 $P(\boldsymbol{h}\mid\boldsymbol{v})=$

$\prod_{j=1}^{m} p(h_j \mid \boldsymbol{v})$。在给定两个随机变量子集的 D-分离集的情况下，如果分离集数据的条件确定，那么这两个随机变量子集条件独立，具体如图 11.4 所示。

对于处于任意两个不同隐藏层的神经元 h_i 和 h_j，它们的分离集就是所有的可视层神经元集合，通过可视层节点集将隐藏层节点分离，任意两个相邻隐藏层神经元的最短距离均为 2，具体如图 11.4 所示。对于这两个隐藏层神经元，分别从 h_i 到 h_j 的最短路径必然经过该分离节点 v_k，最短路径的表达形式为：$h_i \to v_k \to h_j$。

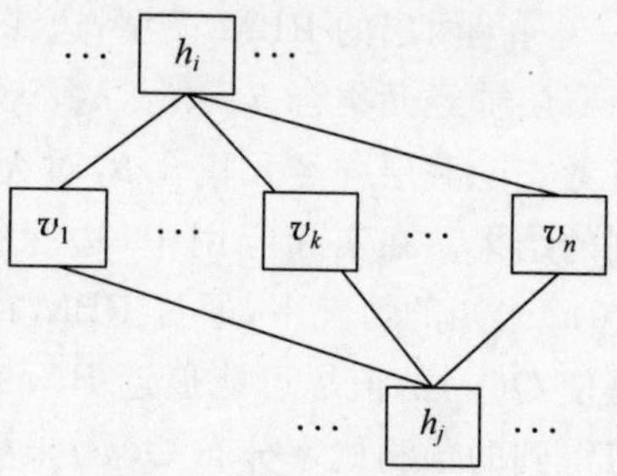

图 11.4 RBM 网络

接下来直接从联合分布中推导出 RBM 的条件分布：

$$P(\boldsymbol{h} \mid \boldsymbol{v}) = \frac{P(\boldsymbol{h},\boldsymbol{v})}{P(\boldsymbol{v})} = \frac{P(\boldsymbol{h},\boldsymbol{v})}{\Sigma_{h^*} P(\boldsymbol{v},\boldsymbol{h}^*)}$$

其中 $\boldsymbol{h}^* \in \{0,1\}^m$ 表示隐藏层节点集的任意可能取值，$\boldsymbol{h}^* = (h_1^*, h_2^*, \cdots, h_m^*)$，$h_i \in \{0,1\}$。将 $\boldsymbol{h}^*$ 的值代入上式可得：

$$\begin{aligned}
P(\boldsymbol{h} \mid \boldsymbol{v}) &= \mathrm{e}^{\boldsymbol{a}^{\mathrm{T}}\boldsymbol{v}+\boldsymbol{b}^{\mathrm{T}}\boldsymbol{h}+\boldsymbol{v}^{\mathrm{T}}W\boldsymbol{h}} \frac{1}{\Sigma_{h^*}(\mathrm{e}^{\boldsymbol{a}^{\mathrm{T}}\boldsymbol{v}+\boldsymbol{b}^{\mathrm{T}}\boldsymbol{h}^*+\boldsymbol{v}^{\mathrm{T}}W\boldsymbol{h}^*})} \\
&= \frac{\mathrm{e}^{\Sigma_j b_j h_j+\boldsymbol{v}^{\mathrm{T}}W_{*,j}h_j}}{\Sigma_{h^*}(\mathrm{e}^{\Sigma_j b_j h_j{}^*+\boldsymbol{v}^{\mathrm{T}}W_{*,j}h_j{}^*})} \\
&= \frac{\Pi_j \mathrm{e}^{b_j h_j+\boldsymbol{v}^{\mathrm{T}}W_{*,j}h_j}}{\Sigma_{h^*}(\mathrm{e}^{\Sigma_j b_j h_j{}^*+\boldsymbol{v}^{\mathrm{T}}W_{*,j}h_j{}^*})} \\
&= \frac{\Pi_j \mathrm{e}^{b_j h_j+\boldsymbol{v}^{\mathrm{T}}W_{*,j}h_j}}{\Sigma_{h^*}(\Pi_j \mathrm{e}^{b_j h_j{}^*+\boldsymbol{v}^{\mathrm{T}}W_{*,j}h_j{}^*})} \\
&= \frac{\Pi_j \mathrm{e}^{b_j h_j+\boldsymbol{v}^{\mathrm{T}}W_{*,j}h_j}}{\Pi_j \Sigma_{h_j{}^* \in \{0,1\}}(\mathrm{e}^{b_j h_j{}^*+\boldsymbol{v}^{\mathrm{T}}W_{*,j}h_j{}^*})} \\
&= \Pi_j \frac{\mathrm{e}^{b_j h_j+\boldsymbol{v}^{\mathrm{T}}W_{*,j}h_j}}{\Sigma_{h_j{}^* \in \{0,1\}}(\mathrm{e}^{b_j h_j{}^*+\boldsymbol{v}^{\mathrm{T}}W_{*,j}h_j{}^*})}
\end{aligned}$$

在 RBM 中 h_j 的取值只能为 1 或 0，接下来分别根据 h_j 的这两种取值来确定上式的值。当 $h_j=1$ 时，$\mathrm{e}^{b_j h_j{}^*+\boldsymbol{v}^{\mathrm{T}}W_{*,j}h_j{}^*} = \mathrm{e}^{b_j+\boldsymbol{v}^{\mathrm{T}}W_{*,j}}$；当 $h_j=0$ 时，$\mathrm{e}^{b_j h_j{}^*+\boldsymbol{v}^{\mathrm{T}}W_{*,j}h_j{}^*}=1$，代入上式得：

$$\begin{aligned}
P(\boldsymbol{h} \mid \boldsymbol{v}) &= \Pi_j \frac{\mathrm{e}^{b_j h_j+\boldsymbol{v}^{\mathrm{T}}W_{*,j}h_j}}{\Sigma_{h_j{}^* \in \{0,1\}}(\mathrm{e}^{b_j h_j{}^*+\boldsymbol{v}^{\mathrm{T}}W_{*,j}h_j{}^*})} \\
&= \Pi_j \frac{\mathrm{e}^{b_j h_j+\boldsymbol{v}^{\mathrm{T}}W_{*,j}h_j}}{(1+\mathrm{e}^{b_j+\boldsymbol{v}^{\mathrm{T}}W_{*,j}})}
\end{aligned}$$

由于 RBM 满足马尔可夫独立性，因此 $P(\boldsymbol{h} \mid \boldsymbol{v}) = \prod_{j=1}^{m} p(h_j \mid \boldsymbol{v})$，结合上述表达式可以求得隐藏层神经元 h_j 的条件概率为：

$$P(h_j \mid \boldsymbol{v}) = \frac{\mathrm{e}^{b_j h_j+\boldsymbol{v}^{\mathrm{T}}W_{*,j}h_j}}{(1+\mathrm{e}^{b_j+\boldsymbol{v}^{\mathrm{T}}W_{*,j}})}$$

其中 $P(h_j=1|\boldsymbol{v})=\dfrac{e^{b_j+\boldsymbol{v}^{T}W_{*,j}}}{1+e^{b_j+\boldsymbol{v}^{T}W_{*,j}}}$，$P(h_j=0|\boldsymbol{v})=\dfrac{1}{1+e^{b_j+\boldsymbol{v}^{T}W_{*,j}}}$。由此可以看出，RBM 中各隐藏层神经元的取值的概率分布服从伯努利分布，且 $P(h_j=1|\boldsymbol{v})$的取值为 Sigmoid 函数，可以将其写成如下形式：

$$P(h_j=1\mid\boldsymbol{v})=\frac{e^{b_j+\boldsymbol{v}^{T}W_{*,j}}}{(1+e^{b_j+\boldsymbol{v}^{T}W_{*,j}})}=\text{sigm}(b_j+\boldsymbol{v}^{T}\boldsymbol{W}_{*,j})$$

根据本节前面已知可视层节点数据推导隐藏层节点数据的条件分布的方法，同样可以求得给定隐藏层节点数据集 $\boldsymbol{h}$ 的条件下，可视层节点的数据集$\boldsymbol{v}$ 的条件分布 $p(\boldsymbol{v}\mid\boldsymbol{h})$。$p(\boldsymbol{v}\mid\boldsymbol{h})$同样满足马尔可夫独立性，即 $p(\boldsymbol{v}\mid\boldsymbol{h})=\prod_{i=1}^{n}p(v_i\mid\boldsymbol{h})$。

采用与推导 $p(\boldsymbol{h}\mid\boldsymbol{v})$ 的条件分布相同的方法即可推导出 $p(\boldsymbol{v}\mid\boldsymbol{h})=\prod i\,\dfrac{e^{a_iv_i+v_iW_{i,*}\boldsymbol{h}}}{1+e^{a_i+v_iW_{i,*}\boldsymbol{h}}}$，由马尔可夫独立性可推导出可视层神经元 v_i 的条件概率 $p(v_i\mid\boldsymbol{h})=\dfrac{e^{a_iv_i+v_iW_{i,*}\boldsymbol{h}}}{1+e^{a_i+v_iW_{i,*}\boldsymbol{h}}}$，其中 $P(v_i=1|\boldsymbol{h})=\dfrac{1}{1+e^{-a_i-W_{i,*}\boldsymbol{h}}}$，$P(v_i=0|\boldsymbol{h})=\dfrac{1}{1+e^{a_i}}$。RBM 中各可视层神经元的取值的概率分布服从伯努利分布，且 $P(v_i=1|\boldsymbol{h})$的取值为 Sigmoid 函数，可以将其写成 $P(v_i=1|\boldsymbol{h})=\text{sigm}(a_i+W_{i,*}\boldsymbol{h})$。

11.4 对比散度

训练 RBM 的主要难点在于负梯度的计算，尤其是在输入数据的特征维数较高的情况下，RBM 的训练效率极低，为此，Hinton 教授于 2002 年提出了对比散度的算法，它可以有效地解决 RBM 在负梯度时训练速度缓慢的问题，对比散度算法也是当前 RBM 的标准训练算法。对比散度的思想是通过一种合理的采样方法，以较少的采样样本来近似负梯度的所有组合空间。首先，有必要了解一下 RBM 负梯度的求解过程。

$$\frac{\partial\ln Z}{\partial\theta}=\sum_{v}P(\boldsymbol{v})\times\frac{\partial(-F(\boldsymbol{v}))}{\partial\theta}=E_v\left(\frac{\partial(-F(\boldsymbol{v}))}{\partial\theta}\right)$$

负梯度求导实际上是一个求期望值的过程。如果对样本数据集$\boldsymbol{v}$ 的采样服从 $P(\boldsymbol{v})$分布，得到 n 个不同的采样集$\{v^1,v^2,\cdots,v^n\}$，将这 n 个不同的采样数据近似等同于$\boldsymbol{v}$ 的全部可能取值。

$$\frac{\partial\ln P(\boldsymbol{v})}{\partial w_{ij}}\approx P(h_j=1\mid\boldsymbol{v})v_i-\sum_{t=1}^{n}(P(h_j=1v_i^t))$$

$$\frac{\partial\ln P(\boldsymbol{v})}{\partial a_i}\approx v_i-\sum_{t=1}^{n}v_i^t$$

$$\frac{\partial\ln P(\boldsymbol{v})}{\partial b_j}\approx P(h_j=1\mid\boldsymbol{v})-\sum_{t=1}^{n}P(h_j=1\mid v^t)$$

接下来需要对上面提到的 n 个样本进行采样。Gibbs 采样是高维分布中的近似采样算法。对于给定的初始状态的数据 v^0 和 h^0，分别通过下列表达式进行采样：

$$h^{t+1}\sim P(h^{t+1}\mid v^t)=\text{sigmoid}(Wv^t+b)$$

$$v^{t+1} \sim P(v^{t+1} \mid h^{t+1}) = \mathrm{sigmoid}(Wh^{t+1} + a)$$

经过有限步的采样后得到(v^t, h^t)，样本服从 $P(\boldsymbol{v}, \boldsymbol{h})$分布。相比暴力求解负梯度的方法，Gibbs 大幅提升了时间复杂度，由于每一次都需要执行上述两个采样方法，直到满足平稳分布为止，整个算法的流程仍然相对烦琐。对比散度算法在 Gibbs 采样的基础上进一步提升了 RBM 训练的时间复杂度。它通过下面两个有效的假设来加快 Gibbs 的采样速度。

(1) 假设 1，采样时不需要从任意的初始值 v^0 开始，而是直接从训练的样本数据 v^k 开始，并且 v^k 已经非常接近于真正的分布 P。

(2) 假设 2，由于假设 1 的存在初始值 v^k 已经非常近似于真实分布，因此通常只需要进行 k 次 Gibbs 采样(实际应用时往往 $k=1$ 即可)即可达到较好的效果。

接下来，根据上面两个假设演示 CD 算法的流程。设训练样本服从 $P(\boldsymbol{v})$，因此，不需要从随机的状态开始 Gibbs 采样，而从训练样本开始。CD 算法的训练思路为：从样本集任意一个样本 v^0 开始，经过 k 次 Gibbs 采样(实际应用时往往 $k=1$ 即可)，每一步为

$$h^{t-1} \sim P(\boldsymbol{h} \mid v^{t-1})$$
$$v^t \sim P(v \mid h^{t-1})$$

然后，根据 11.3 节中的 3 个单样本的梯度，用 v^k 去近似，得到下列表达式：

$$\frac{\partial \ln P(\boldsymbol{v})}{\partial w_{ij}} \approx P(h_i = 1 \mid v^0) v_j^0 - P(h_i = 1 \mid v^k) v_j^k$$

$$\frac{\partial \ln P(\boldsymbol{v})}{\partial a_i} \approx v_i^0 - v_i^k$$

$$\frac{\partial \ln P(\boldsymbol{v})}{\partial b_i} \approx P(h_i = 1 \mid v^0) - P(h_i = 1 \mid v^k)$$

上述表达式的含义为：通过一个采样出来的样本来进行近似期望的计算。

CD 算法的流程如下所示。

输入：训练数据集 D，迭代的次数 n_step，采样的步数 cd_k
输出：更新后的参数如下所示。
$W^* = \{w_{ij}^*\}, a^* = \{a_1^*, a_2^*, \cdots, a_n^*\}, b^* = \{b_1^*, b_2^*, \cdots, b_n^*\}$
首先，初始化参数数据 W,a,b。
然后，fort = 1,2, ⋯ ,n_step，循环执行下面的操作。
对所有在数据集中的 $v \in D$ 执行如下操作。
令 $v^0 = v$
for k = 1,2, ⋯ ,cd_k，循环执行如下操作。
$h^k \sim P(h^k v^k) = \mathrm{sigmoid}(Wv^k + b)$
$v^{k+1} \sim P(v^{k+1} \mid h^k) = \mathrm{sigmoid}(Wh^k + a)$
for i = 1,2, ⋯ ,n_k, j = 1,2, ⋯ ,m，更新参数 w_{ij}。
$w_{ij} \leftarrow w_{ij} + (P(h_j = 1 \mid v) \times v_i - P(h_j = 1 \mid v^{cd\_k}) \times v^{cd\_k}{}_i$
for i = 1,2,3, ⋯ ,n，更新参数 a_i。
$a_i \leftarrow a_i + (v_i - v_i^{cd_k})$
for j = 1,2,3, ⋯ ,m，更新参数 b_j。
$b_j \leftarrow b_j + (P(h_j = 1 \mid v) - P(h_j = 1 \mid v^{cd\_k})$

11.5 本章小结

在本节主要学习了玻尔兹曼机的相关概念，并对训练模型和执行推断时可能出现的问题进行了讨论，通过本章的学习，希望大家掌握玻尔兹曼机的相关基本概念和意义。

11.6 习　　题

1. 填空题

(1) 玻尔兹曼机属于________算法,属于典型的________模型。

(2) EBM 通过对变量的每个配置________来捕获变量之间的依赖关系。

(3) RBM 是基于________的模型,需要为其定义一个能量函数,并利用能量函数引入一系列相关的概率分布函数。

(4) 无向概率图模型为图中的每一个________定义了势函数。

(5) 在马尔可夫网络中,在已知可视层节点集的值的情况下,所有的隐藏层节点之间是________的。

2. 选择题

(1) 受限玻尔兹曼机属于下列哪种模型?(　　)

A. 生成式模型　　B. 判别模型

C. 视情况而定　　D. 都不对

(2) 以下模型中属于无向概率图模型的是(　　)。

A. 决策树　　B. 感知机

C. 支持向量机　　D. 受限玻尔兹曼机

(3) 在马尔可夫网络中,多个变量之间的联合概率分布是基于“最大子图”分解为多个势函数的乘积。下图是一个无向图,其极大子团包括(　　)。

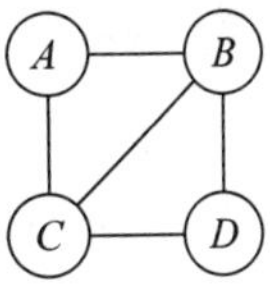

A. A　　B. A、D

C. A、B、C　　D. A、B、C、D

(4) 无向概率图模型为图中的每一个最大子团集合定义了势函数,势函数是一个(　　)函数,可以描述变量集合间的关系。

A. 正　　B. 负

C. 非负　　D. 任意

(5) 作为无向概率图模型 RBM 的二分图结构满足马尔可夫独立性,其条件分布满足(　　)。

A. $P(\boldsymbol{h} \mid \boldsymbol{v}) = \prod_{j=1}^{m} p(h_j \mid \boldsymbol{v})$　　B. $P(\boldsymbol{h} \mid \boldsymbol{v}) = \dfrac{P(\boldsymbol{h}, \boldsymbol{v})}{P(\boldsymbol{h})}$

C. $P(\boldsymbol{h} \mid \boldsymbol{v}) = \prod_{j=1}^{m} p(h_j, \boldsymbol{v})$　　D. $P(\boldsymbol{h}|\boldsymbol{v}) = P(\boldsymbol{h})P(\boldsymbol{v})$

3. 思考题

(1) 简述玻尔兹曼机与受限玻尔兹曼机的区别。

(2) 简述近似推断的含义及作用。

第 12 章　循环神经网络

本章学习目标

- 理解循环神经网络的含义和学习过程；
- 了解循环神经网络的作用和用法；
- 掌握循环神经网络的训练方法。

在前面章节中已经对全连接神经网络的相关知识进行了讲解，然而全连接神经网络只适用于处理前后两个输入数据之间完全没有关系的情况。在深度学习中，经常遇到需要对前后两个输入数据之间存在关系的序列信息进行处理的情况。例如，人类的自然语言大部分情况下是由前后具有语义联系的词语组成的，单独对语句中的某个词进行分析而脱离上下文的联系很可能产生歧义，通过上下文的联系也可以帮助预测一个语句中接下来的词可能是什么。这时，就可以用到循环神经网络(Recurrent Neural Network)。循环神经网络种类繁多，本章将与大家一起学习循环神经网络的部分类别及相应知识。

12.1　循环神经网络概述

循环神经网络(Recurrent Neural Network，RNN)是一类用于处理序列数据(即一个序列当前的输出与之前的输出存在关联性)的神经网络，其缩写与递归神经网络相同，本章的 RNN 缩写仅代指循环神经网络。RNN 的具体表现形式为，对当前时刻之前的信息进行记忆并对当前时刻的输出计算产生影响，即 RNN 中隐藏层之间的节点不再相互独立而是相互连接。当前时刻隐藏层的输入不仅包括输入层的数据还包括上一时刻隐藏层的输出。目前，RNN 在基础研究领域和工程领域都取得了十分显著的进步，例如，Bengio 教授提出的在自然语音处理领域通过神经网络模型对 *N*-Gram 模型进行改进，有关内容将在 12.2 节中进行详细介绍。

本书将在第 14 章介绍的卷积网络是专门用于处理网格化数据的神经网络，而循环神经网络则是专门用于处理序列化数据的神经网络。卷积网络可以很容易地扩展到具有较大宽度和高度的图像，以及处理大小可变的图像，相比之下，循环网络可以扩展到更长的序列(长度可以远远大于没有基于序列的特化网络)，不仅如此，大多数循环网络还能处理可变长度的序列。RNN 最早主要被用于处理自然语言领域的问题，比如为语言模型建模。

图 12.1 是一个简单的循环神经网络，该神经网络由输入层、隐藏层和输出层组成。

在图 12.1 中，$\boldsymbol{x}$ 表示输入数据集；$\boldsymbol{s}$ 表示隐藏层的值；$\boldsymbol{U}$ 表示输入层到隐藏层的权重矩阵；$\boldsymbol{o}$ 表示输出数据集；$\boldsymbol{V}$ 表示隐藏层到输出层的权重矩阵。循环神经网络的隐藏层的值 $\boldsymbol{s}$ 不仅取决于当前这次的输入 $\boldsymbol{x}$，还受到上一层隐藏层的值的影响(后面会进行讲解)。

$\boldsymbol{W}$ 是上一时间步的隐藏层与当前时间步的隐藏层的权重矩阵。从图 12.1 中可以看出,如果把隐藏层右侧的部分去掉,就会得到一个普通的全连接神经网络。图 12.1 只画出了隐藏层中的一个节点,该层隐藏层实际上含有多个节点,并且节点之间是相互连接的,节点数与向量 $\boldsymbol{s}$ 的维度相同,将图 12.1 展开后可以得到图 12.2。

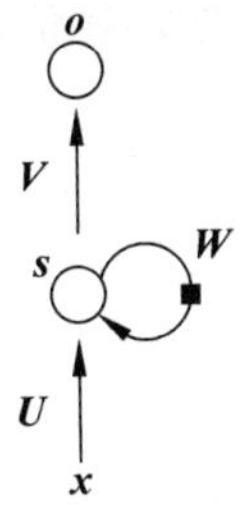

图 12.1　一个简单的循环神经网络

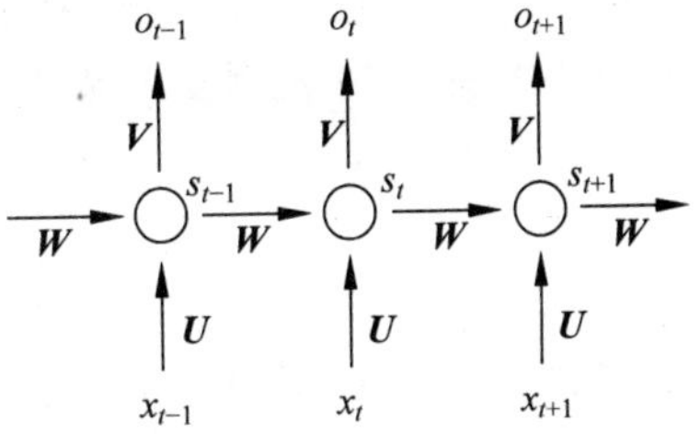

图 12.2　展开后的循环神经网络

- x_t 表示 t 时刻的输入数据。
- s_t 表示 t 时刻的隐藏层的值,s_t 基于上一时刻 $t-1$ 的隐状态和当前时刻 t 的输入得到 $s_t=f(\boldsymbol{U}x_t+\boldsymbol{W}s_{t-1})$,$f$ 通常为非线性的激活函数。在计算第一个词的隐藏层状态 s_0 时,需要用到 s_{-1},显而易见的是,第一个词没有"上一个词",所以在实际操作中 s_{-1} 通常置为 0。
- o_t 表示 t 时刻的输出,例如,下个单词的向量表示,$o_t=g(\boldsymbol{V}s_t)$,g 为激活函数。

因此,可以通过下面的公式来计算循环神经网络。

$$o_t = g(\boldsymbol{V}s_t)$$
$$s_t = f(\boldsymbol{U}x_t + \boldsymbol{W}s_{t-1})$$

在传统神经网络中,每层的参数都是相互独立的。如果在每个时间步长对应参数相互独立,那么将极大地影响泛化训练的效果,这会使得模型无法将训练结果泛化到训练数据长度以外的情形,也无法根据时刻来共享不同序列长度和不同位置的统计强度。当信息的特定部分能够在该序列内的多个位置出现时,此时共享不同序列长度和不同位置的统计强度尤为重要。

假设需要训练一个处理固定长度句子的前馈网络,传统的全连接前馈网络会给每个输入特征一个单独的参数,这就需要分别对句子每个位置的所有语言规则进行学习。而循环神经网络可以在每一层各自共享参数(如图 12.2 中的 $\boldsymbol{U}$、$\boldsymbol{V}$、$\boldsymbol{W}$),由此可以看出,RNN 中的每一步都在执行相同的步骤,只是每一次的输入发生了改变。采用共享参数大大地降低了网络需要学习的参数数量。

$o_t=\text{Softmax}(\boldsymbol{V}s_t)$是输出层的计算公式,RNN 的输出层为全连接层,即该层每个节点都和隐藏层的各节点相连,o_t 的计算公式中,$\boldsymbol{V}$ 表示输出层的权重矩阵,以 Softmax 作为激活函数。$s_t=f(\boldsymbol{U}x_t+\boldsymbol{W}s_{t-1})$是隐藏层的计算公式,循环神经网络的隐藏层为循环层。$\boldsymbol{U}$ 是输入数据 $\boldsymbol{x}$ 的权重矩阵,$\boldsymbol{W}$ 是上一次的值作为这一次的输入的权重矩阵,f 是激活函数。

通过反复把 s_t 的值代入到 $o_t=g(\boldsymbol{V}s_t)$将得到如下表达式:

$$\begin{aligned} o_t &= g(\boldsymbol{V}s_t) \\ &= \boldsymbol{V}f(\boldsymbol{U}x_t + \boldsymbol{W}s_{t-1}) \end{aligned}$$

$$
\begin{aligned}
&= \boldsymbol{V}f(\boldsymbol{U}x_t + \boldsymbol{W}f(\boldsymbol{U}x_{t-1} + \boldsymbol{W}s_{t-2}))\\
&= \boldsymbol{V}f(\boldsymbol{U}x_t + \boldsymbol{W}f(\boldsymbol{U}x_{t-1} + \boldsymbol{W}f(\boldsymbol{U}x_{t-2} + \boldsymbol{W}s_{t-3})))\\
&= \boldsymbol{V}f(\boldsymbol{U}x_t + \boldsymbol{W}f(\boldsymbol{U}x_{t-1} + \boldsymbol{W}f(\boldsymbol{U}x_{t-2} + \boldsymbol{W}f(\boldsymbol{U}x_{t-3} + \boldsymbol{W}s_{t-4}))))\\
&\cdots
\end{aligned}
$$

由上述表达式可以看出循环神经网络的输出值o_t会受到t时刻之前历次输入值x_t、x_{t-1}、x_{t-2}……的影响，这一机制使得循环神经网络能够向前追溯任意数量的输入值。

12.2 语言模型

12.1 节提到 RNN 最早应用于自然语言处理领域中，为语言模型建模。因此，有必要了解一下语言模型的概念。假设存在一个程序，可以根据所输入的语句推测出语句的最后一个词。例如“听说千锋教育还不错，我想去千锋学”________。

句尾空白的地方省略了一部分成分，而这个省略的成分可以是“吃饭”“炒菜”或者 IT 等内容，这些内容都是不确定的，且会对句子的语义产生重大影响。此时如果知道千锋教育是 IT 培训机构的话，那么空白内容是 IT 的概率显然比“吃饭”和“炒菜”的概率要大得多。

语言模型的作用便是在给定一句话的前面部分后，预测下一个最有可能出现的词。语言模型是对一种语言的特征进行建模，它的用处非常广泛。比如在如今很多聊天软件带有的语音转文本(STT)程序中，声学模型输出的结果往往具有多个候选词，此时可以通过语言模型来选择“最可能出现”的词。同样，这种建模也可以用于图像到文本的识别(OCR)。

在 RNN 出现以前，语言模型主要是采用 *N*-Gram 进行建模。*N* 的值为自然数，比如 2 或者 3。它的含义是，假设一个词出现的概率只与前面 *N* 个词相关。以 2-Gram 为例对下列语句进行切词操作。

“听说/千锋教育/还/不错，我/想/去/千锋/学________。”

采用 2-Gram 进行建模时，程序在预测时只会将空格前面的“学”作为判断空格内容的依据。此时，程序会在语料库中，搜索“学”一词后面最可能出现的一个词。无论该模型最后是否选择了 IT，这种预测的手段看上去并不靠谱。因为，这种方式下程序直接忽略了例句中“学”前面的大部分内容。以 3-Gram 进行建模时，程序会搜索“千锋/学”后面最可能的词，这相比于 2-Gram 的预测准确度可能会有所提升，但显然并不足以显著提升预测的准确性，因为，例句中最关键的信息“千锋教育”，是在空格之前 8 个词的位置上出现的。

也许大家觉得，通过继续提升 *N* 的值便能最终实现准确度的大幅提升，然而，这个想法缺乏实用性。因为，在处理任意长度的句子时，无论 *N* 为何值都无法进行有效的适应；同时，*N* 与所建模型规模存在指数级的关系，当 *N* 达到 4 时，模型便需要占用海量的存储空间了。所以，以目前的硬件性能来说，通过增加 *N* 的值来提升 *N*-Gram 的准确性的代价远远大于收益。

12.3 双向循环神经网络

人类的自然语言大部分情况下是由前后存在语义联系的词语组成的，很多时候不仅需要追溯前文的含义来帮助理解或预测接下来的内容，还需要对后文的内容进行分析来提高预测的准确性。比如，这句话“听说 IT 专业的毕业生待遇还不错，我想去千锋教育________ IT 技术，将来做个高薪程序员”。

句中空格处省略了一部分内容，而这个省略的成分可以是“教”“学习”或者“吃”等内容。这些内容具有不确定性，且加入不同的内容会对句子的语义产生重大影响。此时如果知道千锋教育是一家 IT 培训机构的话，那么空白内容是“学习”的概率显然比“吃”的概率要高得多，然后根据后文“将来做个高薪程序员”可以看出，空白处是“学习”的可能性比“教”的概率要大。

仅仅靠本章之前所讲的基本循环神经网络的知识显然很难对上述情形进行建模，因为这里需要同时对前后文进行分析才能选出最适合此处空白的词。此时就需要用到双向循环神经网络的知识了。双向循环神经网络的结构如图 12.3 所示。

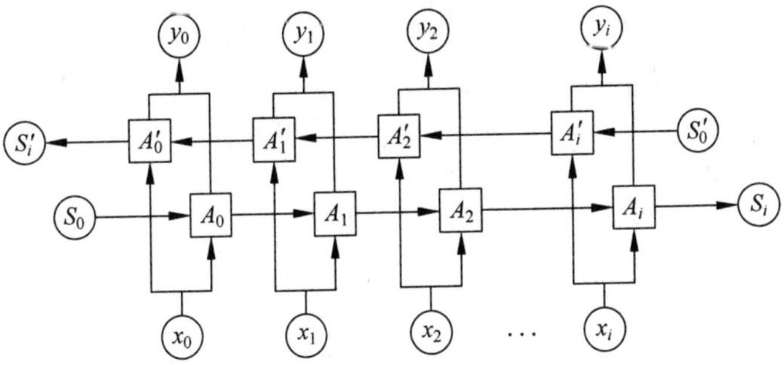

图 12.3 双向循环神经网络

从图 12.3 中可以看出，网络中某一时刻的节点不仅接收了该时刻之前的输出，也接收了当前时刻之后的输出。这种情况就像是数据进行了时空穿梭，从未来穿越回现在，这可能有点难以理解。在此先分析一个特殊场景来帮助大家进行理解，然后再总结一般规律。

以计算图 12.3 中 y_2 的值为例。从图中可以看出，有两个值需要在双向卷积神经网络的隐藏层中进行保存，一个值是参与正向计算的 A_2，另一个值是参与反向计算的 A_2'。输出值 y_2 同时受到了 A_2 和 A_2' 的影响。其计算方法为

$$y_2 = g(\mathbf{V}A_2 + \mathbf{V}'A_2')$$

接下来分别计算 A_2 和 A_2' 的值。

$$A_2 = f(\mathbf{W}A_1 + \mathbf{U}x_2)$$
$$A_2' = f(\mathbf{W}'A_3' + \mathbf{U}'x_2)$$

由 y_2 的计算过程推导出双向循环神经网络的规律：在正向计算中，t 时刻隐藏层的值 s_t 与 $t-1$ 时刻隐藏层 s_{t-1} 的值有关；而在反向计算中，t 时刻隐藏层的值 s_t' 与 $t+1$ 时刻隐藏层 s_{t+1}' 的值有关；t 时刻隐藏层的最终输出结果取决于正向和反向计算的加和。结合本章 12.1 节的循环神经网络的计算公式可推导出双向循环神经网络的计算公式，具体如下

所示：

$$o_t = g(\boldsymbol{V}s_t + \boldsymbol{V}'s'_t)$$
$$s_t = f(\boldsymbol{U}x_t + \boldsymbol{W}s_{t-1})$$
$$s'_t = f(\boldsymbol{U}'x_t + \boldsymbol{W}'s'_{t+1})$$

由于 s_t 和 s'_t 分别对前向和后向的数据进行独立计算，因此它们的权重是不共享的，$\boldsymbol{U}$ 和 $\boldsymbol{U}'$、$\boldsymbol{W}$ 和 $\boldsymbol{W}'$、$\boldsymbol{V}$ 和 $\boldsymbol{V}'$ 都是相互独立的权重矩阵。

12.4　深度循环神经网络

通过对基本循环神经网络和双向循环神经网络的学习，相信大家对循环神经网络已经有了一定的了解，但这些网络相对简单，都只有一个隐藏层，而实际应用中往往会对网络进行堆叠，当堆叠两个及以上层数的隐藏层时就得到了深度循环神经网络。如图 12.4 所示。

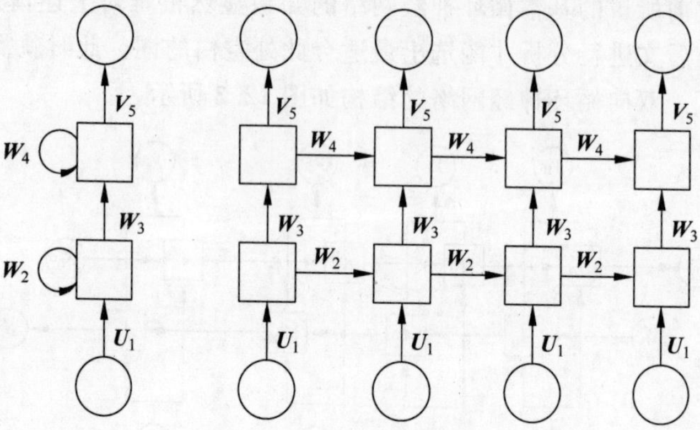

图 12.4　深度循环神经网络

s_t^i 表示第 i 个隐藏层正向计算的值，$s_t'^i$ 表示第 i 个隐藏层反向计算的值，深度循环神经网络的计算公式如下所示。

$$o_t = g(\boldsymbol{V}^i s_t^i + \boldsymbol{V}'^i s_t'^i)$$
$$s_t^1 = f(\boldsymbol{U}^1 x_t + \boldsymbol{W}^1 s_{t-1})$$
$$s_t'^1 = f(\boldsymbol{U}'^1 x_t + \boldsymbol{W}'^1 s'_{t+1})$$
$$\cdots$$
$$s_t^i = f(\boldsymbol{U}^i s_t^{i-1} + \boldsymbol{W}^i s_{t-1})$$
$$s_t'^i = f(\boldsymbol{U}'^i s_t'^{i-1} + \boldsymbol{W}'^i s'_{t+1})$$

12.5　循环神经网络的训练

随时间反向传播算法(Backpropagation Through Time，BPTT)是针对循环层的训练算法，BPTT 的基本原理与前面章节介绍过的 BP 算法相同，包含以下 3 个步骤：

- 前向计算每个神经元的输出值；
- 反向计算每个神经元的误差项，它是误差函数 E 对神经元 j 的加权输入的偏导数；

• 计算每个权重的梯度。

通过随机梯度下降算法对权重进行更新，循环层结构如图 12.5 所示。

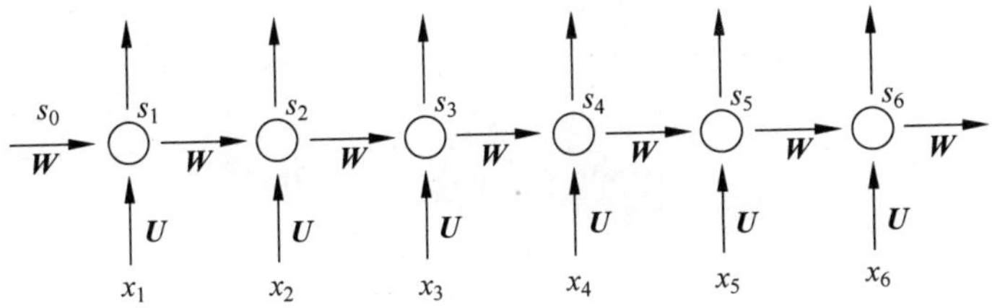

图 12.5　深度循环神经网络的循环层结构

12.5.1　前向计算

使用 12.1 节介绍的隐藏层输出值计算公式 $s_t=f(\boldsymbol{U}x_t+\boldsymbol{W}s_{t-1})$ 对循环层进行前向计算。向量的下标 t 表示时刻，例如，s_t 表示在 t 时刻向量 $\boldsymbol{s}$ 的值。输入层神经元个数为 m，隐藏层神经元个数为 n，则连接输入层和隐藏层的权重矩阵 $\boldsymbol{U}$ 的维度是 $n\times m$，上一时刻隐藏层单元与当前时刻隐藏层单元的权重矩阵 $\boldsymbol{W}$ 的维度是 $n\times n$。接下来将隐藏层输出值计算公式以矩阵的形式进行展开，方便大家更直观的理解，具体如下所示。

$$\begin{bmatrix} s_1^t \\ s_2^t \\ \vdots \\ s_n^t \end{bmatrix} = f\left(\begin{bmatrix} u_{11} & u_{12} & \cdots & u_{1m} \\ u_{21} & u_{22} & \cdots & u_{2m} \\ \vdots & \vdots & & \vdots \\ u_{n1} & u_{n2} & \cdots & u_{nm} \end{bmatrix}\begin{bmatrix} x_1 \\ x_2 \\ \vdots \\ x_m \end{bmatrix} + \begin{bmatrix} w_{11} & w_{12} & \cdots & w_{1n} \\ w_{21} & w_{22} & \cdots & w_{2n} \\ \vdots & \vdots & & \vdots \\ w_{n1} & w_{n2} & \cdots & w_{nn} \end{bmatrix}\begin{bmatrix} s_1^{t-1} \\ s_2^{t-1} \\ \vdots \\ s_n^{t-1} \end{bmatrix}\right)$$

在上述展开式中，"s"等斜体字母用来表示向量的元素，下标表示该元素为对应向量的第几个元素，上标表示对应的时刻。例如，s_j^t 表示向量 $\boldsymbol{s}$ 的第 j 个元素在 t 时刻的值。u_{ji} 表示输入层第 i 个神经元到循环层第 j 个神经元的权重。w_{ji} 表示循环层在 $t-1$ 时刻的第 i 个神经元到循环层第 t 个时刻的第 j 个神经元的权重。

12.5.2　误差项的计算

BTPP 算法将第 l 层 t 时刻的误差项 δ_t^l 值沿两个方向传播，其中一个方向是传递到上一层网络，得到 δ_t^{l-1}，在这个方向上的传播只与权重矩阵 $\boldsymbol{U}$ 有关；另一个方向是将其沿时间线传递到初始时刻 $t-1$，得到 δ_1^l，这部分只和权重矩阵 $\boldsymbol{W}$ 有关。

此时，用向量 net_t 表示神经元在 t 时刻的加权输入，用之前所学的隐藏层输出值计算公式可以轻易推导出如下等式：

$$\text{net}_t = \boldsymbol{U}x_t + \boldsymbol{W}s_{t-1}$$
$$s_{t-1} = f(\text{net}_{t-1})$$

因此

$$\frac{\partial \text{net}_t}{\partial \text{net}_{t-1}} = \frac{\partial \text{net}_t}{\partial s_{t-1}} \frac{\partial s_{t-1}}{\partial \text{net}_{t-1}}$$

接下来，用 $\boldsymbol{a}$ 表示列向量，用 $\boldsymbol{a}^{\mathrm{T}}$ 表示行向量。上式中$\dfrac{\partial \text{net}_t}{\partial s_{t-1}}$是向量函数对向量求导，其结果为雅可比矩阵，具体如下所示：

$$\frac{\partial \text{net}_t}{\partial s_{t-1}}=\begin{bmatrix}\frac{\partial \text{net}_1^t}{\partial s_1^{t-1}} & \frac{\partial \text{net}_1^t}{\partial s_2^{t-1}} & \cdots & \frac{\partial \text{net}_1^t}{\partial s_n^{t-1}}\\ \frac{\partial \text{net}_2^t}{\partial s_1^{t-1}} & \frac{\partial \text{net}_2^t}{\partial s_2^{t-1}} & \cdots & \frac{\partial \text{net}_2^t}{\partial s_n^{t-1}}\\ \vdots & \vdots & & \vdots\\ \frac{\partial \text{net}_n^t}{\partial s_1^{t-1}} & \frac{\partial \text{net}_n^t}{\partial s_2^{t-1}} & \cdots & \frac{\partial \text{net}_n^t}{\partial s_n^{t-1}}\end{bmatrix}$$

$$=\begin{bmatrix}w_{11} & w_{12} & \cdots & w_{1n}\\ w_{21} & w_{22} & \cdots & w_{2n}\\ \vdots & \vdots & & \vdots\\ w_{n1} & w_{n2} & \cdots & w_{nn}\end{bmatrix}$$

$$=\boldsymbol{W}$$

同理，$\frac{\partial s_{t-1}}{\partial \text{net}_{t-1}}$也是一个雅可比矩阵，具体如下所示：

$$\frac{\partial \text{net}_t}{\partial s_{t-1}}=\begin{bmatrix}\frac{\partial s_1^{t-1}}{\partial \text{net}_1^{t-1}} & \frac{\partial s_1^{t-1}}{\partial \text{net}_2^{t-1}} & \cdots & \frac{\partial s_1^{t-1}}{\partial \text{net}_n^{t-1}}\\ \frac{\partial s_2^{t-1}}{\partial \text{net}_1^{t-1}} & \frac{\partial s_2^{t-1}}{\partial \text{net}_2^{t-1}} & \cdots & \frac{\partial s_2^{t-1}}{\partial \text{net}_n^{t-1}}\\ \vdots & \vdots & & \vdots\\ \frac{\partial s_n^{t-1}}{\partial \text{net}_1^{t-1}} & \frac{\partial s_n^{t-1}}{\partial \text{net}_2^{t-1}} & \cdots & \frac{\partial s_n^{t-1}}{\partial \text{net}_n^{t-1}}\end{bmatrix}$$

$$=\begin{bmatrix}f'(\text{net}_1^{t-1}) & 0 & \cdots & 0\\ 0 & f'(\text{net}_2^{t-1}) & \cdots & 0\\ \vdots & \vdots & & \vdots\\ 0 & 0 & \cdots & f'(\text{net}_n^{t-1})\end{bmatrix}$$

$$=\text{diag}[f'(\text{net}_{t-1})]$$

上式中的 diag[]表示根据中括号中的向量创建一个对角矩阵，例如 diag[$\boldsymbol{a}$]，具体如下所示：

$$\text{diag}(\boldsymbol{a})=\begin{bmatrix}a_1 & 0 & \cdots & 0\\ 0 & a_2 & \cdots & 0\\ \vdots & \vdots & & \vdots\\ 0 & 0 & \cdots & a_n\end{bmatrix}$$

将$\frac{\partial \text{net}_t}{\partial s_{t-1}}$与$\frac{\partial s_{t-1}}{\partial \text{net}_{t-1}}$合并，得到如下表达式：

$$\frac{\partial \text{net}_t}{\partial \text{net}_{t-1}}=\frac{\partial \text{net}_t}{\partial s_{t-1}}\frac{\partial s_{t-1}}{\partial \text{net}_{t-1}}$$

$$=\boldsymbol{W}\text{diag}[f'(\text{net}_{t-1})]$$

$$=\begin{bmatrix}w_{11}f'(\text{net}_1^{t-1}) & w_{12}f'(\text{net}_2^{t-1}) & \cdots & w_{1n}f'(\text{net}_n^{t-1})\\ w_{21}f'(\text{net}_1^{t-1}) & w_{22}f'(\text{net}_2^{t-1}) & \cdots & w_{2n}f'(\text{net}_n^{t-1})\\ \vdots & \vdots & & \vdots\\ w_{n1}f'(\text{net}_1^{t-1}) & w_{n2}f'(\text{net}_2^{t-1}) & \cdots & w_{nn}f'(\text{net}_n^{t-1})\end{bmatrix}$$

上式展示了将误差项 δ 沿时间往前传递一个时间步长的方法，因此可以求得任意时刻 k 的误差项δ_k：

$$\begin{aligned}\delta_k &= \frac{\partial E}{\partial \mathrm{net}_k} \\ &= \frac{\partial E}{\partial \mathrm{net}_t}\frac{\partial \mathrm{net}_t}{\partial \mathrm{net}_k} \\ &= \frac{\partial E}{\partial \mathrm{net}_t}\frac{\partial \mathrm{net}_t}{\partial \mathrm{net}_{t-1}}\frac{\partial \mathrm{net}_{t-1}}{\partial \mathrm{net}_{t-2}}\cdots\frac{\partial \mathrm{net}_{k+1}}{\partial \mathrm{net}_k} \\ &= \boldsymbol{W}\mathrm{diag}[f'(\mathrm{net}_{t-1})]\boldsymbol{W}\mathrm{diag}[f'(\mathrm{net}_{t-2})]\cdots\boldsymbol{W}\mathrm{diag}[f'(\mathrm{net}_k)]\delta_t^l\end{aligned}$$

由此可以得出误差项沿时间反向传播计算公式的一般表达式，具体如下所示：

$$\delta_t^{\mathrm{T}} = \prod_{i=k}^{t-1}\boldsymbol{W}\mathrm{diag}[f'(\mathrm{net}_i)]$$

在循环神经网络中，循环层将误差项反向传播到上一层网络，这一点与普通的全连接层一致。

循环层的加权输入 net^l 与上一层的加权输入 net^{l-1} 关系如下所示：

$$\mathrm{net}_t^l = \boldsymbol{U}a_t^{l-1} + \boldsymbol{W}s_{t-1}$$

$$a_t^{l-1} = f^{l-1}(\mathrm{net}_t^{l-1})$$

首先，假设第 l 层为循环层。上述两个表达式中，net_t^l 表示第 l 层神经元的加权输入；net_t^{l-1} 表示第 $l-1$ 层神经元的加权输入；a_t^{l-1} 表示第 $l-1$ 层神经元的输出；f^{l-1} 表示第 $l-1$ 层的激活函数。

$$\begin{aligned}\frac{\partial \mathrm{net}_t^l}{\partial \mathrm{net}_t^{l-1}} &= \frac{\partial \mathrm{net}_t^l}{\partial a_t^{l-1}}\frac{\partial a_t^{l-1}}{\partial \mathrm{net}_t^{l-1}} \\ &= \boldsymbol{U}\mathrm{diag}[f'^{l-1}(\mathrm{net}_t^{l-1})]\end{aligned}$$

所以有

$$\begin{aligned}(\delta_t^{l-1})^{\mathrm{T}} &= \frac{\partial E}{\partial \mathrm{net}_t^{l-1}} \\ &= \frac{\partial E}{\partial \mathrm{net}_t^l}\frac{\partial \mathrm{net}_t^l}{\partial \mathrm{net}_t^{l-1}} \\ &= (\delta_t^l)^{\mathrm{T}}\boldsymbol{U}\mathrm{diag}[f'^{l-1}(\mathrm{net}_t^{l-1})]\end{aligned}$$

上述表达式便是误差传递到上一层的算法。

12.5.3 权重梯度的计算

BPTT 算法的最后一步操作是计算每个权重的梯度。要计算权重梯度首先需要计算误差函数 E 对权重矩阵 $\boldsymbol{W}$ 的梯度$\frac{\partial E}{\partial \boldsymbol{W}}$。

图 12.6 展示了到目前为止，在前两步训练中已经计算得到的量，包括每个时刻 t 循环层的输出值 s_t，以及误差项 δ_t。

只要知道了任意一个时刻的误差项，以及上一个时刻循环层的输出值，就可以按照下面的公式求出权重矩阵在 t 时刻的梯度：

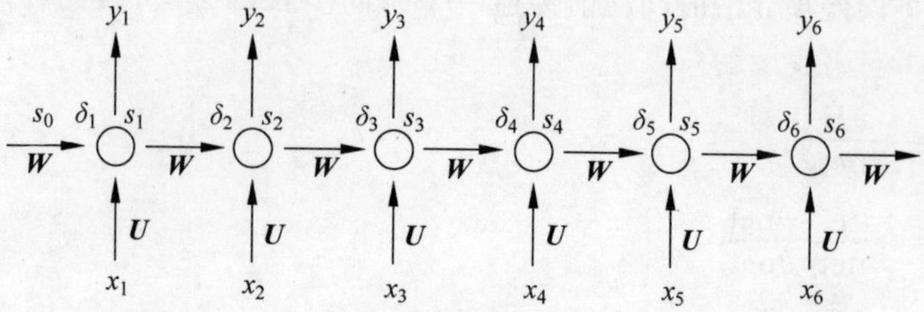

图 12.6　深度循环神经网络的循环层结构

$$\nabla_{W_t}E=\begin{bmatrix}\delta_1^t s_1^{t-1} & \delta_1^t s_2^{t-1} & \cdots & \delta_1^t s_n^{t-1}\\ \delta_2^t s_1^{t-1} & \delta_2^t s_2^{t-1} & \cdots & \delta_2^t s_n^{t-1}\\ \vdots & \vdots & & \vdots\\ \delta_n^t s_1^{t-1} & \delta_n^t s_2^{t-1} & \cdots & \delta_n^t s_n^{t-1}\end{bmatrix}$$

在上述表达式中，δ_i^t表示 t 时刻误差项向量的第 i 个分量；s_n^{t-1} 表示 $t-1$ 时刻循环层第 i 个神经元的输出值。

由于 $\mathrm{net}_t=\boldsymbol{U}x_t+\boldsymbol{W}s_{t-1}$ 对 $\boldsymbol{W}$ 求导与无关，可以直接忽略。接下来，对权重项进行求导。

$$\begin{aligned}\frac{\partial E}{\partial w_{ji}}&=\frac{\partial E}{\partial \mathrm{net}_j^t}\frac{\partial \mathrm{net}_j^t}{\partial w_{ji}}\\ &=\delta_i^t s_n^{t-1}\end{aligned}$$

按照上面的规律就可以生成之前关于$\nabla_{W_t}E$ 的矩阵。

现在，已经求出权重矩阵 $\boldsymbol{W}$ 在 t 时刻的梯度，最终的梯度等于各个时刻的梯度之和，即：

$$\begin{aligned}\nabla_W E&=\sum_{i=1}^{t}\nabla_{W_t}E\\ &=\begin{bmatrix}\delta_1^t s_1^{t-1} & \delta_1^t s_2^{t-1} & \cdots & \delta_1^t s_n^{t-1}\\ \delta_2^t s_1^{t-1} & \delta_2^t s_2^{t-1} & \cdots & \delta_2^t s_n^{t-1}\\ \vdots & \vdots & & \vdots\\ \delta_n^t s_1^{t-1} & \delta_n^t s_2^{t-1} & \cdots & \delta_n^t s_n^{t-1}\end{bmatrix}+\cdots+=\begin{bmatrix}\delta_1^1 s_1^{0} & \delta_1^1 s_2^{0} & \cdots & \delta_1^1 s_n^{0}\\ \delta_2^1 s_1^{0} & \delta_2^1 s_2^{0} & \cdots & \delta_2^1 s_n^{0}\\ \vdots & \vdots & & \vdots\\ \delta_n^1 s_1^{0} & \delta_n^t s_2^{0} & \cdots & \delta_n^t s_n^{0}\end{bmatrix}\end{aligned}$$

上述表达式即计算循环层权重矩阵 $\boldsymbol{W}$ 的梯度的公式。

12.6　循环神经网络中的梯度爆炸和梯度消失

在实际训练中，本章之前讲述的几个 RNN 在处理较长序列时效果并不理想。这是因为：RNN 在训练中很容易出现梯度爆炸或梯度消失，这会造成训练时梯度不能在较长序列中一直传递下去的问题，使得 RNN 无法对长距离影响进行捕捉。

在 12.5 节中推导出的误差项沿时间反向传播的计算公式是一个指数函数，如果 $t-k$ 的值过大(也就是向前追溯过多时)，就会导致对应误差项的值增长或缩小得非常快，由于可能产生梯度爆炸和梯度消失。

通常梯度爆炸比梯度消失的处理容易些。因为梯度爆炸的时候，程序会返回 NaN 错误。可以设置一个梯度阈值，当梯度超过该阈值时便直接截取。

梯度消失问题通常难以进行检测，也比梯度爆炸问题更难处理。通常可以选择以下3种方法来应对梯度消失问题：

- 合理的初始化权重值。初始化权重，使每个神经元尽可能不要取极大值或极小值，以躲开梯度消失的区域。
- 选择合适的激活函数，使用 ReLU 函数代替 Sigmoid 函数和双曲函数作为激活函数可以有效地缓解梯度消失的问题。
- 采用其他结构的 RNN，比如长短时记忆网络(LTSM)等。

12.7 RNN 的应用举例——基于 RNN 的语言模型

本节将对基于循环神经网络的语言模型进行讨论。首先，为循环神经网络依序输入词，每完成一个词的输入，该网络都会输出截止到目前时刻，下一个最可能出现的词。例如这句话，当依次输入“我/昨天/上学/迟到/了”。

神经网络的输出如图 12.7 所示。

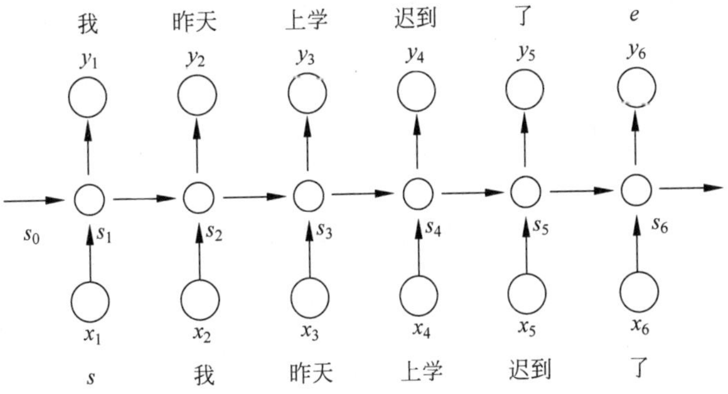

图 12.7　循环神经网络的输出

可以看到，图中存在 s 和 e 两个用字母表示的词：s 表示一个序列的开始，e 表示一个序列的结束。

12.7.1 向量化

在神经网络中输入和输出均为向量，因此在神经网络处理自然语言模型时必须通过向量的形式来表示词语。

可以通过以下步骤对输入数据进行向量化操作：建立一个包含所有词语的词典，每个词在词典里面有一个唯一的编号。任意一个词语都可以用一个 N 维的 one-hot 向量来表示。其中，N 是词典中包含的词的个数。假设一个单词在词典中的编号是 i，用向量 $\boldsymbol{v}$ 表示该单词，v_j 表示该向量的第 j 个元素，则

$$v_j = \begin{cases} 1 & j = i \\ 0 & j \neq i \end{cases}$$

上述表达式的含义，可以通过图 12.8 来表示。

通过上述的向量化方法，便可以得到一个高维、稀疏表示的向量。需要注意的是，在处

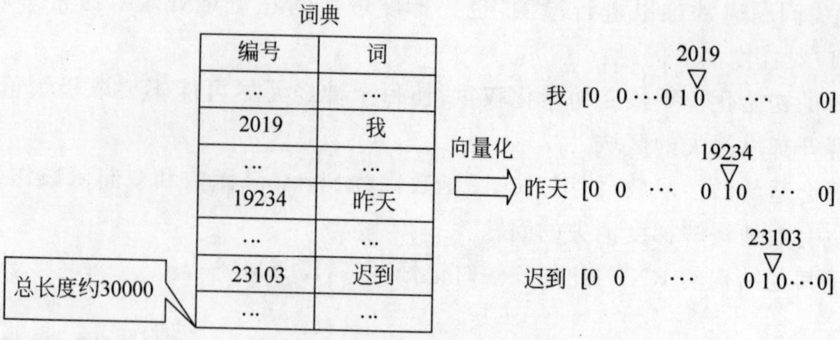

图 12.8 直观的向量化表示

理高维数据时神经网络会产生大量参数，这会极大地降低计算效率。因此，通常会采用前面章节提到过的降维方法将高维的稀疏向量转化为低维的稠密向量。

在语言模型中，神经网络的输出是语句中下一个最可能出现的词。可以通过让该网络计算词典中每个词是下一个词的概率，从而筛选出出现概率最大的词。因此，神经网络的输出向量也是一个维度为 N 的向量，输出向量中的每个元素都对应着词典中相应的词出现在下一个位置的概率，如图 12.9 所示。

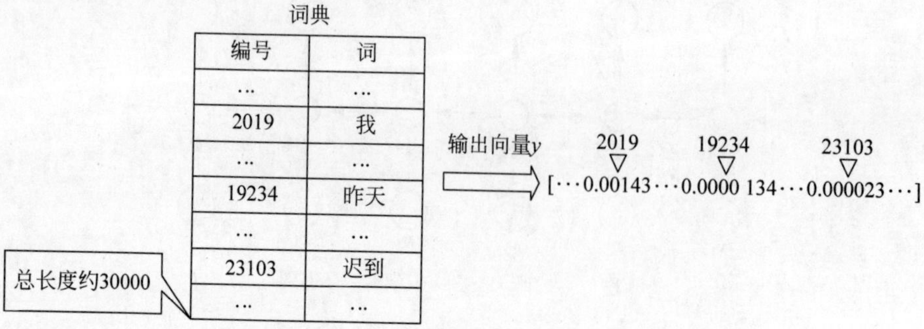

图 12.9 向量中的每个元素对应着词典中相应的词是下一个词的概率

12.7.2 Softmax 层

语言模型可以理解为对语句中出现在下一个位置的词的出现概率进行建模。通常采用 Softmax 神经元来构建神经网络的输出层。

在前面章节中已经接触过 Softmax 函数，在此再复习一下其相关定义：

$$g(z_i)=\frac{e^{z_i}}{\sum_k e^{z_k}}$$

Softmax 层如图 12.10 所示。

由图 12.10 可知，Softmax 层的输入和输出由向量构成，且输入和输出的向量维度相同。输入向量$\boldsymbol{x}=[1\quad 2\quad 3\quad 4]$经过 Softmax 层之后，转化为输出向量$\boldsymbol{y}=[0.03\quad 0.09\quad 0.24\quad 0.64]$。计算过程如下所示：

$$y_1=\frac{e^{x_1}}{\sum_k e^{x_k}}$$

$$
\begin{aligned}
&= \frac{e^1}{e^1+e^2+e^3+e^4} \\
&= 0.03 \\
y_2 &= \frac{e^{x_2}}{\sum_k e^{x_k}} \\
&= \frac{e^2}{e^1+e^2+e^3+e^4} \\
&= 0.09 \\
y_3 &= \frac{e^{x_3}}{\sum_k e^{x_k}} \\
&= \frac{e^3}{e^1+e^2+e^3+e^4} \\
&= 0.24 \\
y_4 &= \frac{e^{x_4}}{\sum_k e^{x_k}} \\
&= \frac{e^4}{e^1+e^2+e^3+e^4} \\
&= 0.64
\end{aligned}
$$

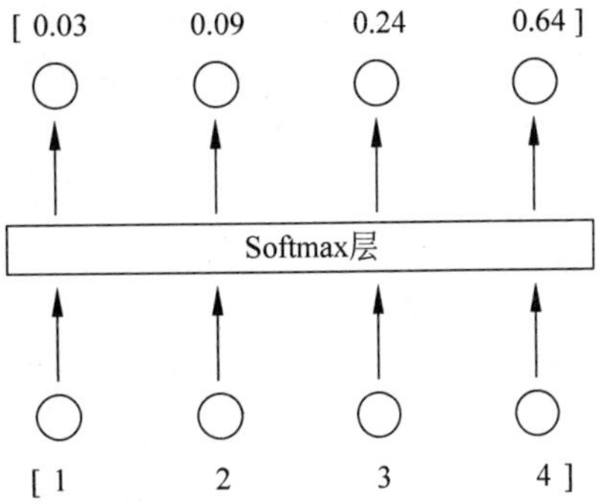

图 12.10　Softmax 层

从上述计算过程不难看出，输出向量 **y** 具有以下两个主要特征：

- 向量中各元素的取值区间为[0,1]。
- 输出向量各元素之和为 1。

上述示例中，模型预测下一个词是词典中第一个词的概率是 0.03，是词典中第二个词的概率是 0.09，以此类推。

12.7.3　语言模型的训练

接下来，通过监督学习的方法对语言模型进行训练。首先，需要准备训练数据集；然后，介绍怎样把语句“我/昨天/上学/迟到/了”转换成语言模型的训练数据集。

首先，需要捕获输入-标签对，具体如表 12.1 所示。

表 12.1　输入-标签对

输入	标签
s	我
我	昨天
昨天	上学
上学	迟到
迟到	了
了	e

通过 12.7.2 节中提到的向量化方法，对输入 **x** 和标签 **y** 进行向量化操作。在本示例中，对标签 **y** 进行向量化所得到的结果也是一个 one-hot 向量。例如，从图 12.8 中可以看

到，对标签“我”进行向量化，得到的向量中，只有第 2019 个元素的值是 1，其他位置元素的值都是 0。其含义为：下一个词出现“我”的概率是 1，是其他词的概率都是 0。

然后，使用交叉熵误差函数作为优化函数，对模型进行优化。

通常会选择交叉熵来作为 Softmax 层的误差函数，交叉熵误差函数的公式定义如下所示。

$$L(\boldsymbol{y},\boldsymbol{o})=-\frac{1}{N}\sum_{n\in N}\boldsymbol{y}_n\log\boldsymbol{o}_n$$

在上式中，N 表示训练样本的个数，向量 $\boldsymbol{y}_n$ 表示样本的标签，向量 $\boldsymbol{o}_n$ 表示网络的输出。标记 $\boldsymbol{y}_n$ 表示一个 one-hot 向量，假设只有一个训练样本，即 $N=1$，例如 $\boldsymbol{y}_1=[1,0,0,0]$，如果网络的输出 $\boldsymbol{o}=[0.03,0.09,0.24,0.64]$，那么，交叉熵误差值的计算过程如下所示。

$$\begin{aligned}L&=-\frac{1}{N}\sum_{n\in N}\boldsymbol{y}_n\log\boldsymbol{o}_n\\&=-\boldsymbol{y}_1\log\boldsymbol{o}_1\\&=-(1\times\log0.03+0\times\log0.09+0\times\log0.24+0\times\log0.64)\\&=3.51\end{aligned}$$

通常在对概率进行建模的问题中使用交叉熵作为误差函数更合适。

12.8 本章小结

本章主要讲解了基本的循环神经网络及其训练算法(BPTT)，并将所学的循环神经网络应用于语言模型上。在前面提到过，基本的循环神经网络存在梯度爆炸和梯度消失问题，并不能真正地处理好长距离的依赖(虽然有一些技巧可以减轻这些问题)。事实上，真正得到广泛应用的是循环神经网络的一个变体——长短时记忆网络。它内部有一些特殊的结构，可以很好地处理长距离的依赖，第 13 章将详细介绍。

12.9 习题

1. 填空题

(1) 循环神经网络是一类用于处理________的神经网络，其英文缩写为 RNN，这与递归神经网络的缩写相同，在实际环境中应注意区分两者。

(2) 循环神经网络隐藏层之间的节点不再________而是________。

(3) ________算法是针对循环层的训练算法，它的简称为________。

(4) 由于神经网络的输入和输出都是向量，为了让语言模型能够被神经网络处理，必须通过________的形式来表示每个词。

(5) 误差项沿时间反向传播的计算公式是一个指数函数，如果 $t-k$ 的值过大，就容易出现________或________。

2. 选择题

(1) 循环神经网络结构会发生权重共享吗？( )

A. 会　　B. 不会　　C. 视情况而定　　D. 不知道

(2) 以 3-Gram 对下列语句进行建模时，程序会搜索下列语句中(　　)及其后的词作为判断空格内容的依据。

“那/家/餐厅/的/菜/很/好________。”

A. 好　　B. 很　　C. 菜　　D. 的

(3) 在语言识别中，如果需要根据前后文的语境来推测一处空白可能出现的内容，此时采用(　　)进行建模更加合适。

A. N-Gram　　B. 受限玻尔兹曼机

C. 双向循环神经网络　　D. 自编码器

(4) 思考如下循环神经网络：

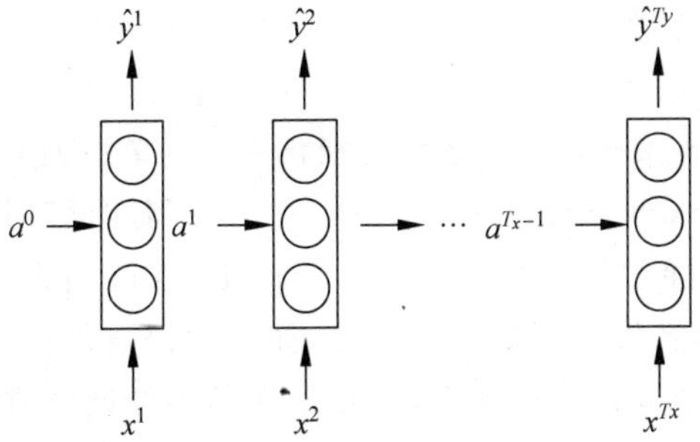

这是一种输入数量等于输出数量的多对多 RNN 结构，因此(　　)。

A. $T_x=T_y$　　B. $T_x>T_y$　　C. $T_x<T_y$　　D. $T_x=1$

(5) 假设你正在训练一个 RNN 语音识别模型：

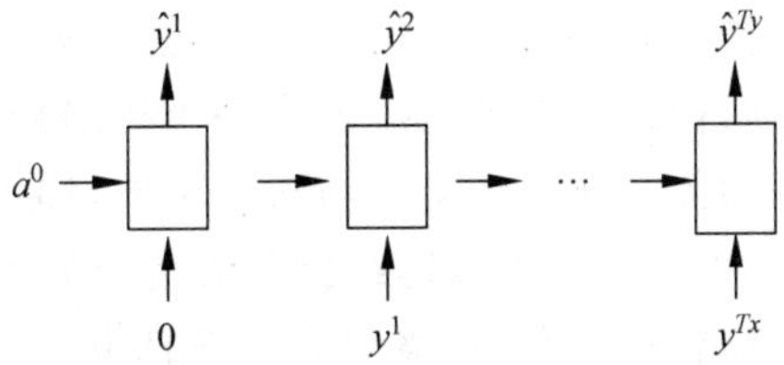

在第 t 时刻，神经网络最可能正在进行下列哪个步骤？(　　)

A. $P(y^1,y^2,\cdots,y^{t-1})$　　B. $P(y^t)$

C. $P(y^t|y^1,y^2,\cdots,y^{t-1})$　　D. $P(y^t|y^1,y^2,\cdots,y^t)$

3. 思考题

简述 N-Gram 的作用及其局限性。

第 13 章　递归神经网络

本章学习目标

- 掌握递归网络的相关基础知识；
- 掌握 BPTT 与梯度消失；
- 了解长时记忆网络；
- 了解时间递归网络在解决自然语言处理问题上的具体应用。

递归神经网络(Recursive Neural Network,它的缩写和循环神经网络一样为 RNN)可以处理诸如树、图这样的递归结构,它于 1990 年由 Pollack 引入深度学习领域。前递归网络已成功地应用于输入是数据结构的神经网络,如自然语言处理和计算机视觉。在本章的最后,以循环语句实现一个递归神经网络,并介绍递归神经网络常见应用场景,以及它的训练算法。

13.1　递归神经网络概述

在神经网络的输入层中神经元的数量往往是固定的,在处理可变长度的输入时需要用到循环或者递归的方式。递归神经网络可以被看作一个树结构,与循环神经网络通过对一段自然语句中前后词组之间的关联来判断句子的语义不同,递归神经网络将一段自然语句分成主谓宾等组成部分,这些组成部分可以继续拆分成更为细小的子部分,这种结构中某一子部分的信息由它的子树的信息组合得到,整句话的信息由组成这句话的几个子部分组合而来。

在第 12 章中介绍的循环神经网络处理一段自然语言时,具体过程如图 13.1 所示。

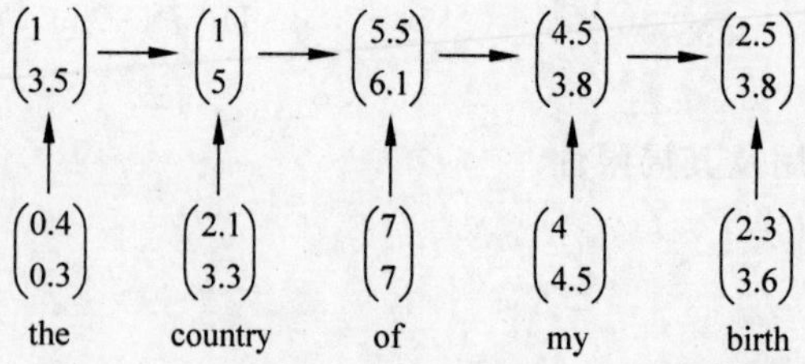

图 13.1　循环神经网络处理一段自然语言

然而在处理具体语句时,不同的语法解析树对应了不同的意思,仅仅按顺序对词组的序列进行解析可能会出现歧义。例如,在处理"全国 14 个计算机学院的学员找到了理想的工作"时,可以理解成"全国/14 个/计算机学院/的学员找到了理想的工作",即某培训机构在全国设立的 14 个分院中的学员找到了理想的工作；另一种理解方式是“全国/14 个/计算机学院的学员/找到了理想的工作”，即 14 个来自计算机学院的学员找到了理想的工作。此时，递归神经网络通过树结构来处理信息，从而让模型可以区分出语句的不同意思。递归神经网络主要适用于可以按照树-图结构处理信息的情况。

递归神经网络可以把一个树-图结构的信息映射到一个语义向量空间中。所映射的语义向量空间往往满足某些特定的性质。例如，语义相似的向量距离更近，也就是说，如果两句话用词不同但语义相似，那么这两句话分别被编码后，所得的两个向量之间的距离也相近；如果两句话的语义差异较大，那么编码后所得的两个向量距离也较大，具体示例如图 13.2 所示。

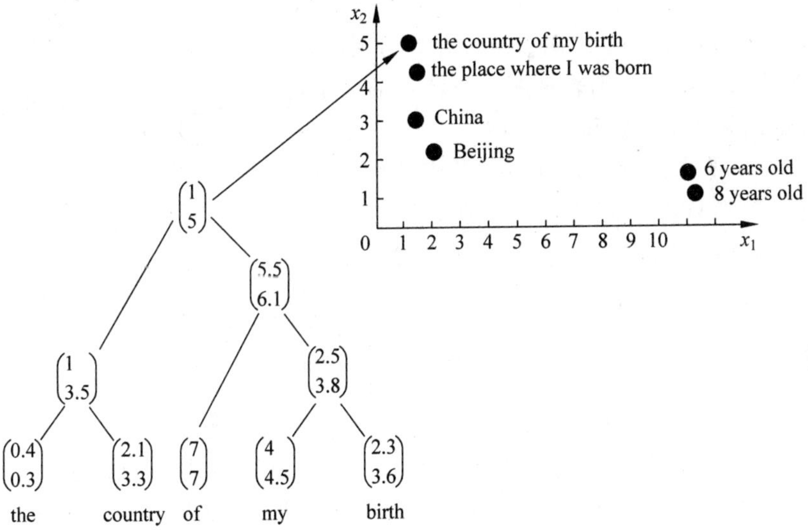

图 13.2　递归神经网络把树-图结构的信息映射到语义向量空间中

在图 13.2 中，左侧递归神经网络将语句中的词组映射到了右上角的一个二维向量空间中。从二维向量空间中可以看到，句子“the country of my birth”和句子“the place where I was born”距离很近，这反映了两者语义是相似的这一信息。向量空间中存在另外 4 个单词。观察图 13.2 中“China”和“Beijing”两个单词，显然这两个词与“the country of my birth”或者“the place where I was born”的语义关联度比“8 years old”和“6 years old”高，所以在向量空间中“China”和“Beijing”距离两个语句更近。由上述示例可以看出，语义的关联程度可以通过向量的间距表示。

从图 13.2 中应该不难看出自然语言的可组合性，通过一个个单词组成了一句话。由词组到文章，语言的等级逐渐上升，高等级语言结构的语义往往取决于低等级语言结构的语义以及低等级语言结构间的组合方式。递归神经网络是一种表示学习方式，它可以将词、句、段、文章按照相应的语义映射到一个向量空间中，即将树-图结构所包含的信息表示为具有对应含义的向量。以图 13.2 为例，递归神经网络把句子“the country of my birth”编码为二维向量[1,5]。通过定义这样一个“编码器”将这些高级语言结构向量化。

尽管递归神经网络的表示能力非常强大，然而由于其输入数据必须是树-图结构，而这种输入信息需要花费大量人工成本进行标注，因此递归神经网络在实际应用中并不广泛。

如果通过循环神经网络处理句子，那么可以直接把句子作为输入；而通过递归神经网络处理句子，则需要把每个句子标注为语法解析树的形式，这无疑会比循环神经网络花费更多的人工成本。递归神经网络所需要的投入往往大于其能够带来的性能提升所产生的收益。

13.2　递归神经网络的前向计算

本节将对递归神经网络处理树-图结构信息的过程进行讲解。递归神经网络的输入通常包含两个及以上的子节点，将子节点编码后产生的父节点作为输出，输出中父节点的维度总是与其每个子节点保持一致，递归神经网络中的树-图结构如图 13.3 所示。

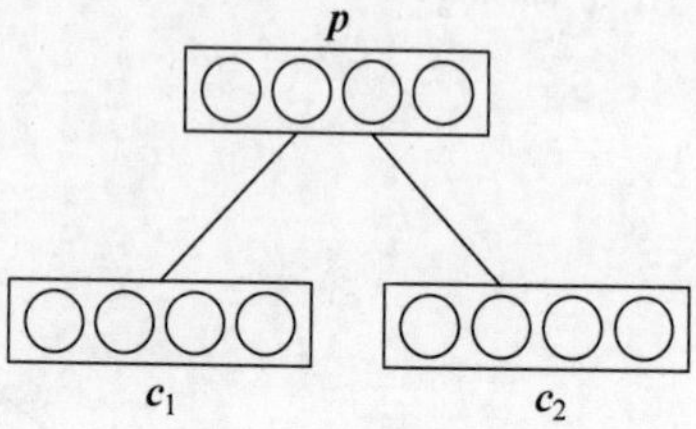

图 13.3　树-图结构

图 13.3 中，$\boldsymbol{c}_1$ 和 $\boldsymbol{c}_2$ 分别表示两个子节点的向量，$\boldsymbol{p}$ 表示父节点的向量。子节点和父节点组成一个全连接神经网络，即每个子节点的神经元都和父节点的所有神经元两两相连。矩阵 $\boldsymbol{W}$ 表示这些连接上的权重参数，其维度是 $d\times 2d$，其中 d 表示每个节点的维度。父节点的计算公式可以写成：

$$\boldsymbol{p} = \tanh\left(\boldsymbol{W}\begin{bmatrix}\boldsymbol{c}_1\\ \boldsymbol{c}_2\end{bmatrix}+\boldsymbol{b}\right)$$

上述等式中，双曲正切函数为激活函数（此处也可采用其他激活函数）；$\boldsymbol{b}$ 是偏置项，它也是一个维度为 d 的向量。之前已经具体介绍过 Tanh 函数，此处不再赘述。

然后，把产生的父节点的向量和其他子节点的向量再次作为网络的输入，产生新的父节点。不断迭代，直至处理完毕。最终得到根节点的向量可以被看作对整棵树的表示，这样便完成了树-图结构的向量化。使用递归神经网络处理如图 13.4 所示的树-图结构，最终得到的向量 $\boldsymbol{p}_3$ 就是对整棵树的表示。

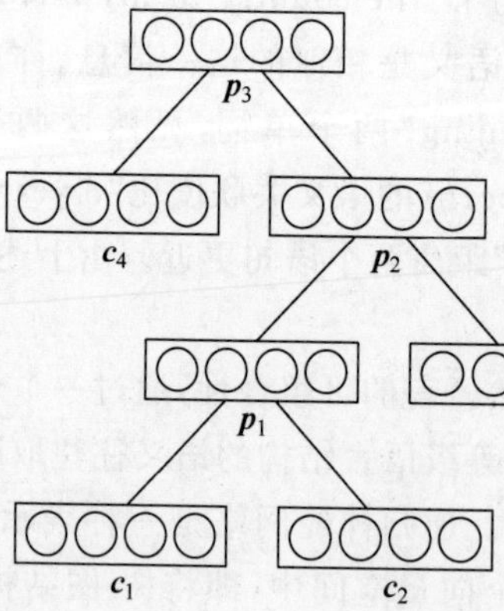

图 13.4　使用递归神经网络对树-图结构进行向量化表示

在这里使用一个简单的例子来进行讲解。将“两个城里的朋友”映射为一个向量，如图 13.5 所示。

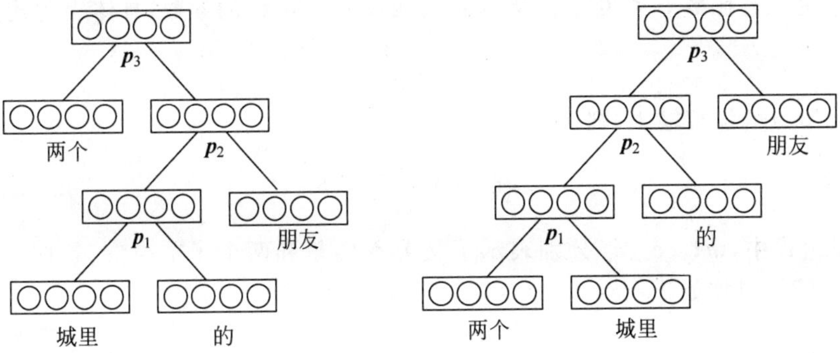

图 13.5　树-图向量化实例

最后得到的向量 $\boldsymbol{p}_3$ 就是对整个句子“两个城里的朋友”的表示。由于该结构是递归的，每个节点都是以向量 $\boldsymbol{p}_3$ 为根的子树的表示。比如，图 13.5 中左图中，向量 $\boldsymbol{p}_1$ 是短语“城里的”的表示，向量 $\boldsymbol{p}_2$ 是短语“城里的朋友”的表示。

递归神经网络的前向计算算法如下所示。

$$\boldsymbol{p} = \tanh\left(\boldsymbol{W}\begin{bmatrix}\boldsymbol{c}_1\\ \boldsymbol{c}_2\end{bmatrix}+\boldsymbol{b}\right)$$

上式与全连接神经网络的计算相同，只是在输入的过程中需要根据树结构依次输入每个子节点数据。递归神经网络的权重和偏置项在所有的节点中都是共享的。

13.3　递归神经网络的训练

从 13.2 节内容可以看出，之前所学的循环神经网络算法与递归神经网络的训练算法类似，二者的区别在于：递归神经网络需要将误差从根节点反向传播到各个子节点，而循环神经网络算法将误差从当前时刻反向传播到初始时刻。本节介绍适用于递归神经网络的训练算法(Back Propagation Through Structure，BPTS)。

13.3.1　误差项的传递

递归神经网络的训练方法大致可以分为计算输出层的误差，求解各个权重的梯度，然后利用梯度下降法更新各个权重。首先，对将误差从父节点传回子节点的公式进行推导，如图 13.6 所示。

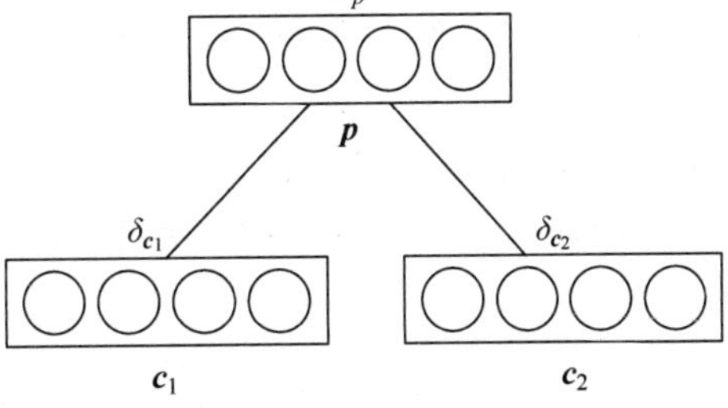

图 13.6　将误差从父节点传回子节点

定义 δ_p 为误差函数 E 相对于父节点 $\boldsymbol{p}$ 的加权输入 $\mathbf{net}_p$ 的导数，具体表达式如下所示：

$$\delta_p = \frac{\partial E}{\partial \mathbf{net}_p}$$

设 net_p 是父节点的加权输入，则

$$\mathbf{net}_p = \boldsymbol{W}\begin{bmatrix}\boldsymbol{c}_1\\ \boldsymbol{c}_2\end{bmatrix} + \boldsymbol{b}$$

上述表达式中，$\mathbf{net}_p$、$\boldsymbol{c}_1$、$\boldsymbol{c}_2$ 分别表示了父节点向量和两个子节点向量，$\boldsymbol{W}$ 表示权重矩阵。将上式展开，具体如下所示。

$$\begin{bmatrix}\mathrm{net}_{p_1}\\ \mathrm{net}_{p_2}\\ \vdots\\ \mathrm{net}_{p_n}\end{bmatrix} = \begin{bmatrix} w_{p_1c_{11}} & w_{p_1c_{12}} & \cdots & w_{p_1c_{1n}} & w_{p_1c_{21}} & w_{p_1c_{22}} & \cdots & w_{p_1c_{2n}}\\ w_{p_2c_{11}} & w_{p_2c_{12}} & \cdots & w_{p_2c_{1n}} & w_{p_2c_{21}} & w_{p_2c_{22}} & \cdots & w_{p_2c_{2n}}\\ \vdots & \vdots & & \vdots & \vdots & \vdots & & \vdots\\ w_{p_nc_{11}} & w_{p_nc_{12}} & \cdots & w_{p_nc_{1n}} & w_{p_nc_{21}} & w_{p_nc_{22}} & \cdots & w_{p_nc_{2n}}\end{bmatrix}\begin{bmatrix}c_{11}\\ c_{12}\\ \vdots\\ c_{1n}\\ c_{21}\\ c_{22}\\ \vdots\\ c_{2n}\end{bmatrix} + \begin{bmatrix}b_1\\ b_2\\ \vdots\\ b_n\end{bmatrix}$$

上述表达式中，p_i 表示父节点 $\boldsymbol{p}$ 的第 i 个分量；c_{1i} 表示 $\boldsymbol{c}_1$ 子节点的第 i 个分量；c_{2i} 表示 $\boldsymbol{c}_2$ 子节点的第 i 个元素；$w_{p_ic_{jk}}$ 表示 $\boldsymbol{c}_j$ 子节点的第 k 个分量到父节点 $\boldsymbol{p}$ 的第 i 个分量的权重。由上述矩阵乘法的展开式可以看出，子节点 c_{jk} 可以影响父节点所有的分量。因此，在求误差函数 E 对 c_{jk} 的导数时，需要用到下列全导数公式。

$$\begin{aligned}\frac{\partial E}{\partial c_{jk}} &= \sum_i \frac{\partial E}{\partial \mathrm{net}_{p_i}} \frac{\partial \mathrm{net}_{p_i}}{\partial c_{jk}}\\ &= \sum_i \delta_{p_i} w_{p_ic_{jk}}\end{aligned}$$

通过将上述表达式表示为矩阵形式，从而得到如下形式的向量化表达：

$$\frac{\partial E}{\partial \boldsymbol{c}_j} = \boldsymbol{U}_j \delta_p$$

其中，矩阵 $\boldsymbol{U}_j$ 是从矩阵 $\boldsymbol{W}$ 中提取部分元素组成的矩阵。其单元为 $u_{j_{ik}} = w_{p_kc_{ji}}$。

接下来将矩阵 $\boldsymbol{W}$ 拆分为两个矩阵 $\boldsymbol{W}_1$ 和 $\boldsymbol{W}_2$，具体如下所示：

$$\boldsymbol{W} = \underbrace{\begin{bmatrix} w_{p_1c_{11}} & w_{p_1c_{12}} & \cdots & w_{p_1c_{1n}}\\ w_{p_2c_{11}} & w_{p_2c_{12}} & \cdots & w_{p_2c_{1n}}\\ \vdots & \vdots & & \vdots\\ w_{p_nc_{11}} & w_{p_nc_{12}} & \cdots & w_{p_nc_{1n}}\end{bmatrix}}_{\boldsymbol{W}_1} \underbrace{\begin{bmatrix} w_{p_1c_{21}} & w_{p_1c_{22}} & \cdots & w_{p_1c_{2n}}\\ w_{p_2c_{21}} & w_{p_2c_{22}} & \cdots & w_{p_2c_{2n}}\\ \vdots & \vdots & & \vdots\\ w_{p_nc_{21}} & w_{p_nc_{22}} & \cdots & w_{p_nc_{2n}}\end{bmatrix}}_{\boldsymbol{W}_2}$$

子矩阵 $\boldsymbol{W}_1$ 和 $\boldsymbol{W}_2$ 分别对应子节点 $\boldsymbol{c}_1$ 和 $\boldsymbol{c}_2$ 到父节点 $\boldsymbol{p}$ 的权重。矩阵 $\boldsymbol{U}_j = \boldsymbol{W}_j^{\mathrm{T}}$。

设 net_{c_j} 为子节点 $\boldsymbol{c}_j$ 加权后的输入，子节点 $\boldsymbol{c}$ 的激活函数为 f，则有下式成立。

$$\boldsymbol{c}_j = f(\mathrm{net}_{c_j})$$

得到：

$$\delta_{c_j} = \frac{\partial E}{\partial \mathrm{net}_{c_j}}$$

$$= \frac{\partial E}{\partial \boldsymbol{c}_j} \frac{\partial \boldsymbol{c}_j}{\partial \mathrm{net}_{c_j}}$$

$$= \boldsymbol{W}_j^{\mathrm{T}} \delta_p \circ f'(\mathrm{net}_{c_j})$$

如果将各子节点 $\boldsymbol{c}_j$ 所对应的误差项 δ_{c_j} 连接起来，得到向量$\boldsymbol{\delta}_c = \begin{bmatrix} \delta_{c_1} \\ \delta_{c_2} \end{bmatrix}$。可以将上式转变成如下形式，从而得到将误差项从父节点传递到其子节点的公式。

$$\boldsymbol{\delta}_c = \boldsymbol{W}^{\mathrm{T}} \delta_p \circ f'(\mathbf{net}_c)$$

值得注意的是，上式中的 $\mathbf{net}_c$ 也是将两个子节点的加权输入 net_{c_1} 和 net_{c_2} 连在一起的向量。以此类推，由上述单层传递公式可以推导出逐层传递公式。

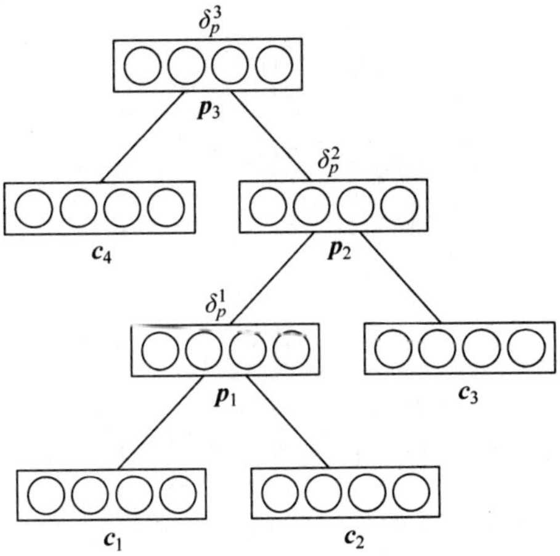

图 13.7　在树形结构中反向传递误差项的全景图

图 13.7 是在树形结构中反向传递误差项的流程图，通过反复运用将误差项从父节点传递到其子节点的公式$\boldsymbol{\delta}_c = \boldsymbol{W}^{\mathrm{T}} \boldsymbol{\delta}_p \circ f'(\mathbf{net}_c)$，在已知 δ_p^3 的情况下可以求得 δ_p^1，具体如下所示。

$$\boldsymbol{\delta}^2 = \boldsymbol{W}^{\mathrm{T}} \delta_p^3 \circ f'(\mathbf{net}^2)$$

$$\delta_p^2 = [\delta^2]_p$$

$$\boldsymbol{\delta}^1 = \boldsymbol{W}^{\mathrm{T}} \delta_p^2 \circ f'(\mathbf{net}^1)$$

$$\delta_p^1 = [\delta^1]_p$$

上述公式中，$\boldsymbol{\delta}^2 = \begin{bmatrix} \delta_c^2 \\ \delta_p^2 \end{bmatrix}$，$[\delta^2]_p$ 表示取向量$\boldsymbol{\delta}^2$ 属于节点 $\boldsymbol{p}$ 的部分。

13.3.2　权重梯度的计算

接下来讲解各个权重的梯度计算方法。首先介绍一下加权输入计算公式，表达式如下所示。

$$\mathbf{net}_p^l = \boldsymbol{W}_c^l + \boldsymbol{b}$$

其中 $\mathbf{net}_p^l$ 表示第 l 层的父节点的加权输入，$\boldsymbol{c}^l$ 表示第 l 层的子节点。$\boldsymbol{W}$ 表示权重矩阵，$\boldsymbol{b}$ 是偏置项。展开加权输入表达式可得到下列等式：

$$\mathrm{net}_{p_j}^l = \sum_i w_{ji} \boldsymbol{c}_i^l + b_j$$

由此，求得误差函数在第 l 层权重的梯度为：

$$\frac{\partial E}{\partial w_{ji}^{l}}=\frac{\partial E}{\partial \mathrm{net}_{p_j}^{l}}\frac{\partial \mathrm{net}_{p_j}^{l}}{\partial w_{ji}^{l}}$$
$$=\delta_{p_j}^{l}\boldsymbol{c}_i^{l}$$

上式是针对一个权重项 w_{ji} 的公式，现在需要把它扩展为对所有的权重项的公式。可以把上述表达式写成矩阵的形式（在下面的公式中，$m=2n$）：

$$\frac{\partial E}{\partial \boldsymbol{W}^{l}}=\begin{bmatrix}\frac{\partial E}{\partial w_{11}^{l}} & \frac{\partial E}{\partial w_{12}^{l}} & \cdots & \frac{\partial E}{\partial w_{1m}^{l}}\\ \frac{\partial E}{\partial w_{21}^{l}} & \frac{\partial E}{\partial w_{22}^{l}} & \cdots & \frac{\partial E}{\partial w_{2m}^{l}}\\ \vdots & \vdots & & \vdots\\ \frac{\partial E}{\partial w_{n1}^{l}} & \frac{\partial E}{\partial w_{n2}^{l}} & \cdots & \frac{\partial E}{\partial w_{nm}^{l}}\end{bmatrix}$$

$$=\begin{bmatrix}\delta_{p_1}^{l}\boldsymbol{c}_1^{l} & \delta_{p_1}^{l}\boldsymbol{c}_2^{l} & \cdots & \delta_{p_1}^{l}\boldsymbol{c}_m^{l}\\ \delta_{p_2}^{l}\boldsymbol{c}_1^{l} & \delta_{p_2}^{l}\boldsymbol{c}_2^{l} & \cdots & \delta_{p_2}^{l}\boldsymbol{c}_m^{l}\\ \vdots & \vdots & & \vdots\\ \delta_{p_n}^{l}\boldsymbol{c}_1^{l} & \delta_{p_n}^{l}\boldsymbol{c}_2^{l} & \cdots & \delta_{p_n}^{l}\boldsymbol{c}_m^{l}\end{bmatrix}$$

$$=\boldsymbol{\delta}^{l}(\boldsymbol{c}^{l})^{\mathrm{T}}$$

上述表达式即第 l 层权重项的梯度计算公式。由于权重 $\boldsymbol{W}$ 在所有层共享，所以和循环神经网络一样，递归神经网络的最终的权重梯度是各个层权重梯度之和，$\frac{\partial E}{\partial \boldsymbol{W}}=\sum_{l}\frac{\partial E}{\partial \boldsymbol{W}^{l}}$。

接下来，对偏置项 $\boldsymbol{b}$ 的梯度计算公式进行推导。

首先，计算误差函数对第 l 层偏置项 $\boldsymbol{b}^{l}$ 的梯度：

$$\frac{\partial E}{\partial b_j^{l}}=\frac{\partial E}{\partial \mathrm{net}_{p_j}^{l}}\frac{\partial \mathrm{net}_{p_j}^{l}}{\partial b_j^{l}}$$
$$=\delta_{p_j}^{l}$$

将上述表达式扩展为下列矩阵形式。

$$\frac{\partial E}{\partial \boldsymbol{b}^{l}}=\begin{bmatrix}\frac{\partial E}{\partial b_1^{l}}\\ \frac{\partial E}{\partial b_2^{l}}\\ \vdots\\ \frac{\partial E}{\partial b_n^{l}}\end{bmatrix}$$

$$=\begin{bmatrix}\delta_{p_1}^{l}\\ \delta_{p_2}^{l}\\ \vdots\\ \delta_{p_n}^{l}\end{bmatrix}$$

$$=\boldsymbol{\delta}_p^{l}$$

上述表达式即第 l 层偏置项的梯度，最终的偏置项梯度等于各层偏置项梯度之和，即

$$\frac{\partial E}{\partial \boldsymbol{b}} = \sum_{l} \frac{\partial E}{\partial \boldsymbol{b}^{l}}$$

13.3.3 权重更新

本书在此选择梯度下降算法作为该递归神经网络的优化算法，权重更新公式如下所示：

$$\boldsymbol{W} \leftarrow \boldsymbol{W} + \eta \frac{\partial E}{\partial \boldsymbol{W}}$$

其中，η 表示网络的学习速率。把下列表达式代入到上述权重更新公式中，就可以对权重进行更新。

$$\frac{\partial E}{\partial \boldsymbol{W}} = \sum_{l} \frac{\partial E}{\partial \boldsymbol{W}^{l}}$$

同理，偏置项的更新公式为：

$$\boldsymbol{b} \leftarrow \boldsymbol{b} + \eta \frac{\partial E}{\partial \boldsymbol{b}}$$

把下列表达式代入到偏置项的更新公式中，就可以对偏置项进行更新。

$$\frac{\partial E}{\partial \boldsymbol{b}} = \sum_{l} \frac{\partial E}{\partial \boldsymbol{b}^{l}}$$

本节所讲解内容便是递归神经网络的训练算法。

13.4 长短期记忆网络

门限 RNN 基于生成通过时间的路径，其中导数既不消失也不发生爆炸。渗漏单元通过手动选择常量的连接权重或参数化的连接权重来达到这一目的。门限 RNN 将其推广为在每个时间步都可能改变的连接权重。

渗漏单元允许网络在较长持续时间内积累信息(诸如用于特定特征或类的线索)。然而，一旦该信息被使用，让神经网络遗忘旧的状态可能是有用的。例如，如果一个序列是由子序列组成，那么希望渗漏单元能在各子序列内积累线索，需要将状态设置为 0 以忘记旧状态的机制。希望神经网络学会决定何时消除状态，而不是手动决定。这就是门限 RNN 要做的事。

13.4.1 遗忘门

遗忘门(Forget Gate)的作用是对自环的权重(或相关联的时间常数)进行控制，这会决定从上一层记忆中丢弃信息的数量。以电影网站的电影推荐为例，当用户经常观看某个导演拍摄的电影或某种特定类型的电影时，这种正向操作的信息会被加强；当用户进行跳过某部电影或删除收藏的电影时，这种负向操作的信息会被减弱。遗忘门通过激活函数来实现，由 sigmoid 单元将权重设置为 0 和 1 之间的值。

$$f_i^t = \sigma\Big(b_i^f + \sum_j U_{i,j}^f x_j^t + \sum_j W_{i,j}^f h_j^{t-1}\Big)$$

其中 $\boldsymbol{x}^t$ 是当前输入向量，$\boldsymbol{h}^t$ 是当前隐藏层向量，$\boldsymbol{h}^t$ 包含所有 LSTM 细胞的输出。

$\boldsymbol{b}^f$、$\boldsymbol{U}^f$、$\boldsymbol{W}^f$ 分别是偏置项、输入权重以及遗忘门的循环权重。因此 LSTM 细胞内部状态以如下方式更新，其中有一个条件的自环权重 f_i^t。

$$s_i^t = f_i^t s_i^{t-1} + g_i^t \sigma\left(b_i + \sum_j U_{i,j} x_j^t + \sum_j W_{i,j} h_j^{t-1}\right)$$

上式中 $\boldsymbol{b}$、$\boldsymbol{U}$、$\boldsymbol{W}$ 分别是 LSTM 细胞中的偏置项、输入权重和遗忘门的循环权重。

13.4.2 输入门与输出门

输入门(Input Gate)决定了当前时刻输入信息 $\boldsymbol{x}^t$ 中有多少信息被添加到记忆信息流中。外部输入门的计算公式与遗忘门的公式类似，前者含有自身的参数，具体计算公式如下所示：

$$g_i^t = \sigma\left(b_i^g + \sum_j U_{i,j}^g x_j^t + \sum_j W_{i,j}^g h_j^{t-1}\right)$$

LSTM 细胞的输出 h_i^t 也可以由输出门(Output Gate)q_i^t 关闭，使用双曲正切函数作为门限。

$$h_i^t = \tanh(s_i^t) q_i^t$$

$$q_i^t = \sigma\left(b_i^o + \sum_j U_{i,j}^o x_j^t + \sum_j W_{i,j}^o h_j^{t-1}\right)$$

其中 $\boldsymbol{b}^o$、$\boldsymbol{U}^o$、$\boldsymbol{W}^o$ 分别为偏置、输入权重和遗忘门的循环权重。在这些变体中，可以选择使用细胞状态 s_i^t 作为额外的输入(及其权重)，输入到第 i 个单元的 3 个门时，将需要 3 个额外的参数。

LSTM 网络比第 12 章介绍的基础型循环网络更易于学习长期依赖。

13.4.3 候选门

候选门(Candidate Gate)主要用于计算当前的输入与过去的记忆所具有的信息总量，其计算过程如下所示。

$$C_t' = \tanh(\boldsymbol{W}_c^{\mathrm{T}} \boldsymbol{s}_{t-1} + \boldsymbol{U}_c^{\mathrm{T}} \boldsymbol{x}_t + \boldsymbol{b}_c)$$

记忆的更新主要由以下两部分内容组成：

(1) 通过遗忘门过滤过去的部分记忆，大小为 $f_t \cdot C_{t-1}$；

(2) 添加当前的新增数据信息，添加的比例由外部输入门控制。大小为 $i_t \cdot C_t'$。

所以，更新后的记忆信息 $C_t = f_t \cdot C_{t-1} + i_t \cdot C_t'$。

递归神经网络能够完成句子的语法分析，并产生一个语法解析树。在自然语言处理任务中，如果能够创建一个可以将自然语言解析为语法树的解析器，将大大提升目前人工智能对自然语言的处理能力。

除了自然语言之外，自然场景也存在具有可组合性的元素，因此可以用类似于递归神经网络的模型完成自然场景中的任务，不同的场景可以用对应的递归神经网络模型来实现。

13.5 本章小结

本节主要讲解了基本的递归神经网络基本概念，递归神经网络训练算法的实现，以及长短期记忆网络等门限 RNN。

13.6 习　　题

1. 填空题

(1) 递归神经网络主要适用于可以按照________结构处理信息的情况，然而由于其输入这种结构的数据需要花费大量人工成本进行标注。

(2) 递归神经网络的父节点的维度和对应的每个子节点是________的。

(3) 递归神经网络的训练方法大致可以分为计算输出层的________，求解各个权重的________，然后利用梯度下降法更新各个________。

(4) 递归神经网络与大多数基础的深度神经网络结构类似，输出中求得的梯度________难以通过反向传播算法传递回前面的网络，这导致前面的网络很难受到后面的神经网络的影响，因而无法有效地更新前面的网络中的________。

(5) 候选门主要用于计算当前的________与过去________的所具有的信息总量。

2. 选择题

(1) 假设，将一组单词映射到了一个二维向量空间中，则下列 4 个选项中可能与学习一次距离最近的词语是(　　)。

A. 帽子　　B. IT 技术　　C. 闪电　　D. 睡觉

(2) 基础的 RNN 模型是否擅长捕获数据中的长期依赖关系？(　　)

A. 大部分时候可以　　B. 不擅长

C. 非常擅长　　D. 以上选项都不正确

(3) 递归神经网络已被证明在时态数据上表现得非常好。它的变体不包括下列哪种形式？(　　)

A. LSTM　　B. GRU　　C. 双向 RNN　　D. SVM

(4) 遗忘门作用是(　　)。

A. 自环的权重进行控制

B. 计算当前的输入与过去的记忆所具有的信息总量

C. 决定当前时刻输入数据中有多少信息被添加到记忆信息流中

D. 以上选项都不对

(5) 与基础的循环网络相比，LSTM 网络更易于(　　)。

A. 学习到数据间的长期依赖关系　　B. 学习到数据间的短期依赖关系

C. 出现梯度消失　　D. 收敛

3. 思考题

(1) 简述递归神经网络与循环神经网络的区别。

(2) 简述使用长短期记忆网络在循环网络中的意义和作用。

第 14 章 卷积神经网络

本章学习目标

- 理解卷积神经网络的相关概念；
- 掌握卷积神经网络的训练方法；
- 初步掌握实现简单的卷积神经网络的能力。

卷积神经网络(Convolutional Neural Network,CNN)作为深度学习技术中极具代表性的网络结构之一,是一种非常适合图像、语音识别任务的神经网络结构。最近几年,在有关图像、语音识别领域的重要突破中都能看到卷积神经网络的影子,例如,谷歌的 GoogleNet、微软的 ResNet 等。击败众多围棋世界冠军的 AlphaGo 也用到了这种神经网络。本章将详细介绍卷积神经网络及其训练方法。

14.1 卷积运算

卷积网络是指那些至少在其中一层网络中使用卷积运算来替代一般的矩阵乘法运算的神经网络。其中的“卷积”(convolution)一词是指一种特殊的线性运算,卷积运算是定义两个连续实值函数上的数学操作,接下来将通过一个生活中的例子解释卷积操作的意义。

一家面包房有一台可以不断制作面包的机器,假设面包机在第 t 小时生产出的面包数量为 $x(t)$,x 和 t 都是实值的。那么 24 小时后生产出来的面包总量为:

$$\int_0^{24} x(t)\,\mathrm{d}t$$

面包生产出来之后,就会慢慢变质,假设变质情况通过函数 $w(t)$表示,每个面包完全变质的时间为 24 小时,显然越早生产出来的面包随时间变质的程度越高。

如果制作一个面包需要 1 小时,那么第一个小时生产出来的面包在经历 24 小时后会完全变质,第二个小时生产出来的面包,一天(24 小时)后会经历 23 小时的变质。那么,24 小时后,所有面包的变质情况连续估计函数如下所示:

$$s(t)=\int_0^{24} x(t)w(24-t)\,\mathrm{d}t$$

上述计算就叫作卷积,这反映了一个函数 w 在另一个函数 x 上的加权叠加。卷积运算的一般形式如下所示。

$$s(t)=(wx)(t)$$

在上式中,通常把函数 x 称为输入,函数 w 称为过滤器(filter)或核函数(kernel function),得到的结果 s 称为特征图,或者特征映射(feature map)。

卷积操作满足交换律，即令 $p=t-a$，对于任意给定的 t，当 a 趋近于∞时，等式左边的 p 的值趋近于$-\infty$；当 a 趋近于$-\infty$时，p 的值趋近于∞。因此有如下等式成立。

$$
\begin{aligned}
(wx)(t) &= \int_{-\infty}^{\infty} w(a)x(t-a)\mathrm{d}a \\
&= -\int_{\infty}^{-\infty} w(t-p)x(p)\mathrm{d}p \\
&= \int_{-\infty}^{\infty} x(p)w(t-p)\mathrm{d}p \\
&= (xw)(t)
\end{aligned}
$$

卷积操作还满足分配律和结合律，具体如下所示：

$$(w(x+y))(t)=(wx+wy)(t)$$

$$(w(xy))(t)=((wx)y)(t)$$

如果觉得上述示例的演示不够直观，接下来以离散信号为例，通过图示方法来解释卷积的物理意义。已知 $x[0]=a, x[1]=b, x[2]=c, y[0]=i, y[1]=j, y[2]=k$，如图 14.1 所示。

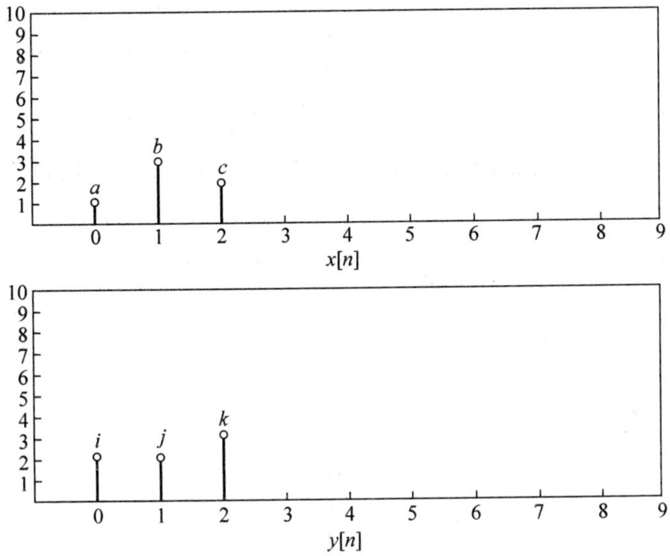

图 14.1　$x[n]$与 $y[n]$的信号图像

首先，将 $x[n]$乘以 $y[0]$后所得图像平移至起始位置为 0 处，如图 14.2 所示。

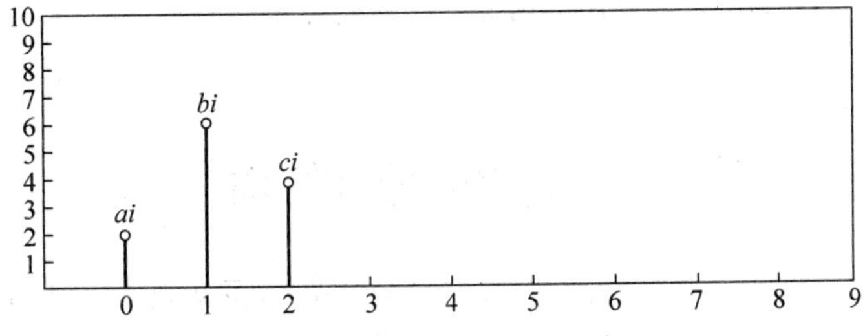

图 14.2　$x[n]$乘以 $y[0]$

其次，将 $x[n]$ 乘以 $y[1]$ 后所得图像平移至起始位置为 1 处，如图 14.3 所示。

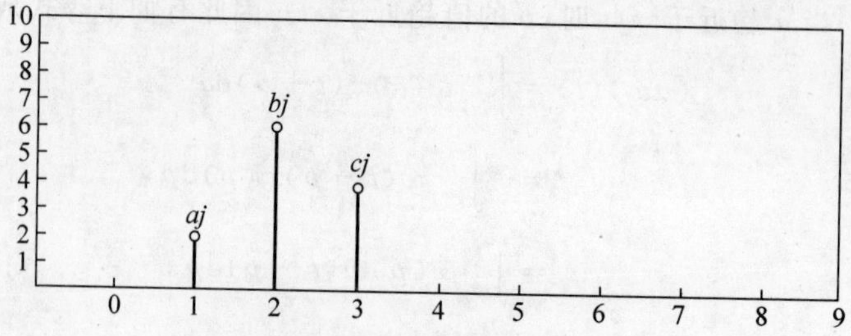

图 14.3　$x[n]$ 乘以 $y[1]$

再次，将 $x[n]$ 乘以 $y[2]$ 后所得图像平移至起始位置为 2 处，如图 14.4 所示。

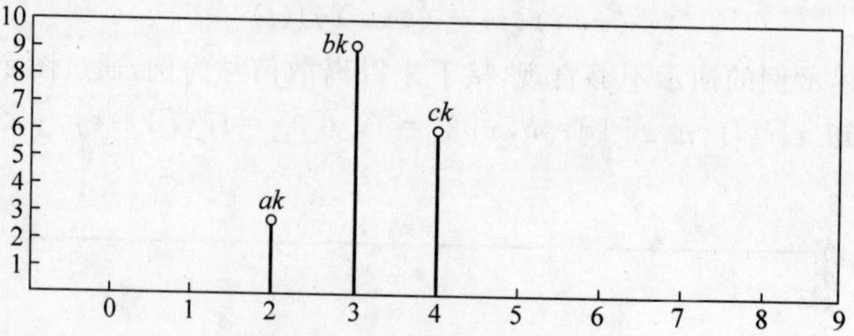

图 14.4　$x[n]$ 乘以 $y[2]$

最后，将上述 3 个步骤所得图像叠加便可以得出 $x[n]\times y[n]$ 的最终图像，如图 14.5 所示。

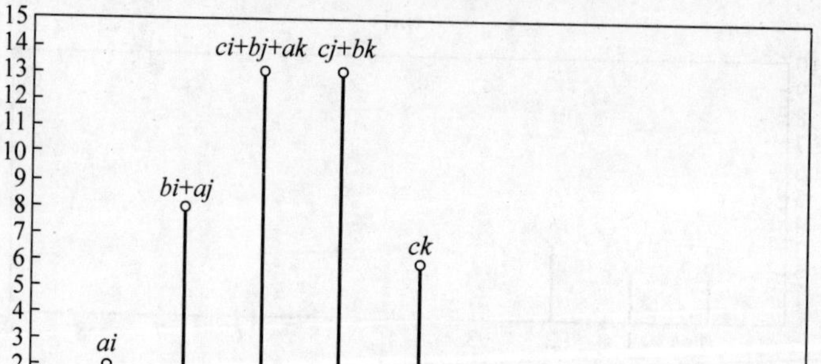

图 14.5　$x[n]$ 乘以 $y[2]$

从以上示例可以看到，卷积操作的物理意义是加权叠加，即一个函数在另一个函数上加权叠加。

14.2 网络结构

在进一步学习 CNN 结构之前，先回顾一下前面章节讲解过的全连接前馈神经网络。全连接前馈神经网络与卷积网络有两个主要的相似之处：

- 两者都属于分层的深度网络结构，相邻网络层之间的神经元互相连接，同层的神经元之间以及非相邻层的神经元之间相互独立，每一个神经元从上一层神经元中接收输入数据后进行线性加权，通过非线性激活函数激活输出。

• 在监督学习中两者都由输入层接收原始数据，在输出层定义损失函数，并通过最小化损失函数来调整网络的权重参数（因此，反向传播算法、激活函数等同样适用于CNN）。

以图像识别领域为例，全连接神经网络主要有以下几个方面的问题：

• **参数数量过多**。假设有一张 1000×1000 像素的图片，这意味着全连接神经网络的输入层有 1000×1000＝100 万个节点。假设网络的第一个隐藏层只有 100 个节点，那么仅这一层就有（1000×1000）×100＝1 亿个权重参数，显然用全连接神经网络来学习该图片的学习代价将非常大！可以想象，图像像素提升会大幅提高全连接神经网络的参数数量，因此它的扩展性很差。

• **缺少对像素之间的位置信息的利用**。对于图像识别任务来说，每个像素与其周围像素的关联性往往比较紧密，与离得很远的像素的关联性较小。如果一个神经元和上一层所有神经元相连，那么就相当于对于一个像素来说，把该像素与图像的所有像素的关联性都等同看待，这不符合前面的假设。当完成每个连接权重的学习之后，最终可能会发现，存在大量的数值极小的权重，这意味着这种网络中存在着大量的无关连接，这样的学习必是非常低效的。

• **网络层数限制**。通常，神经网络层数越多其学习能力越强，但是通过梯度下降方法训练深度全连接神经网络很困难，因为全连接神经网络的梯度传递很难超过 3 层。因此，不可能得到一个很深的全连接神经网络，也就限制了它的能力。

与全连接前馈神经网络相比，卷积神经网络解决上述这些问题的思路有以下 3 点：

• **稀疏连接**。卷积神经网络中，每个神经元不再和上一层的所有神经元相连，而只和一小部分神经元相连。降低了对大量无关连接的计算，大幅提升了学习效率。

• **参数共享**。在卷积神经网络中，一组连接可以共享同一个权重，而不是每个连接有一个不同的权重，这样进一步降低了网络中的参数数量。

• **下采样**。卷积神经网络使用池化（pooling）降低数据的特征维度并保留有效信息，以此来减少每层的样本数，进一步减少参数数量，同时提升模型的鲁棒性。

在图像识别领域，卷积神经网络通过保留重要参数，删除无关或相关性较弱的参数，来简化复杂的输入数据，从而优化模型的学习效果，实现端到端的表示学习思想。接下来通过图 14.6 来更加直观地认识卷积神经网络。

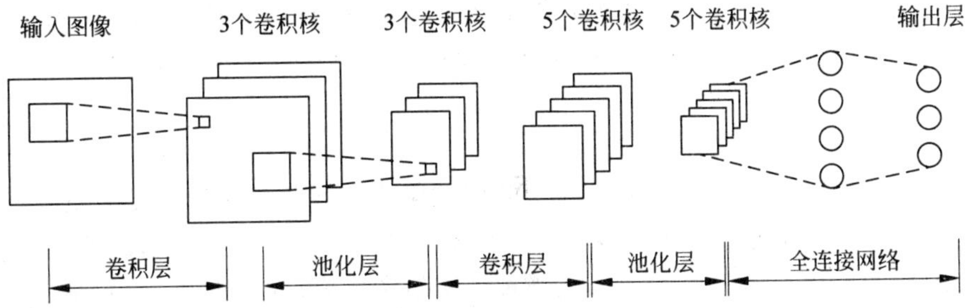

图 14.6　卷积神经网络

如图 14.6 所示，卷积神经网络与全连接神经网络的层结构有着较大区别，它由若干卷积层、池化层、全连接层组成。全连接神经网络的每层神经元都是按照一维呈线性排列的；而卷积神经网络每层的神经元是按照三维排列的，排列类似于长方体，卷积神经网络的网络结构具有宽度、高度和深度。首先对几个主要的概念进行初步讲解。

- **卷积层(convolution layer)**是 CNN 的核心组成之一，通过局部感知和参数共享实现对高维输入数据降维，与此同时对原始数据的优秀特征进行自动提取。
- **池化层(pooling layer)**也称作下采样层，通过对输入数据的各个维度进行空间采样，进一步降低数据的维度，并且对输入数据具有局部线性转换的不变性。池化层可以增强网络的泛化处理能力。
- **全连接层(fully connected network)**与传统多层感知机中的 MLP 类似，该层接收的输入数据由之前的卷积层和池化层处理后维度大幅下降，可以直接通过前馈网络进行处理；这种学习经过反复提炼后的输入特征的学习方法比直接学习未经提取降维的原始数据的学习效果更好。

从图 14.6 所示的神经网络可以看出输入层的宽度和高度与输入图像的宽度和高度相对应，深度为 1 时，第一层卷积层通过卷积操作从图像中获取了 3 个隐藏层，“3”表示该卷积层包含 3 个卷积核(即 3 套参数)，每个卷积核都可以通过卷积原始输入图像获得 1 个隐藏层，3 个卷积核可以得到相应的 3 个隐藏层，卷积层的参数个数可以根据需要进行设定。卷积层的参数个数是一个超参数，可以把隐藏层看作是通过卷积变换提取到的图像特征，3 个参数对应从原始图像提取的 3 组特征。

图 14.6 中最左侧第 1 个卷积层与一个池化层相连接，在该池化层中，对 3 个隐藏层进行下采样，得到 3 个更小的隐藏层。图中左起第二个卷积层包含了 5 个卷积核，这 5 个卷积核分别卷积之前下采样所得的 3 个隐藏层，得到 5 个全新的隐藏层。然后进入第二个池化层，对之前得到的 5 个隐藏层进行下采样，得到了 5 个更小的隐藏层。

图 14.6 中最后两层结构是全连接层。上一层中得到的 5 个更小的隐藏层与第一个全连接层的每个神经元相连；第二个全连接层(即输出层)的每个神经元，与第一个全连接层的每个神经元相连，最终得到如图 14.6 所示的整个神经网络。

14.3　卷　积　层

卷积层是 CNN 的核心，在 14.2 节中提到了全连接网络在机器学习领域的不足之处，而卷积运算主要通过以下 3 个重要设定来改善学习效果：稀疏连接(sparse connectivity)、空间位置排列(spatial arrangement)和参数共享(parameter sharing)。下面将详细介绍卷积层的这 3 个设定。

1. 稀疏连接

稀疏连接也称作局部连接，通过在相邻两层网络之间强制使用局部连接模式来利用图像的空间局部特性。在传统的神经网络中每个输出单元与每个输入单元都进行了连接，随着数据量的增加，计算量会显著增加。卷积神经网络在构造卷积层时，一个特征图中的每个神经元只需要按一定规则与上一层的部分神经元相连。假设存在大小为 32×32×3 的 RGB 格式的 CIFAR-10 图像，如果过滤器大小为 5×5，则卷积层的每一个神经元连接到输入方体的 5×5×3 的区域，总共有 5×5×3＝75 个权重和 1 个偏置参数。过滤器的深度必须与原始数据保持一致。过滤器作用于图像的过程如图 14.7 所示。

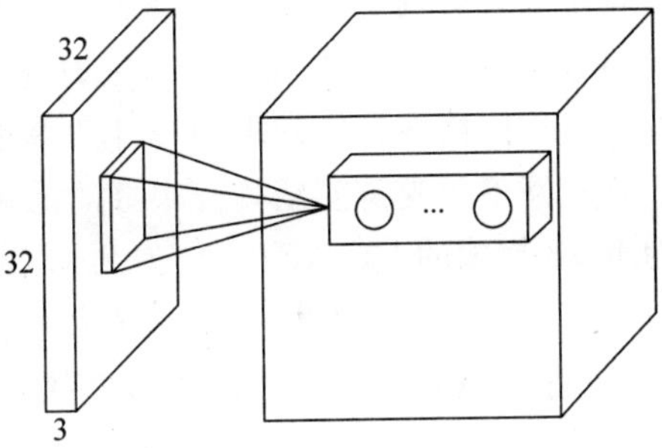

图 14.7　过滤器作用于图像的过程

2. 空间位置排列

卷积层的每一个神经元与卷积核对应的区域相连，接下来将具体讨论每一个神经元与输入层进行交互的方式及其排列方式。卷积的结构是由 3 个超参数决定的：深度(depth)、步幅(stride)和 0-填充(zero-padding)。

深度对应于卷积核的个数，每个卷积核可以学习输入的不同特征。例如，第一个卷积层把原始图像作为输入，沿着深度维数的不同神经元会在不同方向边缘或颜色块出现时激活，每个卷积核提取的特征各有侧重，通常多个卷积核最终组合起来的效果比单个卷积核的效果更好。

步幅定义了卷积核遍历图像时的步幅大小，在卷积操作时必须指定卷积核滑动的步幅。假设卷积核的大小为 3，值为(1，0，−1)，当步幅为 1 时，卷积核一次移动 1 像素，如图 14.8 所示；当步幅为 2 时，卷积核一次移动 2 像素，如图 14.9 所示。

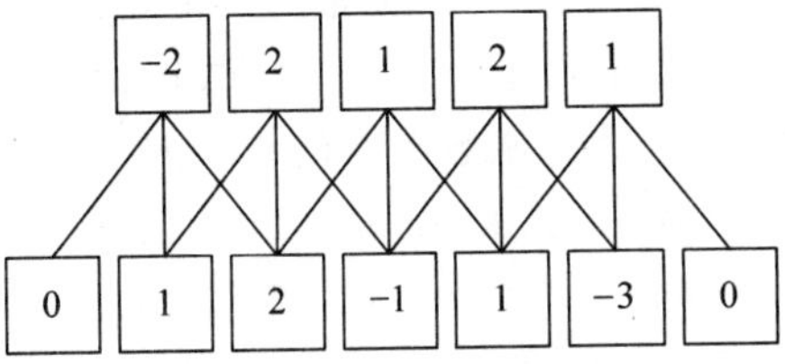

图 14.8　步幅为 1 时卷积层的空间位置排列

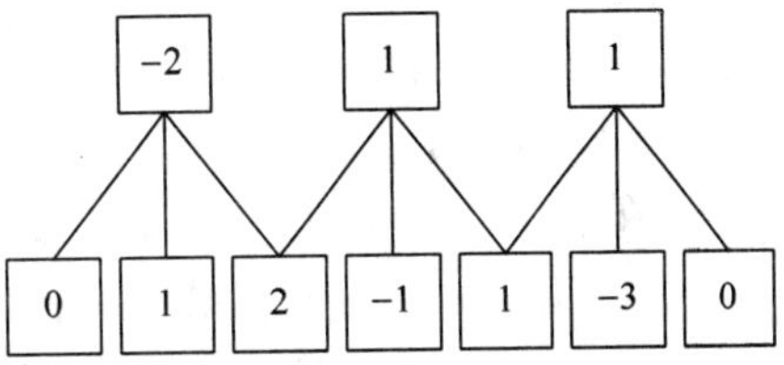

图 14.9　步幅为 2 时卷积层的空间位置排列

由于卷积核的大小并不总能被输入数据的维度整除，为了防止数据丢失，可以通过填充 0 的方法来处理卷积核无法完全覆盖的数据边界。这种 0-填充的大小是超参数，可以通过 0-填充来控制输出特征图的大小。

以一维数据为例，输入数据的大小为 w，卷积层神经元的卷积核大小为 f，使用的卷积核的步幅 s，边界 0-填充的量为 p，输出的特征图中神经元个数为 $\frac{w-f+2p}{s}+1$。

3. 参数共享

参数共享是卷积层设计的重要概念之一，通过参数共享，一组连接可以共享同一个权重，而不需要给每个连接设置独立的权重，采用参数共享可以减少网络中的参数个数，更有效地进行特征提取。在数据挖掘中，数据在某一个位置的统计特征同样适用于其他任意位置，即同一个卷积核提取到的特征不需要考虑其所处的位置，每一个卷积核对应生成的特征图神经元都将共享同一个参数列表。因此，把对应于同一个卷积核的所有神经元用相同的参数与输入层相连。卷积运算中的参数共享使得只需学习一个参数集合，而不是对于每一位置都需要学习一个单独的参数集合。参数共享虽然无法提升前向传播的速度，但是可以显著地降低模型存储的参数。卷积网络在存储需求和统计效率方面极大地优于全连接神经网络，通过控制模型的规模，卷积网络对视觉问题具有很好的泛化能力。

以大小为 32×32×3 的 RGB 格式的 CIFAR-10 图像为例，超参数的设置包括 100 个卷积核，每一个卷积核的大小均为 5×5×3，步幅为 1，在上述示例中卷积核的大小可以被输入数据的维度整除，因此不需要进行 0-填充。由计算神经元个数的公式可以求得每个卷积核对应的特征图含有的神经元个数为 28×28，所以对应的参数个数为 28×28×5×5×3，一共有 100 个卷积核，因此总权重参数数量为 5 880 000 个。很明显，权重参数的数量对一张这样规格的图像来说过于巨大，此时可以通过参数共享将上面的图像的参数数量减少到 5×5×3×100＝7500 个（注意，参数共享虽然可以减少参数的数量，降低了参数的存储需求，但实际前向传播的速度并不会因此被加快）。

14.4 池化层

池化层（Pooling Layer）也称作下采样层（Subsampling Layer），当通过卷积层提取数据的特征后，通常需要在两个相邻的卷积层之间插入池化层操作，通过使用池化函数（pooling function）来更进一步地调整卷积层的输出。池化层通过减小中间过程产生的特征图的尺寸来减小参数规模，降低计算复杂度，也可以防止过拟合。

池化函数使用某一位置的相邻输出的总体统计特征来代替网络在该位置的输出。例如，最大池化（max pooling）函数给出相邻矩形区域内的最大值。其他常用的池化函数包括平均池化函数、L^2 范数以及依靠据中心像素距离的加权平均函数。以二维数据为例，输入数据的大小为 $M\times N$。设池化卷积核的大小为 $m_1\times n_1$，池化函数考查的是输入数据中，大小为 $m_1\times n_1$ 的子区域内，所有元素的某一种统计学特征，例如 L^2 范数等。

不管采用什么样的池化函数，在输入进行少量平移时，池化能帮助保持表示的近似不变（Invariant）。平移的不变性是指把输入平移微小的量，大多数通过池化函数的输出值并不会发生改变。该特性在只需要关注某个特征是否出现，而不关注该特征出现的具体位置。例如，当判定一张图像中是否包含人脸时，并不需要知道眼睛的具体像素位置，只需要知道有一只眼睛在脸的左侧，有一只在右侧就行了。但在一些其他领域，保存特征的具体位置却很重要。例如想要寻找一个由两条边直线相交而成的夹角时，就需要很好地保存直线的位置来判定它们是否相交。

当卷积层习得的函数必须具有对少量平移的不变性这个假设成立时，可以通过池化极大地提高网络的学习效率。池化操作能保持局部线性变换的不变性，但在对分离参数的卷积输出进行池化时，特征能够学得应该对于哪种变换具有不变性。

在很多任务中，池化对于处理不同大小的输入具有重要作用。例如，想对不同大小的图像进行分类时，分类层的输入必须是固定的大小，而这通常通过调整池化区域的偏置大小来实现，这样分类层总是能接收到相同数量的统计特征而不管最初的输入大小。例如，最终的池化层可能会输出 4 组综合统计特征，每组对应着图像的一个象限，而与图像的大小无关。

14.5 输出值的计算

首先，通过一个简单的例子来讲述如何进行卷积计算，然后，讲解卷积层的一些重要概念和计算方法。

假设有一个维度为 5×5 的图像，使用一个维度为 3×3 的卷积核进行卷积，输出一个维度为3×3 的特征图，如图 14.10 所示。

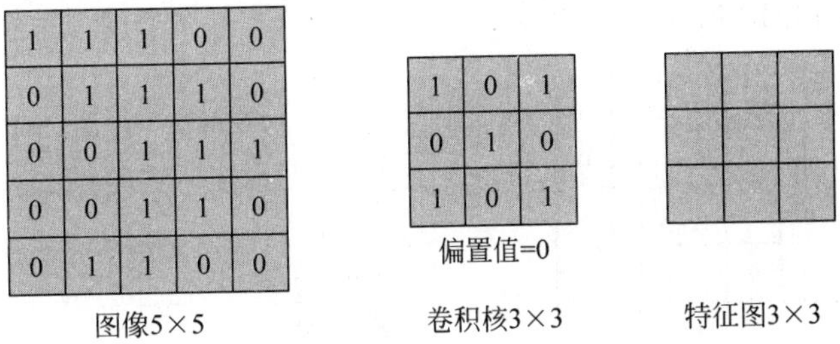

图 14.10　卷积神经网络的计算过程

首先，对图像的每个像素进行编号，用 $x_{m,n}$ 表示图像的第 m 行第 n 列元素。对卷积核的每个权重进行编号，用 $w_{m,n}$ 表示第 m 行第 n 列权重，用 b 表示过滤器的偏置项。对特征图的每个元素进行编号，用 $a_{m,n}$ 表示特征图的第 m 行第 n 列元素；用 f 表示 ReLU 激活函数。卷积公式如下所示：

$$a_{i,j} = f\left(\sum_{m=0}^{2}\sum_{n=0}^{2} w_{m,n} x_{m+i,n+j} + w_b\right)$$

以卷积得到特征图中第 1 行第 1 列的元素 $a_{0,0}$ 为例，其卷积计算方法如下所示：

$$\begin{aligned}
a_{i,j} &= f\left(\sum_{m=0}^{2}\sum_{n=0}^{2} w_{m,n} x_{m+0,n+0} + w_b\right) \\
&= \mathrm{ReLU}(w_{0,0}x_{0,0} + w_{0,1}x_{0,1} + w_{0,2}x_{0,2} + w_{1,0}x_{1,0} + w_{1,1}x_{1,1} + w_{1,2}x_{1,2} + w_{2,0}x_{2,0} + \\
&\quad w_{2,1}x_{2,1} + w_{2,2}x_{2,2} + w_b) \\
&= \mathrm{ReLU}(1\times1+0\times1+1\times1+0\times0+1\times1+0\times1+1\times0+0\times0+1\times1+0) \\
&= \mathrm{ReLU}(4) \\
&= 4
\end{aligned}$$

卷积操作流程如图 14.11 所示。

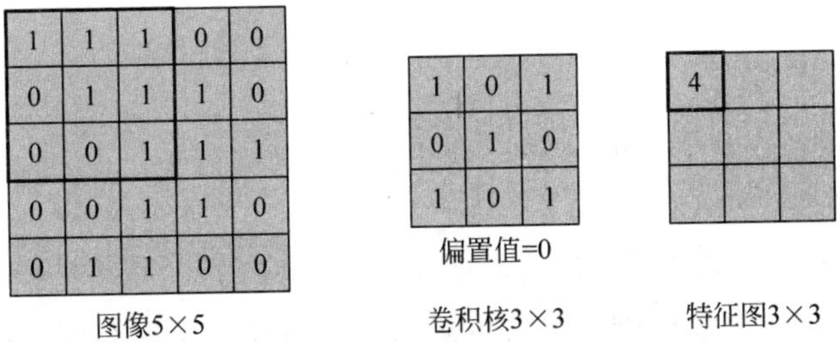

图 14.11　特征图中元素 $a_{0,0}$ 计算结果

特征图中第 1 行第 2 列元素 $a_{0,1}$ 的卷积计算方法如下所示：

$$
\begin{aligned}
a_{i,j} &= f\left(\sum_{m=0}^{2}\sum_{n=0}^{2} w_{m,n}x_{m+0,n+1} + w_b\right) \\
&= \mathrm{ReLU}(w_{0,0}x_{0,1} + w_{0,1}x_{0,2} + w_{0,2}x_{0,3} + w_{1,0}x_{1,1} + w_{1,1}x_{1,2} + w_{1,2}x_{1,3} + w_{2,0}x_{2,1} + \\
&\quad w_{2,1}x_{2,2} + w_{2,2}x_{2,3} + w_b) \\
&= \mathrm{ReLU}(1\times1+0\times1+1\times0+0\times1+1\times1+0\times1+1\times0+0\times1+1\times1+0) \\
&= \mathrm{ReLU}(3) \\
&= 3
\end{aligned}
$$

计算结果如图 14.12 所示。

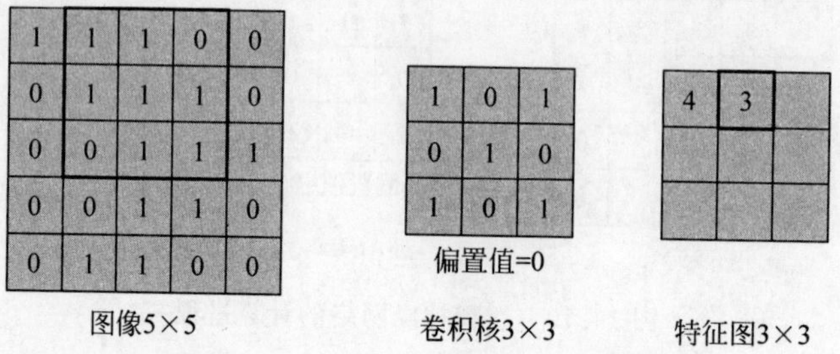

图 14.12　特征图中元素 $a_{0,1}$ 计算结果

以此类推便可完成整个特征图的卷积操作。上述卷积计算的步幅(stride)为 1。接下来，通过图 14.13 来展示当步幅为 2 时，特征图计算过程，由 a 到 d 分别对应移动一个步幅后的结果。

由图 14.13 可以看到特征图的维度变成了 2×2。将 14.3 节介绍的卷积后特征图大小计算公式衍生到二维数据的情况下，计算公式如下所示：

$$
\begin{aligned}
w_2 &= (w_1 - f + 2p)/s + 1 \\
h_2 &= (h_1 - f + 2p)s + 1
\end{aligned}
$$

上述公式中，w_2 表示卷积后特征图的宽度；w_1 表示卷积前图像的宽度。f 表示卷积核的宽度。p 表示 0 填充的数量，即在原始图像周围缺失部分通过补 0 的方式填充。如果 p 的值为 1，表示在原始图像周围补 1 圈 0 来填充图像周边缺失的部分。s 表示步幅。h_2 表示卷积后特征图的高度；h_1 表示原始图像的宽度。

以图 14.13 为例，原始图像宽度 $w_1=5$，卷积核宽度 $f=3$，0 填充数量 $p=0$，步幅 $s=2$，根据前面介绍的计算公式可得：

$$
\begin{aligned}
w_2 &= (w_1 - f + 2p)s + 1 \\
&= (5 - 3 + 0)/2 + 1 \\
&= 2
\end{aligned}
$$

由此可得，特征图的宽度为 2。同理，可得特征图的高度为 2，因此当步幅为 2 时，特征图的维度变为 2×2。

深度大于 1 时卷积层的计算方法与深度为 1 的卷积层的计算方法类似。如果卷积前的图像深度为 d，那么相应的卷积核的深度也必须与原始图像深度相同。深度大于 1 的卷积计算公式如下所示：

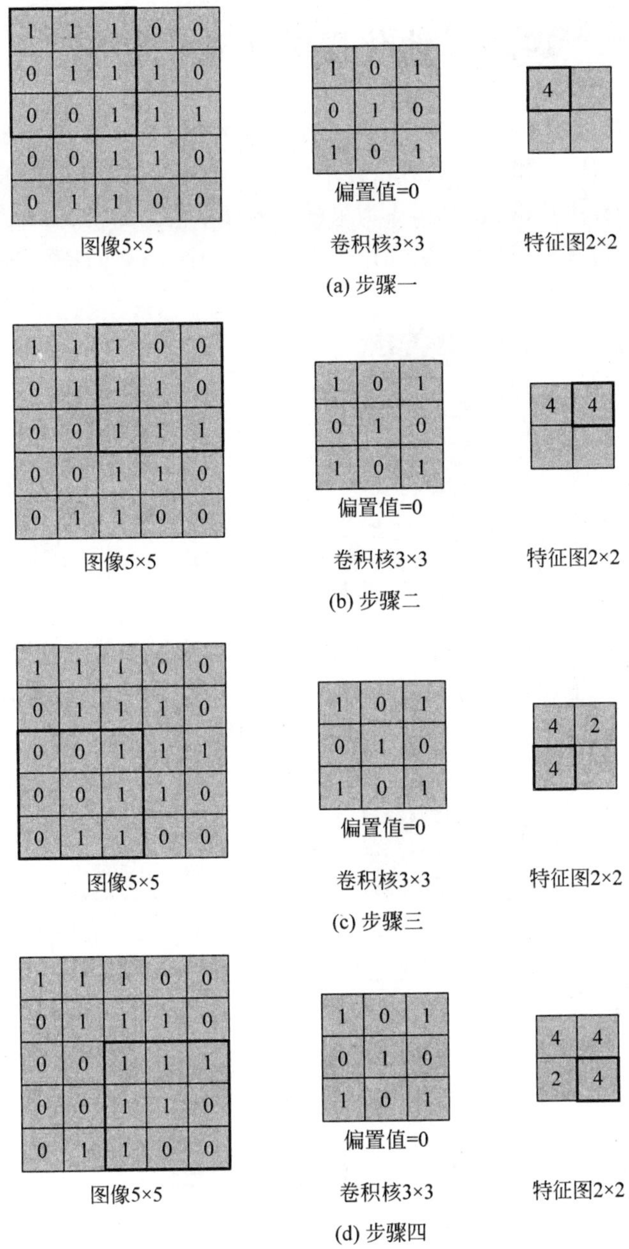

图 14.13 步幅为 2 时的特征图计算过程

$$a_{i,j}=f\left(\sum_{d=0}^{d-1}\sum_{m=0}^{f-1}\sum_{n=0}^{f-1}w_{d,m,n}x_{d,m+i,n+j}+w_b\right)$$

在上述表达式中，d 表示图像深度，f 表示卷积核的大小；$w_{d,m,n}$表示卷积核的第 d 层第 m 行第 n 列权重；$x_{d,i,j}$表示图像的第 d 层第 i 行第 j 列像素；其他的符号含义与之前深度为 1 的情况一致。

14.6 池化层输出值的计算

池化层通过池化函数来进一步降低特征图的尺寸来降低计算复杂度，通过去掉特征图中重要程度较低的特征，来减少参数数量。最常用的是池化方法为最大池化。最大池化实际上就是在 $n\times n$ 的样本中取最大值，作为采样后的样本值。如图 14.14 所示是一个将维度为 4×4 的特征图经过 2×2 最大池化操作后，转化为一个 2×2 的特征图的过程：

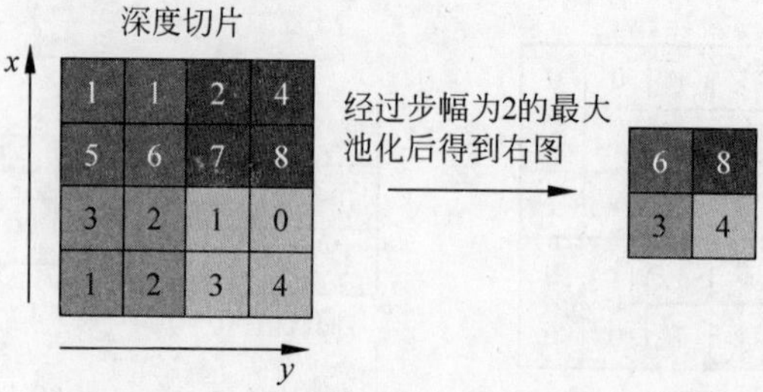

图 14.14 最大池化值的计算过程

除了最大池化算法，常用的还有平均池化算法——取各样本的平均值。对于深度为 d 的特征图，各层独立做池化，池化后的深度仍然为 d。图 14.15 所示是维度为 4×4 的特征图经过 2×2 平均池化操作后，转化为一个 2×2 的特征图的过程。

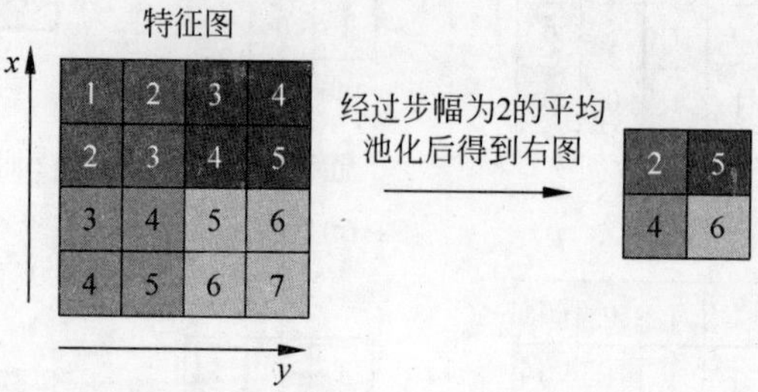

图 14.15 平均池化值的计算过程

14.7 本 章 小 结

本章主要介绍了 CNN 的相关概念以及该网络的简单应用方法，希望读者通过本章的学习对 CNN 有一个基础了解，并能简单地应用 CNN，为以后更进一步学习深度学习的相关知识打下基础。

14.8 习 题

1. 填空题

(1) 卷积网络是指那些至少在其中一层网络中使用________运算来替代一般的矩阵乘法运算的神经网络。

(2) 每个神经元不再和上一层的所有神经元相连，而只和一小部分神经元相连，被称为________。

(3) ________是指在一个模型的多个函数中使用相同的参数，卷积层中通常采用________的方式控制参数的个数。

(4) 相邻矩形区域内的最大值的池化函数被称为________。

2. 选择题

(1) 当在卷积神经网络中加入池化层时，变换的不变性会被保留吗？(　　)

A. 无法确定　　B. 视情况而定　　C. 会　　D. 不会

(2) 对于识别照片中的一块蛋糕这样的图像识别问题，下列神经网络中可以更好地解决这个问题的是(　　)。

A. 循环神经网络　　B. 感知机　　C. 多层感知机　　D. 卷积神经网络

(3) 下列神经网络结构中，会发生权重共享的是(　　)。

A. 卷积神经网络　　B. 循环神经网络

C. 全连接神经网络　　D. A 和 B 都对

(4) 构建一个神经网络，将前一层的输出和它自身作为输入。下列网络架构中有反馈连接的是(　　)。

A. 循环神经网络　　B. 卷积神经网络

C. 限制玻尔兹曼机　　D. 以上选项都不对

(5) 输入图片大小为 200×200px，依次经过一层卷积(kernel size 5×5，padding 1，stride 2)，一层池化层(kernel size 3×3，padding 0，stride 1)，另一层卷积层(kernel size 3×3，padding 1，stride 1)后，输出特征图大小为(　　)。

A. 100　　B. 97　　C. 98　　D. 96

3. 思考题

(1) 什么是卷积？

(2) 增加卷积核的大小可以产生改进卷积神经网络的效果吗？为什么？